シリーズ
いま日本の「農」を問う
9

農業への企業参入 新たな挑戦

農業ビジネスの先進事例と技術革新

石田一喜／吉田 誠／松尾雅彦／吉原佐也香／高辻正基／中村謙治／辻 昭久［著］

ミネルヴァ書房

刊行にあたって

「農業」関連の議論や報道が活発化している。これまで農業問題というと、農業研究者や生産者、農林水産省・ＪＡ関係者だけの問題と考えられ、とくに都市部の住民は関心が薄かった。ところが、ここへきて急に農業問題がクローズアップされ一般市民の関心を集めている背景には、世界規模での社会情勢の変化がある。マスコミが発信する記事からは、研究機関・穀物メジャーや大商社・食品関連企業・農林水産省などからの新しい農業の動向が伝えられる。また食料自給率や食料安全保障という考え方が市民に浸透し、日本の食料問題は、世界の政治・経済や気候条件と無関係ではないという事実を強く感じさせる。

また環境問題や食の安全問題は、自分自身の問題として、我々の日常に無関係ではなくなっている。しかし肥料の過剰投与や化学農薬による土壌や水質汚染、遺伝子組換え種子の問題は、それをセンセーショナルに否定的にとらえる論調ばかりが目立ち、実際のところはどうなのか、という冷静な判断ができにくくなっている。

一方で、化学肥料や農薬を使わない「有機農業」や、そもそも肥料も農薬も使わない「自然農法」の存在がきわめて魅力的に語られ、環境や食の安全に関心のある人々を惹きつけている。しかし、実際のところはどうなのか、現実にはどの程度実現しているのか、という冷静で客観的な判断は、残念ながらあまり目にする機会がない。これは原発の自然エネルギーへの代替可能性論議に似ている。

本シリーズを企画するにあたり、センセーショナルな論者ではなく、科学的かつ客観的で冷静な、あるいは農業の実践者ならではの経験蓄積から語られる、説得力のある言葉をもつ筆者にお願いした。そのため執筆者の範囲はたいへん広くなり、大学や研究機関の研究者では、農学にとどまらず、生物学、植物遺伝学、文化人類学、経済学、哲学、歴史学、社会学にまでおよぶこととなった。研究者以外では、穀物メジャーや大商社の現役商社マン、世界規模の化学会社、種苗会社、食品関連企業、また農業関係のジャーナリストやコンサルタント、大規模農家、農業関連NPOの代表や農業ベンチャーの経営者まで幅広い。その結果、執筆者の年齢も三〇代はじめから七〇代まで広がった。また筆者選定にあたり、TPPに賛成か反対か、遺伝子組換え問題に賛成か反対かという立場を「踏み絵」的条件にすることを避けた。

この企画作業の過程で、「農業」という人間の営みがもつ多面的な姿に気付かされることになった。「農業」は生産活動である前にまず「文化的な営み」であることを感じ、企画の基調に「農業は文化である」という視点を立てることとなった。

この広範な視野を取り込む編集作業にあたり、多くの方のご協力、ご教示を得た。ここに記し、深く感謝する次第である。

平成二六年五月

本シリーズ企画委員会

農業への企業参入　新たな挑戦
——農業ビジネスの先進事例と技術革新

目次

目　次

本文DTP　AND・K
企画・編集　エディシオン・アルシーヴ

第1章　企業参入と地域の農業

――制度的変遷・現状と展望――

石田一喜

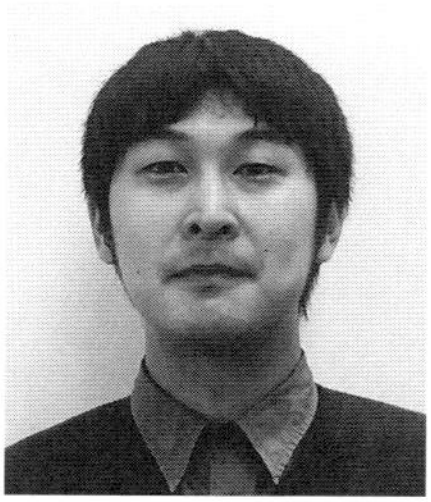

石田一喜
（いしだ　かずき）

1984年，福島県生まれ。
農林中金総合研究所調査第一部研究員。

東京大学大学院農学生命科学研究科食料・資源経済学研究室単位取得退学。専門は，農業経済学。企業の農業参入を，地域農業との関係と連携から考察する。論文「企業参入が地域農業に与える影響」（『農業研究』24号，2011年）をはじめとして，農地制度改正の影響を実態から明らかにすることを研究している。

1　「平成の農地改革」と「日本再興戦略」

農地貸借の自由化

「平成の農地改革」とも呼ばれる二〇〇九年の農地法改正から、すでに五年以上が経過している。この改正の最大のポイントは、賃貸借レベルであれば、全国どこでも、誰でも、農地の権利取得を可能にしたことにある。改正直後から最近に至るまで、企業を含む農業外からの参入数は着実に増加してきており、改正の意義を確かに見出すことができる。

また、ここにきて現在の日本経済の成長戦略である「日本再興戦略」が、現在の農地法をさらに改正し、「企業の農業参入のさらなる自由化」と「農業界と経済界の連携や民間活力の活用」をより推し進めようとしている。ここでは、「日本農業の成長産業化」が必要とされており、それを牽引する企業の参入をさらに増やすことが想定されている。

しかし、なぜ企業の農業参入はこれほど高い期待を集めているのだろうか。また、そこに何が期待されているのだろうか。本章が注目したいのはこの二点である。以下では、①政策・制度が期待している役割、②参入を受け入れる地域が期待している役割、③実際の参入事例と期待が実現される可能性、を明らかにすることでこの二つの疑問を検討していくことにしたい。

利用者主義への流れ

農業者の高齢化や後継者不足の深刻化による耕作放棄地の増加は、いまだに大きな社会問題である。むしろ、ますます深刻化しているといってもよい。

こうした「家族経営の脆弱化」の進行とそれによる農地利用率の低下がみられるなかで、一九九〇年代以降、一躍台頭したのが、本章で扱う企業の農業参入とも大きく関係する「利用者主義」[1]的な発想である。この発想は、家族経営以外にも農地の利用を広く開放することで、農地利用率の確保や農業生産性の向上をねらっている。そのため、意欲ある「多様な担い手」を広く認め、誰でも農地を利用できる環境の整備が求められるようになってきていた。二〇〇〇年代以降の農地関連制度の改正は、ほとんどが「利用者主義」的発想に基づく内容であり、新たに参入した担い手の経営発展を支える内容になっている。

もちろん、このとき想定されていた「多様な担い手」のうち、もっとも高い期待と関心を集めた「担い手」こそ、農業外から農業に参入する企業である[2]。

二〇〇九年に農地法が改正されて以降、担い手の多様化が現実に進行しており、企業の農業参入も当初の予想を超えるスピードで進んでいる。それから五年以上が経過した現在、再び制度の改正が検討されているのは、前述の通りである。ただし、ここで注意しておきたいのは、現在検討されている内容の大部分が、二〇〇九年までに一度検討された内容であり、その時に採用が見送られたという事実である。この事実に基づけば、「平成の農地改革」と言われる二〇〇九年の改正ですら、段階的な緩和の一過程に過ぎないという評価が可能となる。逆にいえば、それほど大きい内容の改正が、現在検討中であることがまず認識されるべきである。

2　参入をめぐる制度的変遷と企業の役割

制度の変遷

本節では、二〇〇〇年代以降の企業の農業参入に関する制度・政策の変遷をみていくことで、二〇一三年の第二次安倍政権成立以降に改正が検討されている内容とその目的を明らかにしてみることにしたい。

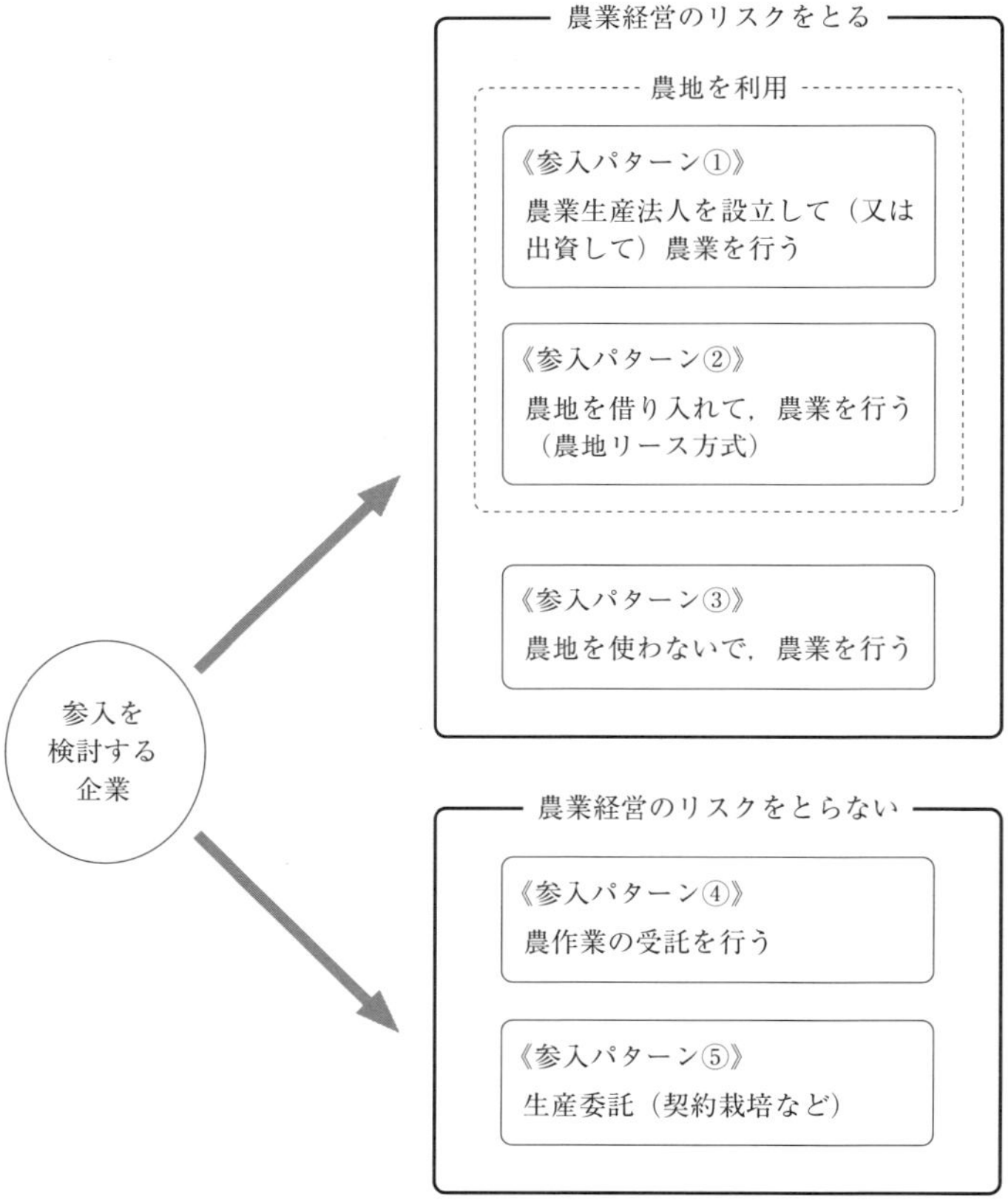

図１　企業による農業への参入方法

出典：農林水産省各資料，室屋有宏「増加する企業の農業参入と質的変化」『Business Lab or Trend』2013年9月号，22〜28ページを参考に筆者作成。

本題に入る前に、現在利用可能な五つの農業参入の方法を確認しておこう（図１）。五つの参入方法は、企業が農業経営のリスクをとる三つの参入方法（参入パターン①～③）とリスクをとらない二つの参入方法（参入パターン④～⑤）にわけることができる。また、農業経営のリスクをとる参入方法は、さらに農地を利用する参入方法（参入パターン①と②）と農地を利用しない方法（参入パターン③）の二つに分類が可能になっている。[3]

早い時期から企業の参入が進んでいる畜産分野（養鶏、養豚）では、参入パターン③が多くの参入で採用されている。こうした畜産分野での参入は、生産過程だけでなく、流通、加工、販売といった、フードチェーンの川上から川下まですべてを統合する大規模生産流通システムを構築していることに特徴がある。その結果、こうした企業由来の経営が国内飼養頭羽数の約半数を占めるまでになっている。また、食品メーカーやスーパー、外食産業等の企業が農家と契約取引をする参入パターン⑤は、今や珍しい取組ではない。

要するに、企業の農業参入そのものや、農業との関係の強化は、すでにある程度進んできているといえ、それ自体は特段珍しいことではない。それでもなお、企業の農業参入が現在も議論の対象となるのは、もちろん今日的な意義を有しているためである。

その最大の焦点は、土地利用型で企業の農業参入が進んできたことである。畜産分野で先行的に参入が進んだことについては、農地を利用しないこと、農地法をはじめとする制度的な制約が少ないことの二つが理由にあげられている。そのため、農地法などの制約を緩和していくことが、土地利用型農業でも、畜産に近い生産構造の実現につながりうるのかどうか、そこに関心が集まっている。ここには、直接的であれ、間接的であれ、企業が農業に介入を強めることで、長い間実現されてこなかった農業構造改革および農業生産性向上の実現と企業のビジネスチャンスの拡大という思惑もみてとれるのである。

そこで、論点となりうる、土地利用型農業と関連する参入パターン①、②をもう少し詳しくみていこう。

一つ目の参入パターン①は、二〇〇九年の農地法改正以前から利用可能な、農業生産法人制度を活用した参入方法である。この参入方法は制度の活用方法によって、(1)企業自らが要件を満たし、農業生産法人となり直接営農するパターン、(2)企業が自社とは別に設立された農業生産法人に直接・間接的に出資して、間接的に営農に関与するパターンにわけることができる。この方法によって参入した法人は、既存の家族経営と変わらない条件での営農が可能となり、農地の所有も認められる。しかし、その代わりとして、農業生産法人にはいくつかの要件を満たすことが課せられており、参入しようとする企業本体にとっては、これらの要件を達成することが大きな負担となっている。そのため、キューサイやドールの参入でもみられるように、企業の多くが別に子会社を設立し、その法人が農業生産法人要件を満たすことでこの参入方法を活用している。ただし、別に設立された法人でもこれら要件を達成することに多大な負担を感じているといわれており、要件設定することの妥当性を含めて、改正が要求され続けている[4]。

もう一つの参入パターン②は、二〇〇九年の農地法改正を契機に全面的に認められた参入方法であり、「農地リース方式」とも呼ばれている。農業生産法人制度と比べると制約が少なく、容易な参入が可能である。

最近注目を集めているイオン（イオンアグリ創造）の参入はこの方法を活用している。制約が少ないため、資金の獲得や労働力の移動に制約が少なく、自らの営農計画を自由に進めることができる。しかし、それ故に、この方法によって参入した法人には、農地の所有が認められていない。そのため、適切な農地利用が保証されれば、「農地リース方式」を活用して参入した法人にも所有を認めてもよいのではないかという意見が出てきている。

これら二つの参入方法は、二〇〇九年の農地法改正を大きな画期として、それまでにも変更が加えられ続けてきた。そこで、次に二〇〇九年の制度改正までの経緯と内容を詳しくみていくことにしたい。

二〇〇九年農地法改正までの経緯

二〇〇九年の農地法の改正は、所有権を除けば、「参入に必要とされる制度改革は、ほぼ達成されたとみてよい」と評価されるほど[5]、農地を利用できる者の範囲を全面的に拡大する内容になっている。ここでの基本的な方針は、農地を効率的に利用するのであれば、その利用者の範囲に制限を設けるべきではないというものである。

この改正によって、企業の農業参入が全面的に可能となり、期待を集めたのは周知の事実である。しかし、企業参入に対する期待は突如高まったものではない。二〇〇〇年代以降、継続的に期待を集めながら、①農業生産法人要件の段階的な緩和、②一般企業の農業参入の段階的な認可、という二つのルートから、徐々にその期待を実現可能とする環境の整備が進められてきたのである。

そのうち、前者の農業生産法人制度の段階的な緩和過程を示したのが図2である。

農業生産法人制度に関しては、以前から、法人の参入および経営発展を阻害していると指摘されていた。

しかし、一九六二年の農地法改正によって新設された農業生産法人制度のそもそもの目的は、家族経営の協業を助長・促進することにあった。そのため、各種の要件（①法人格を定める「組織要件」、②法人の事業内容を規定する「事業要件」、③役員の農業・農作業への最低限の従事を求める「常時従事者要件」、④議決権ベースでの構成員の範囲とその出資上限を設定する「構成員要件」）は、むしろ法人が家族経営の枠を超えないように設定された要件になっている。よって、当初の法人制度が参入や外部の企業との資本的な連携に不都合なのは、ある意味で当然だといえる。

とはいえ、家族経営が発展するために多角化が必要なことや、多角化のために外部との連携が欠かせないことが指摘されるようになると、次第に農業生産法人制度の改正が検討され始める。

農業生産法人制度の改正要求にはじめて制度的に対応したのが、一九九三年の農業経営基盤強化促進法の改正であり、「事業要件」と「構成員要件」の二つの要件がこのときに見直されている。

このうち、前者の「事業要件」の緩和は、法人事業の多角化を容認する内容であり、それまで生産のみが認められていた「農業」の範囲に、「法人と関連する農産物加工・販売

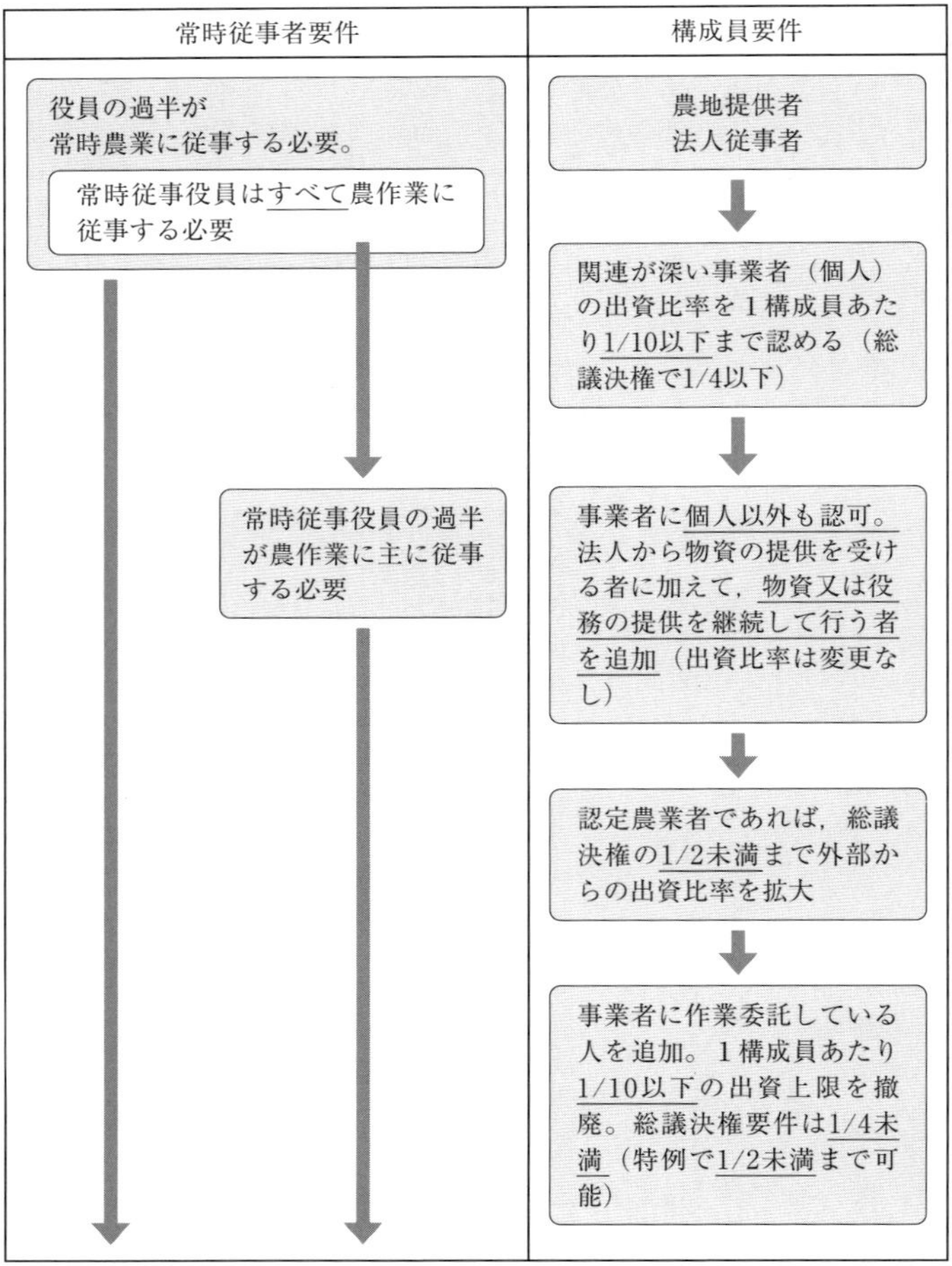

法人制度の変遷

施行規則」をもとに筆者作成。

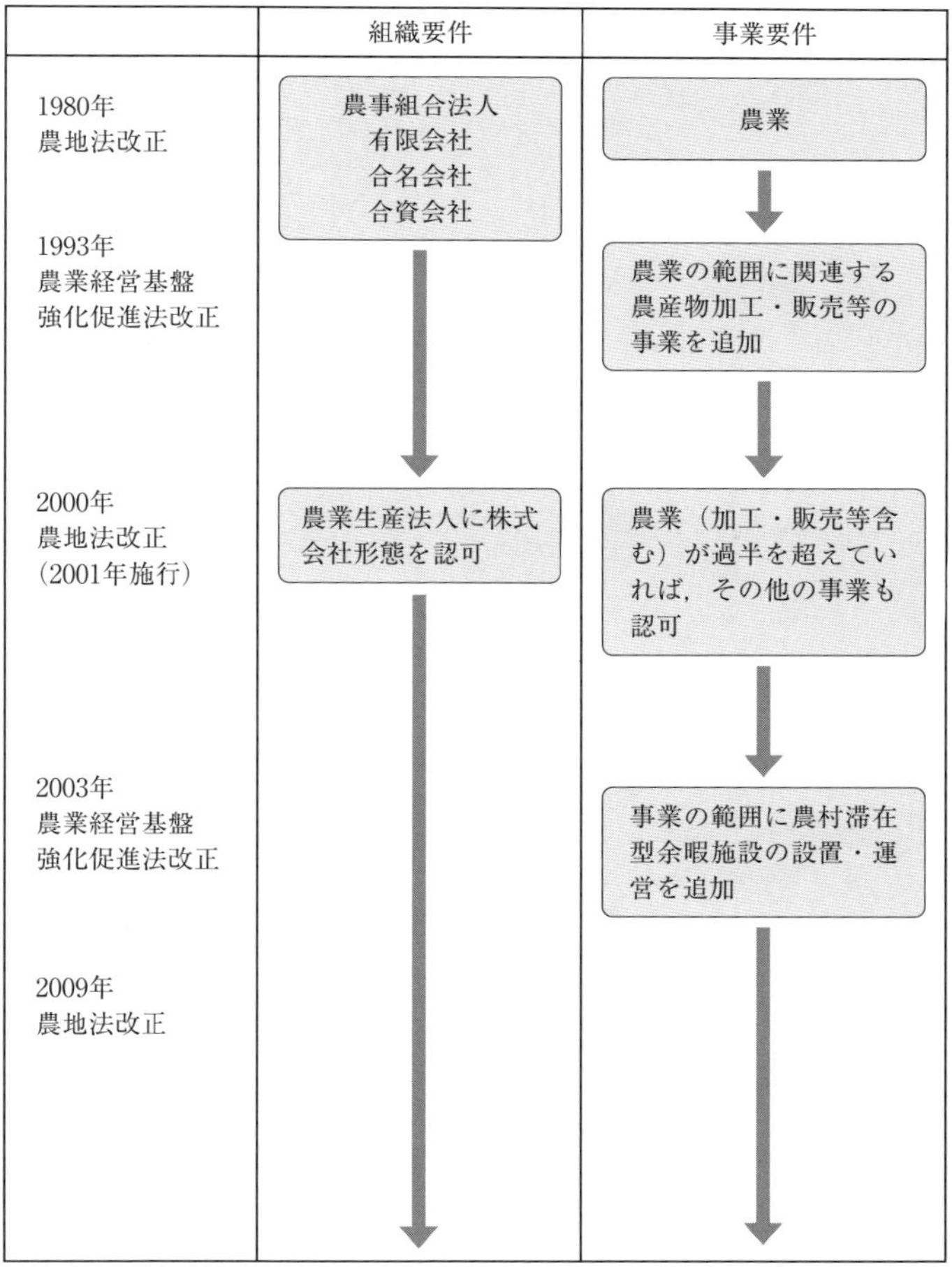

図２　農業生産

注：アンダーラインは重要な変更点。
出典：農林水産省「農地法等の一部を改正する法律　新旧対照条文」「農地法

等の事業」を加えた内容である。

そして、もう一つの「構成員要件」の緩和は、農業従事者、法人従事者のみが容認されていた構成員の範囲に、「法人の事業に係わる物資の供給若しくは役務の提供を受ける又はその法人の事業の円滑化に寄与する個人」を新たに認めた内容である。これにともない、外部人材の経営参画が認められただけでなく、出資（議決権ベース）に関しても、一構成員あたり一〇分の一、総議決権で四分の一を上限とする出資が認められたことになり、外部からの資金調達がはじめて可能になっている。

ちなみに、ここで設計された議決権の上限は、それぞれ重要な意義を有している。つまり、一構成員あたりの議決権の上限（一〇分の一）が構成員以外の者による通常決議を避けるための措置として、総議決権の上限（四分の一）が一部の構成員の支配を避けるための措置として機能しており、法人構成員の意思反映をしやすい仕組みとなっている。しかし、一方で、この部分が資金調達上あるいはガバナンス上の強い制約であるとして、改正が要求され続けるポイントになっているのである。

次に生産法人要件が改正されたのは、四要件を緩和した二〇〇〇年の農地法改正である。二〇〇〇年が食料・農業・農村基本法制定直後だったこともあり、このときの改正目的は、農業生産法人が「地域に根ざした農業者の共同体」として発展するのを促進することに置かれている。しかし、その内容をみると、地域に根ざすというよりも、農外との連携に基づいた経営発展を前提とした内容になっていることがわかる。

二〇〇〇年の改正の最大のポイントは、農業生産法人の法人形態に株式会社をはじめて認めた「組織要件」の緩和である。(6) また、「構成員要件」について、「関連が深い『個人』」から「関係が深い『者』」に認める範囲を拡張する改正が行われており、構成員に事業体も認められるようになったのがこのときである。以上二つの改正は、外部からの資金・人材の活用をしやすくするための措置であるといえよう。

残る「事業要件」の緩和、常時従事役員のうち農作業に主に従事する人数を全員から過半でよいとする「常時従事者要件」(7) の緩和は、法人の多角化を支援する内容である。しかし、一方では、農業生産法人制度を活用した、企業の参入を容易にすることにも機能する内容になっている。

このように、多くの要件が二〇〇〇年の改正時に大きく改正されており、現行制度の原型となっている。しかし、法人のガバナンスに大きく影響する「構成員要件」で定められた議決権の上限は、このとき改正が見送られているのである。

農業生産法人要件に関して、二〇〇九年の農地法の改正が大きな意義を持つとすれば、この議決権要件のうち、一構成員あたりの上限（一〇分の一）を撤廃したことにある。ただし、もう一方の総議決権の上限（四分の一）は、このときでも緩和が見送られている。しかし、それまで認定農業者のみに認められていた特例上限（二分の一）を適用する対象の範囲を広げる変更が行われた点には注意が必要だろう。これによって、法人の運営や工夫次第では、外部からの出資が受けやすくなっており、出資する側も多くの議決権を確保できる仕組みが用意されることになっている。今後、農業生産法人制度でもっとも緩和が要求されるポイントになるのは、この総議決権に関する上限であろう。

以上、農業生産法人制度の段階的な緩和過程をみてきた。これらの要件の緩和は、経営の高度化・多角化を目指す法人が「食品関連事業者等との連携の強化や資本の充実」（農林水産省「農地改革プラン」、二〇〇八年）をはかることを確かに可能とした点で高く評価されるべきであるし、「農内外からの新たな参入・出資を促進し一層の多様な担い手を確保する」（日本経団連「農地制度改革に関する意見」、二〇〇九年）ことにも、間違いなく効果があったといえる。しかしこの先、議決権の半数以上を外部にも認めることが、はたして当初の目的である「連携の強化」におさまりうるかは、一定の検討が必要な部分である。また、担い手不足の状況のなかで、参入が大変有意義なことは認めるにしても、その参入の促進を農業生産法人制度の活用という形で進めるべきかどうかは、農地の所有が可能であることも考慮に入れつつ、いま一度検討する必要があるだろう。

それに対して、次にみていく「農地リース方式」は、一般企業を含む外部からの農業参入の促進を直接目的とした制度である。その導入も、農業生産法人制度と同様に段階的な過程を踏んでいる（図３）。

「農地リース方式」の前身である「リース農業特区制度」が最初に導入されたのは、二〇〇二年に成立した構造改革特別区域法（施行は二〇〇三年）においてである。この法律は、規制緩和について一種の社会実験を行うことを可能とする内容であり、構造改革特別区域に申請した市町村に限り、特例で緩和した制度の運用を認めるものである。このとき、農業分野に認められていた規制緩和の一つこそが、農業生産法人以外の法人にも農地の貸借を認める特例（「リース農業特区制度」）だったのである。

ちなみに、特例の対象となる市町村には、「区域内に現に耕作の目的に供されておらず、かつ引き続き耕作の目的に供されないと見込まれる農地、その他その効率的利用を図る必要がある農地が相当程度存在する」ことが条件とされていた。だが、この基準が非常に曖

参入する法人に求められる要件	その他
【地方公共団体及び農地保有合理化法人と協定,借入れ】	
・農作業に常時する役員が1名以上 ・地方公共団体及び農地保有合理化法人と協定を締結し，そこから農地を借り入れる ・協定に違反した場合は契約解除	・地域活性化に貢献するものであれば認可 ・地域に根ざした株式会社等の地場企業の農業参入を可能とする特区
↓	↓
・農作業に常時する役員が1名以上 ・地域との調和要件（農業委員会がチェック）(注) ・農地を適切に利用していない場合に貸借を解除する旨の条件を契約	

法人制度の変遷

における農地の農業上の効率的かつ総合的な利用の確保に支障を生ずるおそれ

施行規則」をもとに筆者作成。

	参入可能エリア
2002年 構造改革特別区域法 （施行は2003年から） 「リース農業特区制度」	【特区のみ】 ・「耕作の目的に供されておらず，かつ，引き続き耕作の目的に供されないと見込まれる農地」等が相当程度存在する特区に認定された市町村 【内閣総理大臣の認定】
「リース農業特区」 の全国展開	
2005年 農業経営基盤強化促進法改正 （基本構想を策定した市町村に限定） 「特定法人貸付事業」の開始	【基本構想を作成した市町村】 ・「遊休農地及び遊休農地」となるおそれがある農地，「要活用農地」が相当程度存在する区域 ・「基本構想」を作成した市町村
2009年 農地法改正 「特定法人貸付事業」の全国展開	制限なし

図３　農業生産

注：地域との調和要件は，「農地の集団化，農作業の効率化その他周辺の地域がないこと」から判断される。

出典：農林水産省「農地法等の一部を改正する法律　新旧対象条文」「農地法

味であることから、実質的にはほとんどの市町村が申請可能だったといえる。とはいえ、こうした外部からの担い手の確保が、耕作放棄地・未利用農地の有効活用のために必要であり、そのための制度変更が必要だったことを示している点で非常に重要な記述になっている。

農業生産法人以外の法人の参入に対しては、農地を転用するのではないか、地域の調和を乱すのではないかといった、さまざまな懸念が現在に至るまで寄せられている。「リース農業特区制度」では、これらの懸念に対して、行政が積極的に介入することで、問題を回避するよう努めている。すなわち、農業生産法人以外の法人は、農地所有者から農地を借り入れた行政や地方公共団体および農地保有合理化法人を経由してのみ、農地の貸借が可能とされており、土地所有者と直接交渉することは許されていない。かなり強力な行政等による土地利用調整への介入がみられるのである。

この「リース農業特区制度」は、二〇〇五年の農業経営基盤強化促進法の改正によって、「特定法人貸付事業」へと発展している。

このとき、参入が認められるエリアが、特区から「基本想定を作成した市町村」に拡大されており、条件付きではあるものの全国どこでも参入が可能となっている。

ただし、行政の積極的な土地利用調整への介入など、基本的な仕組みはほとんど変更されていない。また、市町村が満たすべき条件に関しても、「遊休農地や遊休農地化する恐れがある農地に加え、農業上の利用を図る必要がある「要活用農地」が存在している地域」と若干変更がみられるものの、実質的な違いはないといってよいだろう(8)。

「リース農業特区制度」と「特定法人貸付事業」がもっとも異なる点を指摘するとすれば、それは法制度的な仕組みである。つまり、「リース農業特区制度」があくまで農地法の特例として農業生産法人以外の貸借を認めていたのに対して、「特定法人貸付事業」は農地法の特別法である農業経営基盤強化促進法が参入を認めたことに沿って、貸借が認められている。特別法は一般法よりも優先的に運用されることが一般的ではあるが、ここでは、一般法で認められていない内容が特別法で認められる形式になっており、ある意味でこれは農地法を軽視する手続きとなっている(9)。

二〇〇九年の農地法改正は、「特定法人貸付事業」を発展的に解消させた内容である。これによって、条件なく全国どこでも農業生産法人以外の法人が農地を貸借することが可能になっている。なお、「リース農業特区制度」から続いていた基本的な仕組みは、ここではまったく引き継がれておらず、行政等によるかなり強力な土地利用調整への介入は制度的な根拠を失っている。すなわち、これ以降企業が、農地所有者と直接交渉し、直接契約することが可能になっているのである。

もちろん、行政の介入に代わる、農地の適切な利用を確保する代替的な措置が設けられていないわけではない。その一つが、「解除をする旨の条件が書面による契約において付されている」ことを契約時の条件に加える「解除条件付き」契約を義務化したことである。これによって、もし、農地が適切に利用されていない事態が発生すれば、強制的に契約を解除することが可能となっている。また、「地域との調和」が新たな要件として農業生産法人以外の法人に課されることになっており、地域の営農体系を乱す営農を事前・事後に防ぐ措置が用意されている。[10] しかし、以前の行政介入と比べれば、これら二つの要件の農地有効利用への強制力は非常に弱いといえる。また、原状回復ができない段階まで不適切な利用が進んでしまった場合、その対処方法や費用負担などはまだまだ未確定な部分が少なくない。原状回復方法や、原状回復後に新たな借り手を確保する方法などが確定しない限り、農地の所有権まで認めるのは難しいという懸念はある意味で妥当だともいえる。

以上みてきたような「農地リース方式」の段階的な導入は、徐々に参入可能なエリアを拡大し、農地を貸借しやすい制度に変更する形で進められてきた。それと同時に、その改正の目的も徐々に変更されてきたことを最後に指摘しておきたい。

当初の外部からの担い手導入の位置づけは、耕作放棄地を多く含む地域に限定して参入を認める格好にしていたことからもわかるように、農地の有効利用を実現する担い手の確保にあったはずである。しかし、「ＥＰＡ交渉で主導権を発揮するためには、改革の進んでいない岩盤のような分野における取組が不可欠である」ことに基づきながら、「農業の構造改革」が強く求められるようになってくると、農業外からの参入を「農業の構造改革」を急速に解決する処方箋のように扱う記述が増加していく(11)。こうして、国際競争力の強化や生産性の向上に必要不可欠なものとして農業外からの参入が位置づけられていくとき、当初の面的な利用確保のための担い手導入という側面はほとんどみることができなくなってしまうのである。

二〇〇九年農地法改正以降の参入状況

では、農業生産法人制度の緩和と「農地リース方式」の導入によって、企業の農業参入はどの程度進展したのだろうか。「農地リース方式」の活用状況から、現時点までの参入状況をみていくことにしたい(12)。

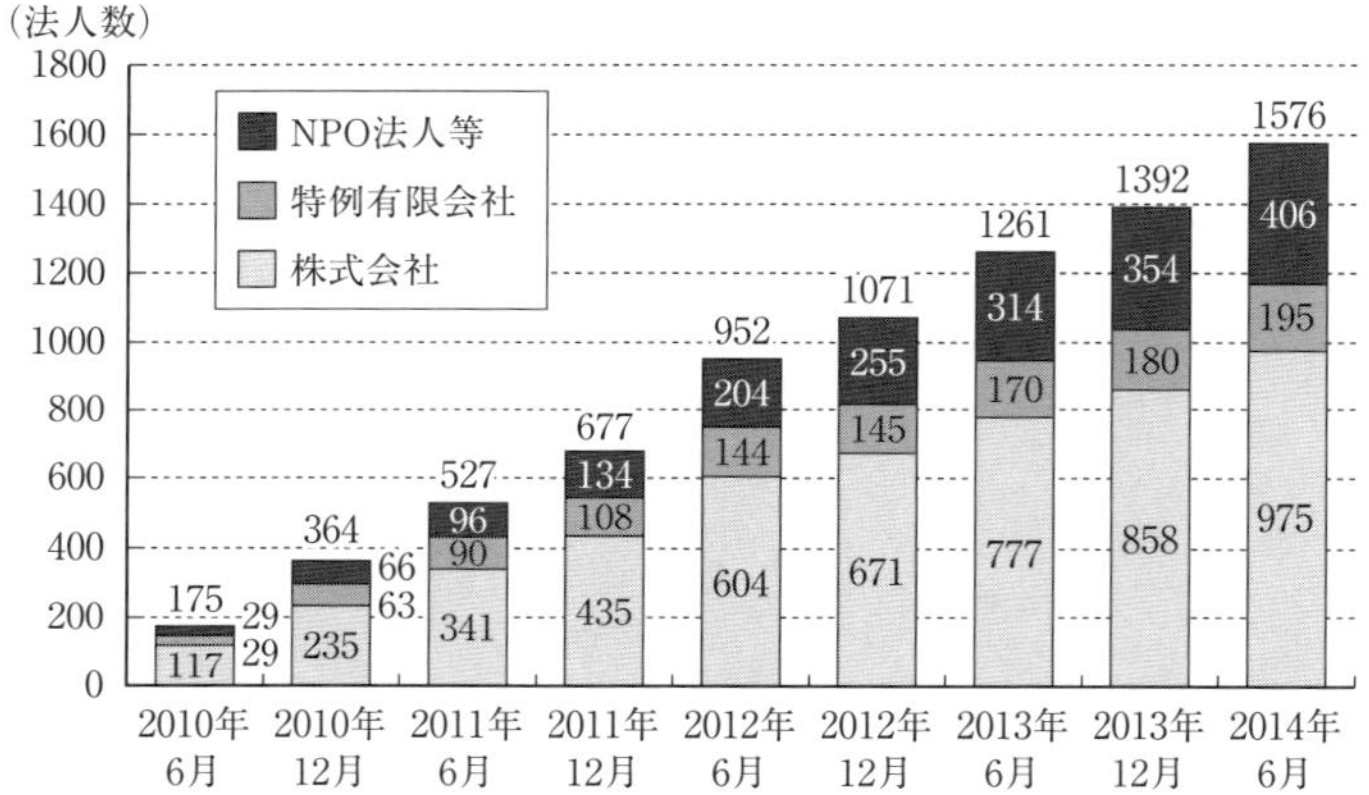

図4　農業に参入した一般法人数の推移

注：現在，農林水産省が実施している調査及び統計では，農業生産法人制度を活用した企業の参入を特定することは難しく，その参入数を把握することはできない。

出典：農林水産省経営局「一般法人の農業参入の動向（2014年6月末更新分）」。

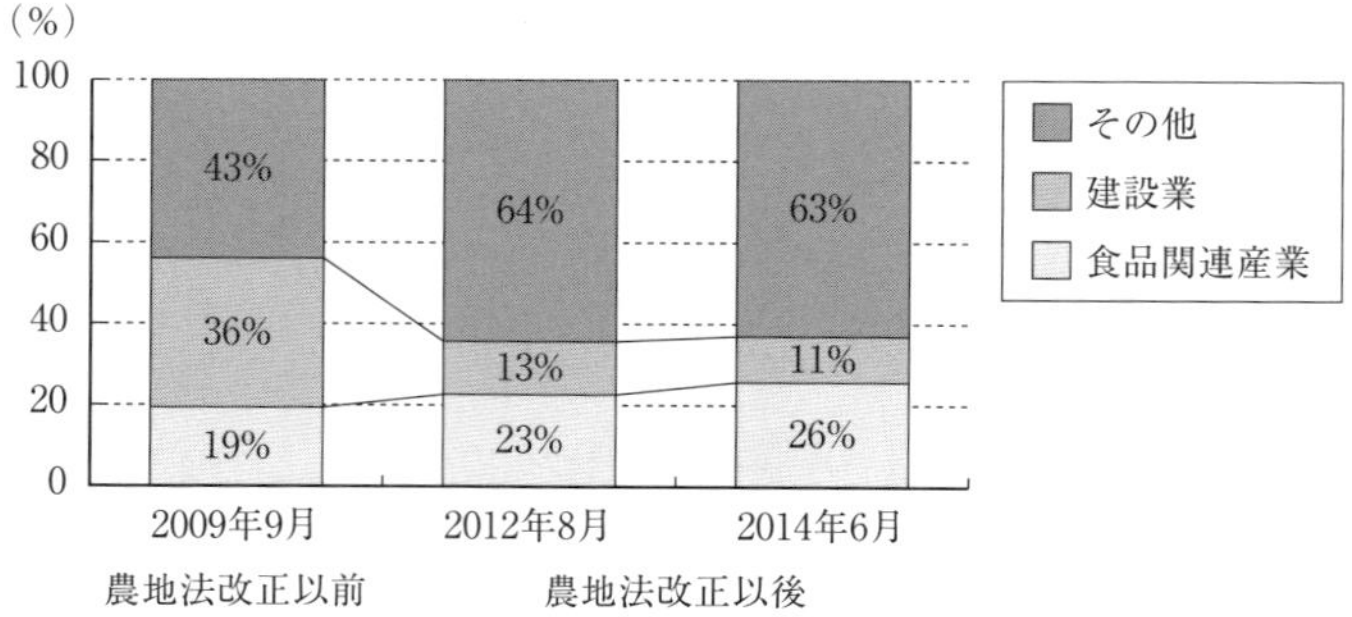

図5　農業に参入した一般法人の本業の業種

注：その他には，農業・畜産業，製造業，その他卸売・小売業，NPO法人，教育・医療・福祉などを含む。

出典：農林水産省経営局「一般法人の農業参入の動向」。

表１　参入業種別　農業への参入目的　（%）

	建設業	食品製造業	食品卸売業	その他
原材料の安定的な確保	12.0	51.0	66.7	10.3
原材料の調達コストの削減	12.0	21.6	27.8	6.9
トレーサビリティの確保	8.0	37.3	27.8	17.2
本業商品の付加価値化・差別化	12.0	58.8	55.6	55.2
企業のイメージアップ	28.0	45.1	38.9	31.0
経営の多角化	80.0	31.4	44.4	58.6
利益の確保	32.0	29.4	38.9	27.6
地域貢献	60.0	56.9	50.0	62.1
雇用対策（人材の有効活用）	72.0	41.2	22.2	41.4
その他	8.0	5.9	11.1	10.3

注：(1) 表中の値は，各項目を参入目的にあげた法人の割合。
　　(2) アンダーラインは項目中の高い値。
出典：日本政策金融公庫「企業の農業参入に関する調査」の結果から筆者作成。

近年の参入法人数を整理した図４をみると、二〇一四年六月までに累積で一五七六の一般法人が農業に参入している。これに特区制度を活用して参入した三五七法人（参入数は四三六法人あったが、うち七九法人がすでに撤退）を合算すると、現在までに二〇〇〇近くの法人が農業に参入している。農地法改正前は六五法人だった一年あたりの平均参入数は、農地法改正後には三五〇法人と約五倍に増えており、参入ペースは以前より早くなっている。

法人格の内訳をみると、「株式会社」の法人数がもっとも多くなっている。しかし、農福連携、農医連携など参入目的の多様化が進展していることを反映して、「NPO法人等」の参入数が増えてきているのが最近の特徴である[13]。

また、これとは別に、以下の二つも最近の特徴にあげられる傾向である。

一つは、企業の本業に関するトレンドの変化である（図5）。つまり、本業を「建設業」とする企業の参入が多かった農地法改正前や改正直後の状況が、「食品関連産業」の参入がもっとも大きな割合を占める状況に変わっており、いまでは三割近くを占めてきている。また最近では、小売業や農業資材メーカーの参入も目立ってきている。

表1の通り、本業を建設業とする多くの企業が、すでに雇用している人材の活用と強くリンクする「経営の多角化」と「雇用対策（人材の有効活用）」を参入目的にあげている。一方、食品製造業および食品卸売業は「本業商品の付加価値化・差別化」や「原材料の安定的な確保」など農産物調達に参入目的を置いており、業種間での参入目的の違いが顕著になっている。参入目的が異なれば、当然参入時および参入後の営農計画にも違いがあり、参入の影響・効果にも違いがでてくることが予想される。

しかし、こうして農産物の調達を重要視しているにもかかわらず、「食品関連産業」の参入の方が「建設業」の参入よりも生産技術が劣るケースが少なくない。そのため、自らが必要とする農産物量に生産量が足りないという問題に多くの企業が直面している。ＩＣＴ技術の導入や農業技術者の雇用によって改善を模索している企業も出始めているが、もっとも典型的な問題の解決方法は、契約取引関係の構築による外部からの農産物調達である。こうした契約取引こそ、地域に新たな農産物需要をもたらすものであり、企業参入の「波及効果」がみられる可能性が高いケースである。また、こうした企業を中心として地域的なまとまりをもった六次産業化が実現される動きも一部でみることができている。

もう一つあげられる特徴は、企業が参入する地域に関するトレンドの変化である。そこで、横軸に「農地法改正以前に農業参入した一般法人数」、縦軸に「農地法改正以後に農業参入した一般法人数」をとって、地域別にプロットした図６をみてみよう。すると、農地法改正前には中国、関東、東北で多かった参入法人数が、農地法改正後には関東、中国、近畿、九州で多くなっている。また、農地法改正前後で参入法人数の比率（図中では傾きで表現される）をとってみると、大都市を含む近畿、東海、関東において、農地法改正前後で五倍以上に参入数が増加していることがわかる。

図６から指摘できるのは、企業の参入地域の遠隔地から大都市近郊へのシフトである。改正以前の参入の傾向には、参入可能なエリアを耕作放棄地の多い地域に限定したことが

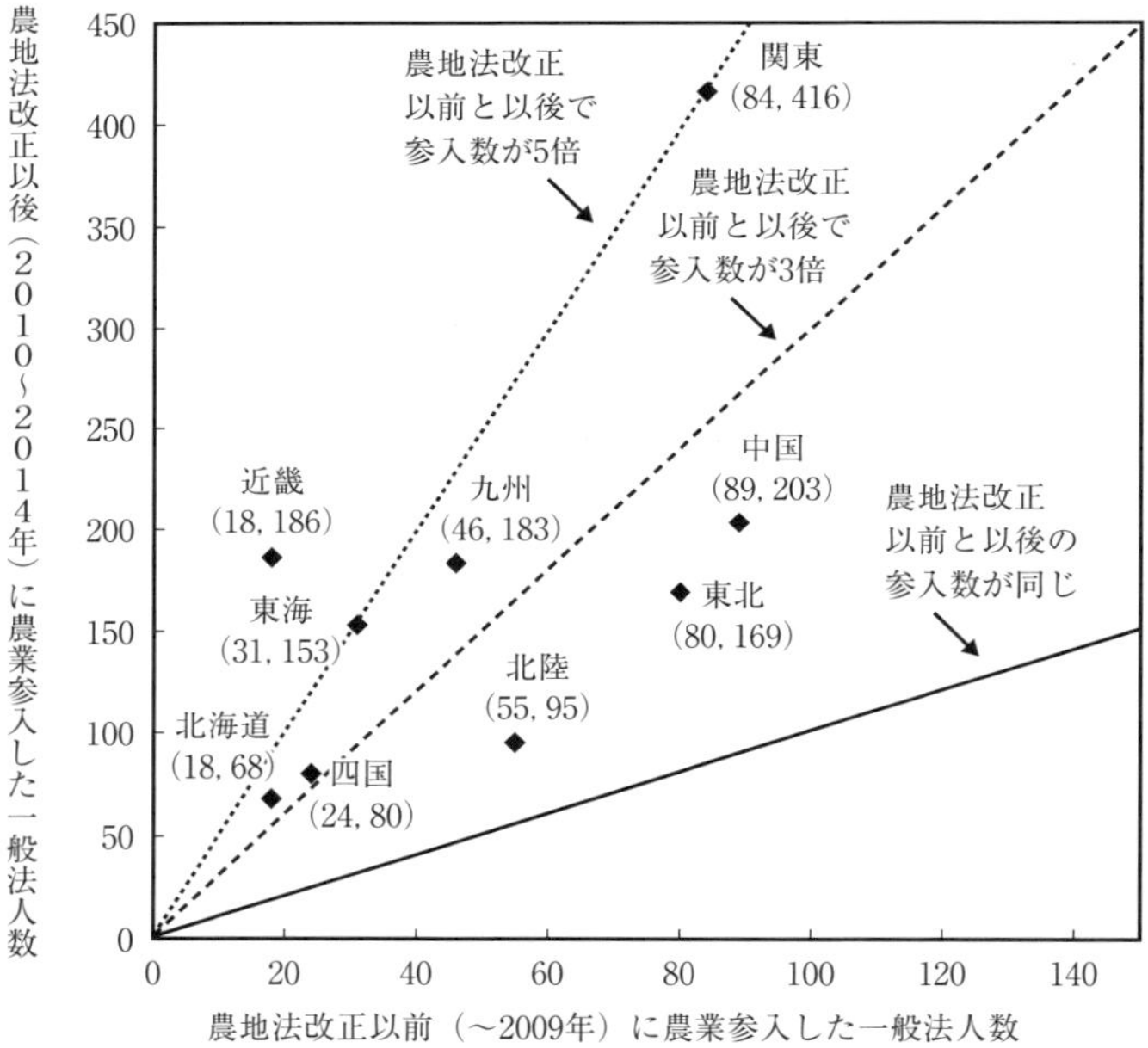

図６　参入時期別　一般企業の参入地域

注：(1) 横軸に農地法改正以前に農業に参入した一般法人数，縦軸に農地法改正以後に参入した法人数をとった。

(2) （　）内の数字は，前者が改正以前の法人数，後者が改正以後の法人数である。

(3) 図中には「農地法改正以前と改正以後で増加数が同じ（＝傾きが１）」(実線),「農地法改正以前と改正以後で増加数が三倍（＝傾きが３）」(破線),「農地法改正以前と改正以後で増加数が五倍（＝傾きが５）」(点線) を示し，増加率がわかるようにした。

出典：農林水産省経営局「一般法人の農業参入の動向」。

大きく反映されている。一方、改正以後は、場所の制約がなくなったことから、消費地に近い、あるいは配送効率が良いエリアへの参入が顕著になっているのである。(14)もちろん、自治体等による参入の誘致が、企業のエリア選択に影響することはありうる。しかし、この結果をみると、参入する企業のビジネスの論理に応じて参入地域が選択されてきているといえよう。さらにいえば、この傾向は企業の農業参入の担い手不足対策としての限界を指摘するものである。今後も都市近郊や平地が広く展開する地域への参入が継続することは間違いない。そうなれば、既存の農家との農地をめぐる競合すら発生しかねないのである。(15)

第二次安倍政権以降の状況

前項の通り、企業の農業参入は二〇〇九年以降、着実に増加している。二〇一二年一二月に成立した自民党の第二次安倍内閣は、この傾向をより一層加速させることを狙っている。

アベノミクスとも呼ばれる第二次安倍内閣の経済政策は、その内容以上に、これまでとは異次元のスピードで議論が進められていることに特徴がある。もちろん、農業政策もこ

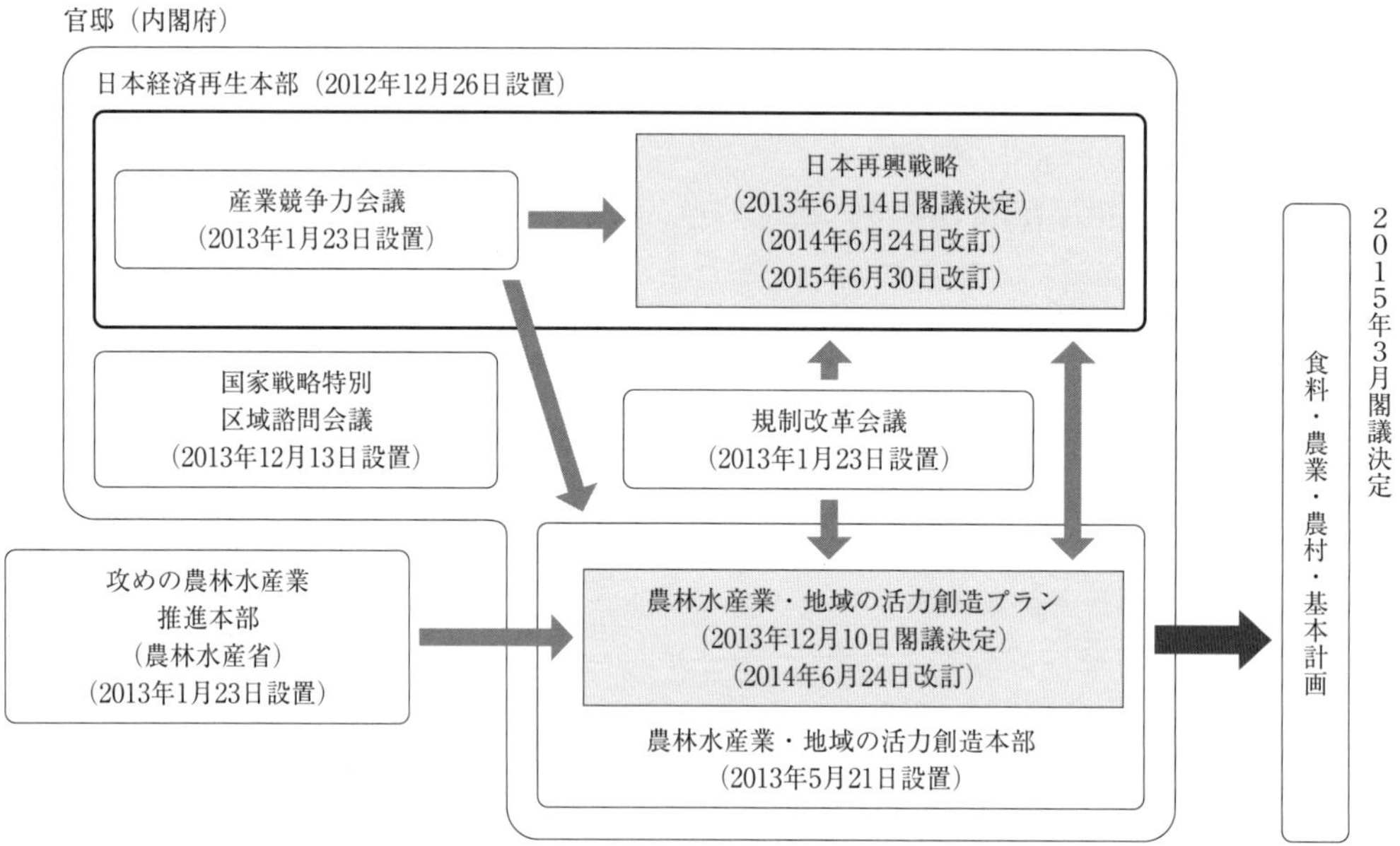

図７　アベノミクスにおける農業政策の検討・推進体制

出典：各種公表資料をもとに筆者作成。

の例外ではなく、むしろ「攻めの農林水産業」「農林水産業の成長産業化」「農林水産業の基幹産業化」の実現を目指すアベノミクスの農業政策の議論は、他分野よりも急速かつ大胆である。

ちなみに、上にあげた三つのスローガンは共通して、「農林水産業の成長産業化」には「農業界と経済界の連携が必要不可欠」という認識を持っている。つまり、結論を先に述べてしまうことになるが、現在の政策は、経済界の企業を農業に積極的に介入させる前提に立っている。では、そのためにどのような制度改正が検討されているのだろうか。それについて、以下で確認していこう[16]。

本題に入る前に、まずは異次元のスピードでの農業政策の検討を可能としている、アベノミクスの検討体制をまず確認してみよう（図7）。

アベノミクスは三つの経済政策（「大胆な金融政策」「機動的な財政政策」「民間投資を喚起する成長戦略」）を中心に進められている。その第三の矢にあたる成長戦略は「日本再興戦略」としてまとめられており、二〇一二年一二月の第二次安倍内閣成立と同時に設置された日本経済再生本部が中心となって企画・立案している。その後、再生本部をサポートする目的として、二〇一三年一月に相次いで設置されたのが、産業競争力会議と規制改革会議の二つである。前者は成長戦略の具体策の検討、後者は経済再生に即効性のある規制改革の在り方を検討する役割となっており、扱う内容は若干異なっている。とはいえ、メンバーの重複もあり、対立した意見が提示されることは少ない。

これらが経済政策全般を扱うのに対して、農業のみに特化した検討の場も用意されている。農林水産省内の攻めの農林水産業推進本部（二〇一三年一月）、官邸内の農林水産業・地域の活力創造本部（同年五月）がそれにあたり、とくに後者は官邸の意向と深い関係にある。

これら組織は設立直後から検討をすすめ、「日本再興戦略」はその検討内容を総括したものになっている[17]。アベノミクスの農業政策の方針が最初に示されたのも、もちろんこの「日本再興戦略」であり、「担い手への農地の面的集積・集約等」「輸出・海外展開戦略」「六次産業化、異業種連携等」などの具体的な方向性とともに、中短期の達成目標（ＫＰＩ）が提示されている。

この再興戦略において、企業の農業参入関連で注目すべきポイントは、戦略内で想定されている「担い手」が法人経営、大規模家族経営に並んで「参入企業」を含んでいることだけではない。むしろそれ以上に、目標達成に向けた重要施策において「二〇〇九年に完全自由化されたリース方式による企業参入を、農地中間管理機構を活用しながら積極的に推進すること」「農業生産法人の要件緩和などの所有方式による企業の農業参入のさらなる自由化について検討すること」という二つの方向性があげられていることこそ注目すべきである。つまり、二〇〇九年の農地法改正に対して、前者がさらなる活用を、後者がさらなる改正を要求しているのである。

このうち、前者に含まれる「農地中間管理機構」に関しては、産業競争力会議が設立直後から議論を進め、二〇一三年一〇月までに関連二法案の閣議決定と法制化が完了している[18]。

では、もう一方の農業生産法人の検討はどう進んできているのだろうか。再興戦略以降の検討の過程を整理した表2と合わせて、やや詳しくみていきたい。

「農地中間管理機構」成立のスピード感に比べると、農業生産法人制度の検討は幾分遅く、二〇一三年中はほぼ議論が行われていないといってもよい。なぜなら、二〇一三年一一月に規制改革会議が公表した「今後の農業改革の方向について」をみても「現行の要件の見直しを図るべき」とされているだけであるし、二〇一三年一二月に閣議決定された「農林水産業・地域の活力創造プラン」も、この「今後の農業改革の方向について」に沿って、「現

表２　農業政策の検討過程

年・月		組織の設置状況と各組織の主要な公表資料名
2012	12月26日	第２次安倍内閣成立，日本経済再生本部設置
2013	1月23日	日本経済再生本部に産業競争力会議設置，内閣府に規制改革会議設置
	29日	農林水産省「攻めの農林水産業推進本部」（本部長・農林水産大臣）設置
	5月21日	「農林水産業・地域の活力創造本部」（本部長・首相）設置
	6月14日	日本経済再生本部「日本再興戦略――JAPAN is BACK」閣議決定，経済財政諮問会議「経済財政運営と改革の基本方針――脱デフレ・経済再生」（骨太方針）
	8月22日	内閣府・規制改革会議農業ワーキンググループ設置
	9月2日	日本経済再生本部・産業競争力会議農業分科会設置
	10月25日	農地中間管理機構関連二法案閣議決定
	11月27日	規制改革会議「今後の農業改革の方向について」
	12月7日	国家戦略特別区域法成立
	10日	農林水産業・地域の活力創造本部「農林水産業・地域の活力創造プラン」
	13日	農地中間管理機構二法成立（2014年3月1日から施行）
2014	1月～	食料・農業・農村基本計画の見直し作業開始
	5月1日	６件の「国家戦略特区」の正式認定
	14日	規制改革会議農業ＷＧ「農業改革に関する意見」（「３つの農業改革」提起）
	22日	規制改革会議「農業改革に関する意見」（5月14日農業ワーキンググループ案と同内容）
	6月10日	自由民主党農林水産戦略調査会等「農協・農業委員会等に関する改革の推進について」
	13日	規制改革会議「規制改革に関する第２次答申――加速する規制改革」
	20日	日本生産性本部　経済成長フォーラム「企業の農業参入促進」のための提言
	24日	日本経済再生本部「『日本再興戦略』改訂2014」，農林水産業・地域の活力創造本部「農林水産業・地域の活力創造プラン」（改訂版），経済財政諮問会議「経済財政運営と改革の基本方針2014について――デフレから好循環拡大へ」（骨太の基本方針）
2015	1月27日	国会戦略特区諮問会議「追加規制緩和案」
	3月31日	食料・農業・農村基本計画閣議決定
	6月16日	規制改革会議「規制改革に関する第三次答申――多様で活力ある日本へ」
	30日	日本経済再生本部「『日本再興戦略』改訂2015」

出典：各種公表資料をもとに筆者作成。

行制度の見直しをはかる」と述べるにとどまっている。[19]

しかし、二〇一四年に入ると、突如議論が活発化する。表3は、二〇一四年六月の再興戦略と活力創造プランまでの農業生産法人制度に関する検討過程を要点ごとの検討内容を整理したものである。

前述の通り、再興戦略と活力創造プランは、その基本的方針を企業との連携においている。それは、再興戦略改訂版の「新たに講ずべき具体的施策」において、「企業の活力やノウハウを活用するとともに、企業の農業参入を活性化させ、市場のニーズが生産現場に反映されるとともに、生産現場の品質が内外の消費者に届けられる仕組みを構築する」という記述があることや、活力創造プラン改訂版がかかげる三つの基本方針（①生産現場の一層の強化、②国内外のバリューチェーンの構築、③国内市場の開拓）および四つの具体的施策（①「需要フロンティア」の拡大、②需要と供給をつなぐバリューチェーンの構築〈農林水産物の付加価値向上〉、③多面的機能の維持・発揮、④生産現場の強化）において「企業のアイデア・ノウハウの活用」「異業種連携による他業種に蓄積された技術・知見の活用」「経済界の知識や知見の活用」が多用されていることからも明らかである。

表3に戻ると、農業生産法人に関して、「日本再興戦略」および「農林水産業・地域の

制度緩和の検討過程

農協・農業委員会等に関する改革の推進について	農業改革に関する第２次答申	日本再興戦略・プラン（改訂版）
（2014年6月10日）	（2014年6月13日）	（2014年6月24日）
特になし	特になし	特になし
・役員等の１人以上が常時従事すればよいこととする	・役員又は重要な使用人のうち１人以上が農作業に従事しなければならない	・農作業従事要件については，役員等の１人以上が従事すればよいこととする
・農業者以外の者の議決権は1/2未満までよいこととする	・1/2未満については制限を設けない	・農業者以外の者の議決権は1/2未満までよいこととする
・「更なる農業生産法人要件の緩和や農地制度の見直しについては『農地中間管理事業の推進に関する法律』の５年度見直し（法附則に規定）に際して，それまでにリース方式で参入した企業の状況等を踏まえつつ」検討 ・所有方式の企業の農業参入に関しては確実な原状回復手法の確立を図ることを前提に検討	・「更なる農業生産法人要件の緩和や農地制度の見直しについては『農地中間管理事業の推進に関する法律』の５年度見直し（法附則に規定）に際して，それまでにリース方式で参入した企業の状況等を踏まえつつ」検討 ・所有方式の企業の農業参入に関しては確実な原状回復手法の確立を図ることを前提に検討	・「更なる農業生産法人要件の緩和や農地制度の見直しについては『農地中間管理事業の推進に関する法律』の５年度見直し（法附則に規定）に際して，それまでにリース方式で参入した企業の状況等を踏まえつつ」検討 ・所有方式の企業の農業参入に関しては確実な原状回復手法の確立を図ることを前提に検討
（自民党農林水産戦略部会等）	（規制改革会議）	（日本再生本部 農林水産業・地域の活力創造本部）

表３　農業生産法人

	現　状	農業改革に関する意見（2014年5月22日）
事業要件	農業・農業関連事業を法人の主たる業務とする（農業の売上高が法人全体売上高の過半）	事業要件は廃止
常時従事者要件	・150日以上の農業従事（役員の過半数） ・60日の農作業従事（農業従事役員の過半数）	・役員又は重要な使用人のうち１人以上が農作業に従事しなければならない
構成員要件（関連事業者の議決権要件）	・構成員となる加工業者等の関連事業者の議決権が総議決権の25％以下（特例で50％未満まで可能）	・1/2未満については制限を設けない
その他（「リース制度農地所有権等について）	・「農地リース制度」を活用した参入に関しては，農地の所有権を認めない	・事業拡大への対応として，農業委員会の許可を得た法人については，一定期間，農業生産を継続して実施，継続的かつ安定的に農業経営を行うと見込まれることには，農業生産法人の要件を適用しないとする

（規制改革会議）

注：アンダーラインは重要事項。
出典：各種公表資料をもとに筆者作成。

活力創造プラン」の改訂版が主張する改正ポイントは、（一）農作業に従事する役員人数を四分の一から一人以上とする「常時従事者要件」の緩和、（二）条件なく農業者以外の者の議決権を二分の一まで認める「構成員要件」の二つが中心である。いずれも、二〇〇九年までの改正時にも出ていた意見であり、特別目新しいものではない。

しかし、検討過程のなかで、これまで見られてこなかった、新しい改正案がいくつか追加されているのは注目に値する。

その一つは、農業生産法人が今後「農地所有適格法人」と呼ばれるようになったことである。農業生産法人制度の最大のメリットが農地の所有にあるという認識の高さを示すとともに、制度自体を「入口規制」化してしまおうとする官邸の姿勢がここに明らかである。また、農業生産法人制度の要件の達成という「入口規制」を通過しなくても、農地の所有を可能にするルートが提案されたことは、間違いなく新たな動きの一つといえるだろう。

規制改革会議「農業改革に関する意見」（二〇一四年五月二二日）の「事業拡大への対応等」にみられるこの提案は、「一定の期間、農業生産を継続して実施」あるいは「地域の農業における他の農業者との適切な役割分担の下に継続的かつ安定的に農業経営を行うと見込まれ」れば、一般法人にも農地の所有を含む農業生産法人の権利を認めるとする内容である。農地の適正利用の判断は農業委員会が担当し、もし不適切な利用が発見されれば、農地中間管理機構が管理・処分を行い、新たな担い手を確保するという計画は、その現実的可能性には疑問が残るものの、パッケージとして完結した発想にはなっている。

もし、この提案が実現すれば、農業生産法人のメリットは「リース方式」の要件を満たすだけで得られることになるのである。

この内容は、自由民主党農林水産戦略調査会等の「農協・農業委員会等に関する改革の推進について（案）」によって、あまりに早急すぎるとしてストップがかかり、「農業改革に関する第二次答申」「日本再興戦略」「農林水産業・地域の活力創造プラン」にその内容をみることはできない。

しかし、完全にこの提案が却下されたわけではない。なぜなら、活力創造プランには、「所有方式の企業の農業参入に関しては確実な原状回復手法の確立を図ることを前提に検討」することが明記され、五年以内の再検討が予定されている。逆にいえば、原状回復の方法さえ解決されれば、現行の「リース方式」要件が実質的に農地所有を可能とする要件になりうるということである。今後の動向を注意深くみていく必要がある。

今回の議論では、議決権部分に関する改正の要求は少ない。しかし、今後はこの部分に

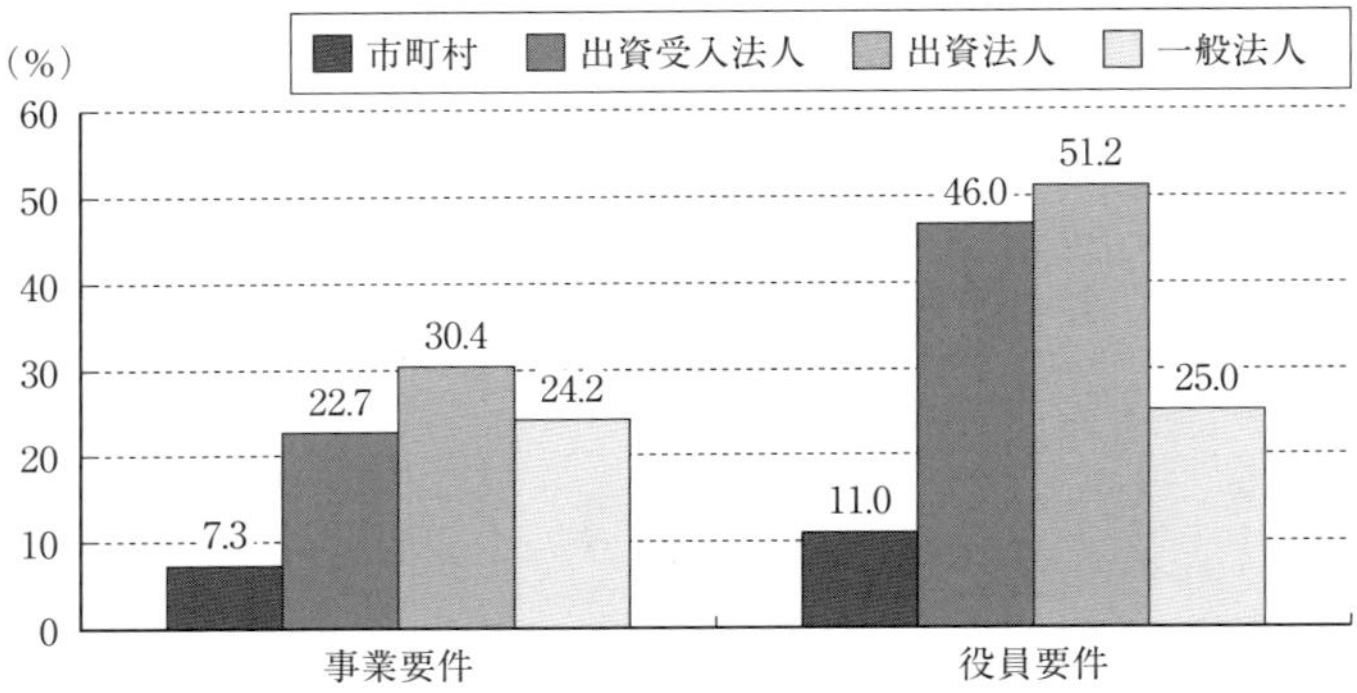

図８　農業生産法人制度要件の改正要望

注：(1) 図中の値は，各要件について「見直すべき」と回答した法人の割合を示す。
(2)「出資受入法人」は外部からの出資を受けている農業生産法人，「出資法人」は農業生産法人に出資している企業を指している。
出典：農林水産省経営局農地政策課「一般法人の農業生産法人への出資又は農業参入に関するアンケート調査」(2012年実施) の結果から筆者作成。

ついても、見直し要求が強まるのは間違いない。

その理由の一つとして、ここでは、規制改革会議、産業競争力会議とメンバーが重複する経済成長フォーラムが、再興戦略改訂版の閣議決定直前に公表した「『企業の農業参入促進』のための提言――参入規制の緩和と製造業の生産手法導入を」をあげておきたい。

この提言でもっとも注目されるのは、総議決権上限の撤廃案に合わせて、上限を撤廃する理由として「現在の要件に従った場合、農業生産法人の経営権を握って思い通りの営農をすることができない」ことを述べている点である。

この提案と再興戦略と活力創造プランの改訂版の内容を合わせて考えてみると、もはや企業は、自らが農業生産に参入することを必ずしも志向していないことがうかがえる。それに代わるのは、川上の生産過程を既存の大規模家族経営や法人経営に任せ、川下の流通以降を企業が担当する、分業体制によるバリューチェーンの構築である。これは、農地制度の改正が、ますます個別企業がビジネスチャンスを確立する方向につながってきているともいえることを示している。[20]

こうして改正の検討が進んでいるが、実際どの程度、改正ニーズが現場にあるのか全体的に把握されているわけではない。「事業要件」と「役員要件」のみについて、図8のようなアンケート結果が公表されているだけである。これをみると、参入している企業を含んでも「見直すべき」と回答した法人の割合は多くて五割であり、改正ニーズは限定的であると評価可能である。しかし、「役員要件」に関する要望は出資法人を中心に高く、再興戦略改訂版の方向性はそのニーズに適切に応えているともいえよう。

3　企業参入に対する期待

参入に対する地域の意向

では次に、参入を受け入れる地域側の、企業の農業参入に対する期待をみていくことにしたい。

図9は、自治体に対して、農地の有効利用をはかる上で期待できる経営主体をたずねた結果である。これをみると、「新規就農者」に次いで「農外参入企業」に期待する自治体の割合が高く、その割合は全体の二割を超えている。この調査が実施されて五年が経過したいま、この割合はさらに高まっているとも予想される。

一方、図10は、農地の有効利用をはかる上で期待したい作付作物をたずねた結果である。「新規作物」の割合が「既存作物」の割合を上回っており、収益性が高い新規作物に対する期待が高いことがわかる。

次の表4は、図9と図10の結果を組み換え集計した結果である。表中の値は、各取組主体と各作物に対して、同時に「期待したい」と回答した自治体の割合を示している。

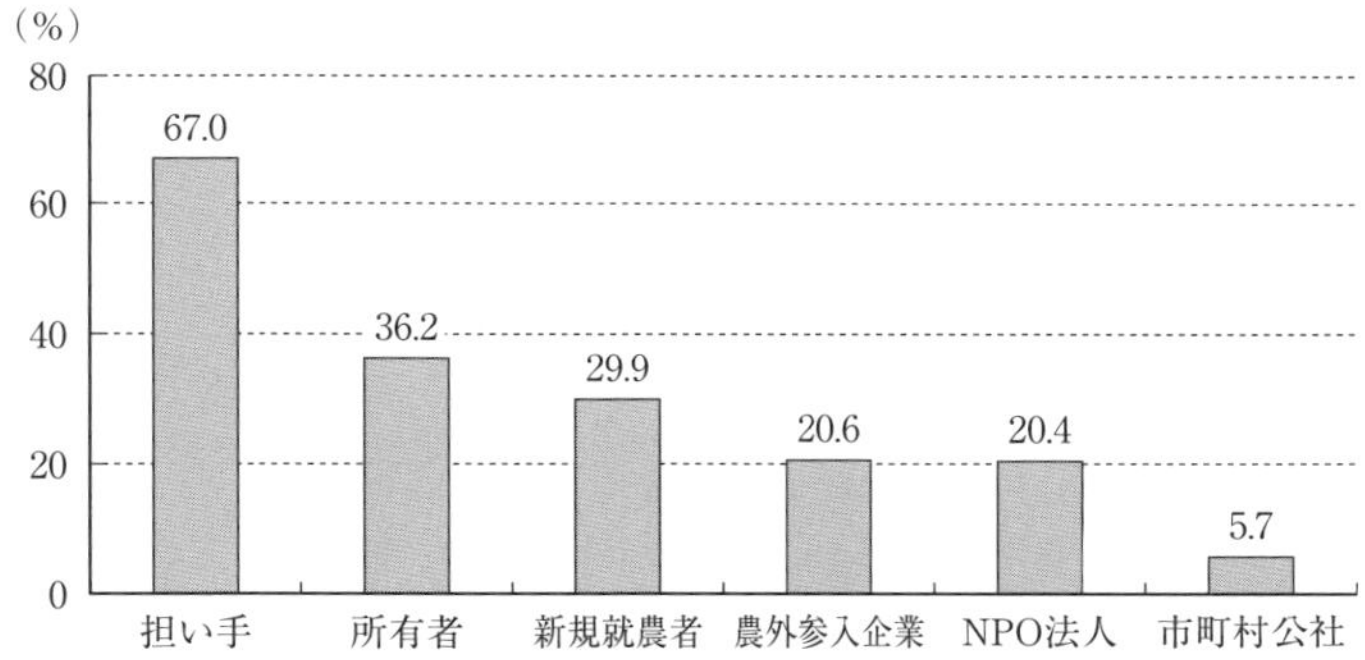

図９　農地の有効利用に期待する経営主体

注：図中の値は，農地の有効利用に「期待する」と回答した自治体の割合を示している。

出典：農林水産省「耕作放棄地に関する意向調査」（2010年）の結果から筆者作成。

作物ごとに結果をみてみると、「既存作物」に関しては、若干「新規参入者」の割合が高いものの、経営主体間の差はそれほど大きくない。なぜなら、すでに何らかの作物の産地である地域は、「既存作物」の生産量の確保や生産量の維持が最大の目的となっているため、取組主体の属性に特別こだわる必要がないためである。

その一方で、「新規作物」「伝統作物」「景観作物」「資源作物」に関しては、農外参入企業に期待する回答割合が他の経営体を上回り、もっとも高くなっている。新たな作物の導入や普及に関しては、外部の資金や販路、ノウハウを活用したい自治体が多く、企業の参入を契機とした「産地化」や

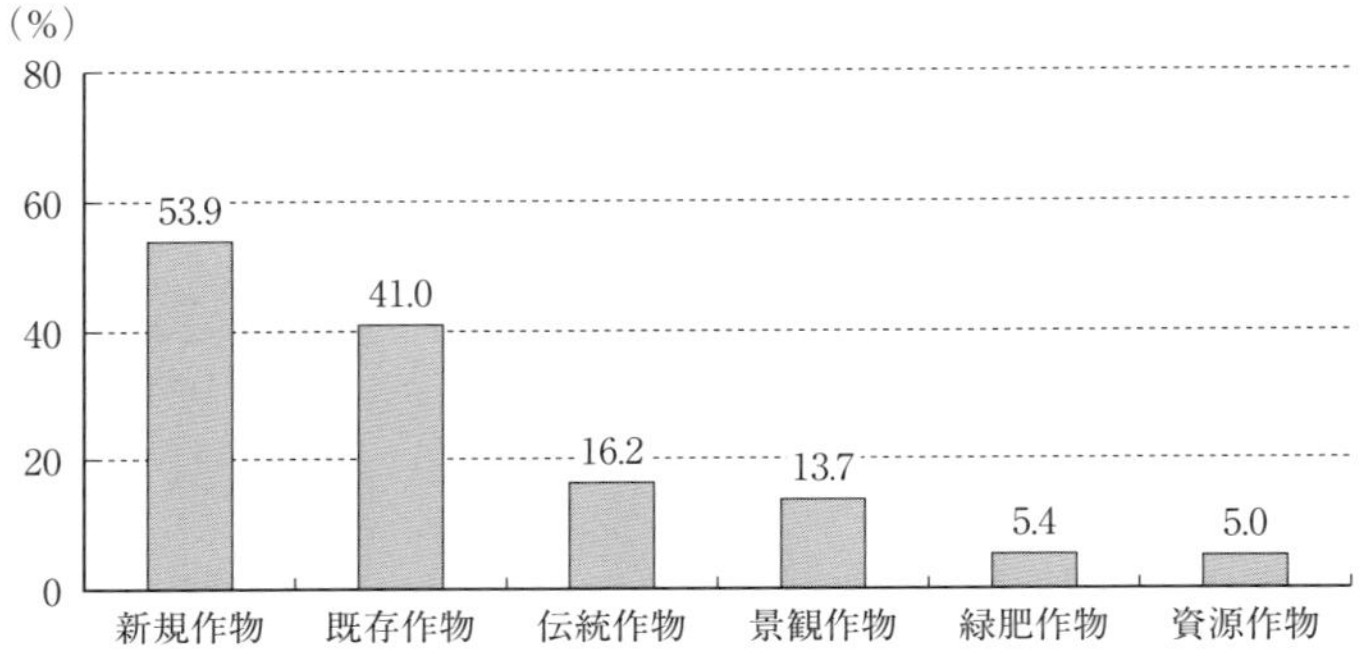

図10　農地の有効利用に期待する作付作物

注：図中の値は，農地の有効利用に「期待する」と回答した市町村の割合を示している。

出典：農林水産省「耕作放棄地に関する意向調査」(2010年）の結果から筆者作成。

六次産業化の進展を期待していることをうかがうことができる。

参入に対する評価

さて、こうした期待のなかで、実際の参入はどの程度評価されているのだろうか。産地化や雇用の創出に関するいくつかの項目について、企業の参入の効果・影響があったと回答した自治体の割合を整理した図11をみてみよう。

設定した項目のうち、「地域農業の受け皿として受け手のない農地を引き受けた」が、耕作放棄地・未利用農地の解消に対する企業参入の意義を評価する項目である。これに対しては、二〜三割の自治体が、効

表４　取組主体と作付作物の関係

	既存作物	新規作物	伝統作物	景観作物	資源作物
所有者	73.5	50.0	19.7	25.2	8.5
担い手	71.2	50.3	14.6	20.5	8.5
新規参入者	74.1	62.1	21.3	29.3	15.5
農外参入企業	71.2	64.9	23.4	35.1	18.0
市町村公社	68.6	54.3	11.4	20.0	11.4

注：(1) 図中の値は，該当する市町村の割合を示している。
(2) アンダーラインは最高値。
(3) 景観作物とは，景観の向上を目的として栽培される作物を指す。
(4) 資源作物とは，エネルギー源や製品材料とすることを目的として栽培される作物を指す。
出典：農林水産省「耕作放棄地に関する意向調査」(2010年) の結果から筆者作成。

果があったと回答している。

それについで評価が高い項目は、参入の波及効果ともいえる雇用創出に関連した「新たな雇用を創出し、地域活性化につながった」であり、農業生産法人制度活用の場合、三割の自治体がこの効果を評価している。それと比べると、もう一つの波及効果である産地化に関連した「新規作物の導入により地域農業が活性化した」への評価は低い。参入方法を問わず、一割の自治体が効果があったと回答するにとどまっている。実際のところ、設定した項目のうちで、もっとも回答割合が高いのは「具体的なプラスの効果は挙げにくいが、農業の一経営体として確立した」である。これは、参入

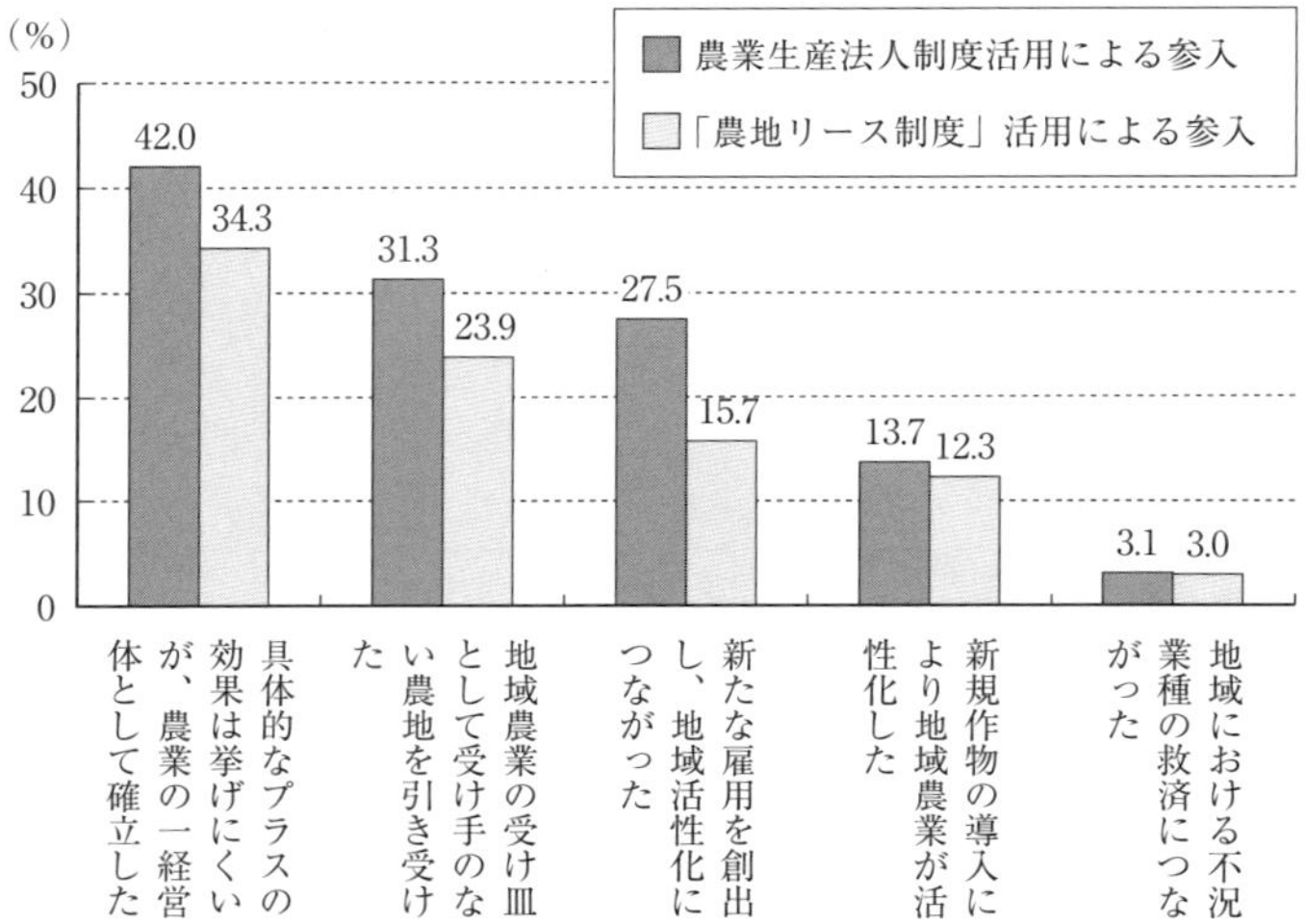

図11　参入方法別にみた参入地域からの評価

注：図中の値は，各項目に対して，効果・影響があったとする市町村の割合を示している。

出典：農林水産省経営局農地政策課「一般法人の農業生産法人への出資又は農業参入に関するアンケート調査」（2012年実施）の結果から筆者作成。

した企業が、面的な農地の利用主体としても、自治体が期待するような新規作物の導入や産地化、雇用の拡大を進める主体としても、評価されていないという事実を示している。もちろん、アンケートの実施から三年が経過しているいま、評価が改善あるいは高まっていることは十分予想可能である。また、現時点では担い手として評価されていないとしても、担い手不足がこのまま深刻化していけば、一経営体が「地域農業の受け皿」

に発展する可能性は非常に高くなっている。しかし、参入した企業による地域の活性化が必ずしも確実ではないということは意識する必要があろう。むしろ、活性化を期待する地域がより戦略的になって、参入を受け入れるという姿勢が必要なのかもしれない。

4　企業の農業参入の実態

実際の参入事例

ここからは、実際の参入事例を紹介していくことにしたい。

ちなみに、本節で扱う参入事例は、経済成長フォーラム「企業の農業参入促進のための提言」（二〇一四年六月二〇日発表）が、「先進事例にみる農業の成長産業化のためのヒント」として紹介した事例を多く含んでいる。なぜなら、この提言内で紹介されている事例の多くが、工程管理や品質・財務管理に代表される製造業のアイデアやノウハウの活用で評価されており、「日本再興戦略」や「農林水産業・地域の活力プラン」の想定する理想モデルに限りなく一致する事例と考えられるためである。

また、ここで紹介する事例は、食品製造業あるいは食品卸売業の参入に限定することに

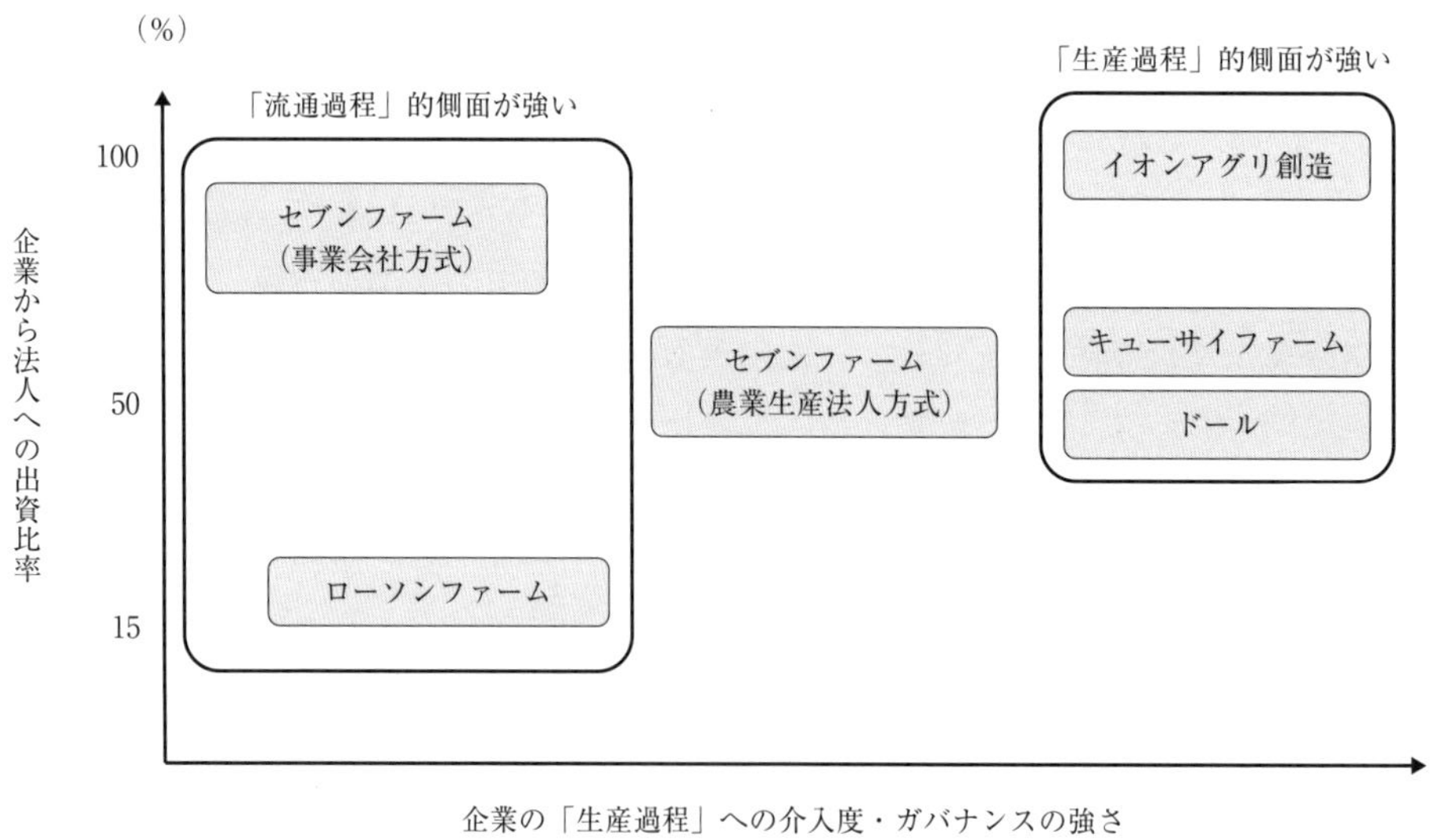

図12　事例の位置付け

出典：筆者作成。

した。これは、参入数が近年増加していることに加え、他業態よりも企業の農業参入の意義と限界を示すと考えられるためである。

こうした食品製造業、卸売業は、農業への参入を市場からの買い入れと農家やＪＡ等との契約取引以外の新たな農産物調達の方法として認識しており、より容易に自らの商品ニーズを満たすことが可能と判断している。[21]

最近指摘されるのは、同じ農業への参入にも、「生産過程」への介入が強いタイプと、生産過程の周辺部つまり「流通過程」への介入が強いタイプという二つにわけられることであり、取組体制や性質も違うことである。近年の傾向としては、後者の「流通過程」に介入するタイプの参入が増加してきている。[22]

以上のような経緯から、今回ここでは、イオンの子会社であるイオンアグリ創造、キューサイの参入事例であるキューサイファーム、ドール、イトーヨーカ堂の子会社であるセブンファーム、ローソン、計五社の参入事例を取りあげることにした（図12）。

このうち、前者三つの事例は直接「生産過程」に強く介入している事例であり、主体的に農業生産を行っている。一方、後者二つの事例は「流通過程」に強く介入する事例であり、地元の生産者と共同出資して新たに別会社を設立しているところに共通の特徴がある。

これら二つのタイプごとに、事例をやや詳しくみていこう。

「生産過程」に強く介入するタイプの参入は、自ら農地と労働力を確保し、農産物の生産に主体的に取り組んでいる。

健康食品である青汁を主力製品とする食品加工企業であるキューサイの参入は、企業の農業参入として早い時期から注目を集めていた事例である。キューサイの参入のきっかけは、品質、取引量の確保両面から契約取引による確保の限界を感じたことにある。そこで、自らが原料を生産することがもっとも安定的な調達方法であるという意識が生まれ、一九九八年以降島根県、広島県、北海道、三つの地域に農場を設立している。とくに島根県では、未利用状態だった開発農地に参入して経営面積を広げており、農地の有効利用を実現した担い手として高い評価を受けている[23]。

国際的なアグリビジネス企業の日本法人であるドールの農業参入は、キューサイと同じく二〇〇九年の農地法改正前の参入として有名な事例である。参入のきっかけもキューサイと同じであり、契約取引による農産物確保に限界を感じたためである。二〇〇〇年の参入以降、北海道、宮城県、福島県、岡山県、長崎県、鹿児島県、宮崎県などに農業生産法人を設立し、農業生産を行っている。キューサイの参入が原材料生産という形で本業とリンクしていたのに対し、ドールの参入は自らの輸入流通業務とリンクさせた農業に取り組んでいる。つまり、輸入事業で取扱うブロッコリーやパプリカの輸入品と国内で確保した農産物を組み合わせて、周年的に高い取扱シェアを維持することが参入の目的であり、全国各地に法人を設立しているのは、生産時期をずらし、周年的な調達を可能とするためである[24]。

続いて取りあげるイオンアグリ創造の参入は、大手流通企業であるイオンが出資する一〇〇パーセント子会社の参入であり、「農地リース方式」を活用した参入である。茨城県牛久市に農場を開設して以降、急速に農場を拡大し、現在では全国一八カ所で三〇〇ヘクタールの規模で営農を展開している[25]。

このような農産物の生産を主体的に行う企業の多くは、とくに参入の直後に「販売単位」と「生産単位」の乖離という問題に直面している[26]。これは、自らが計画した販売量に対して、生産量が下回る事態であり、生産技術の不足や経営面積規模の拡大が計画に追い付いていないことを背景とすることが多い。こうしたとき、企業は何らかの手段で不足量を調達しなければならないが、多くの場合、近隣農家との契約取引関係の構築によって、この問題が解決されている。なぜなら、特殊な品種・品目や特殊な農法で生産された農産物ほ

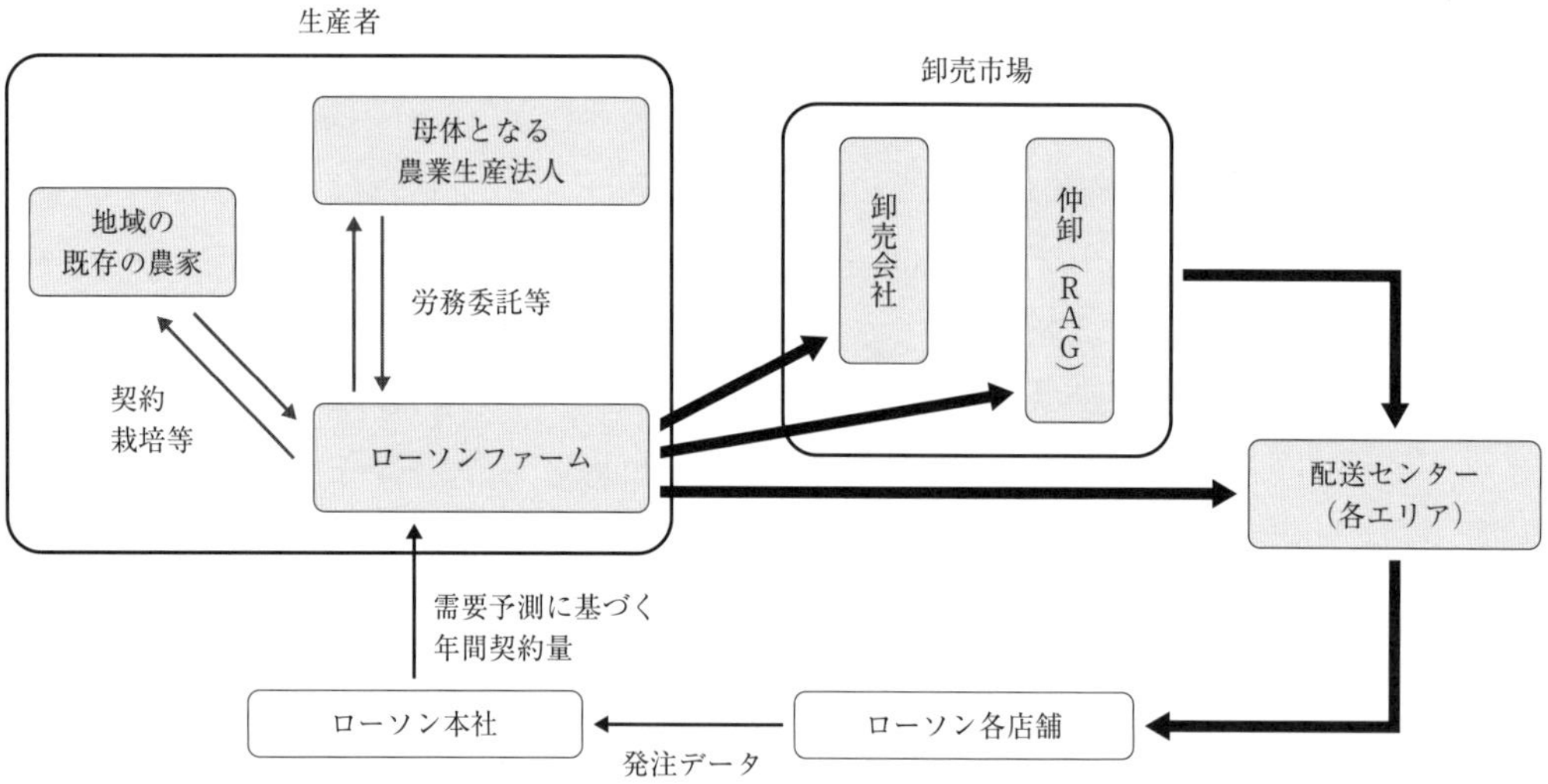

図13　ローソンの農産物の調達経路

出典：緩鹿泰子・清水みゆき「全国展開を図る小売業の農業参入――ローソンの経営戦略とローソンファームの展開」『フードシステム研究』第21巻第２号，2014年，に合わせ，筆者のヒアリング結果より作成。

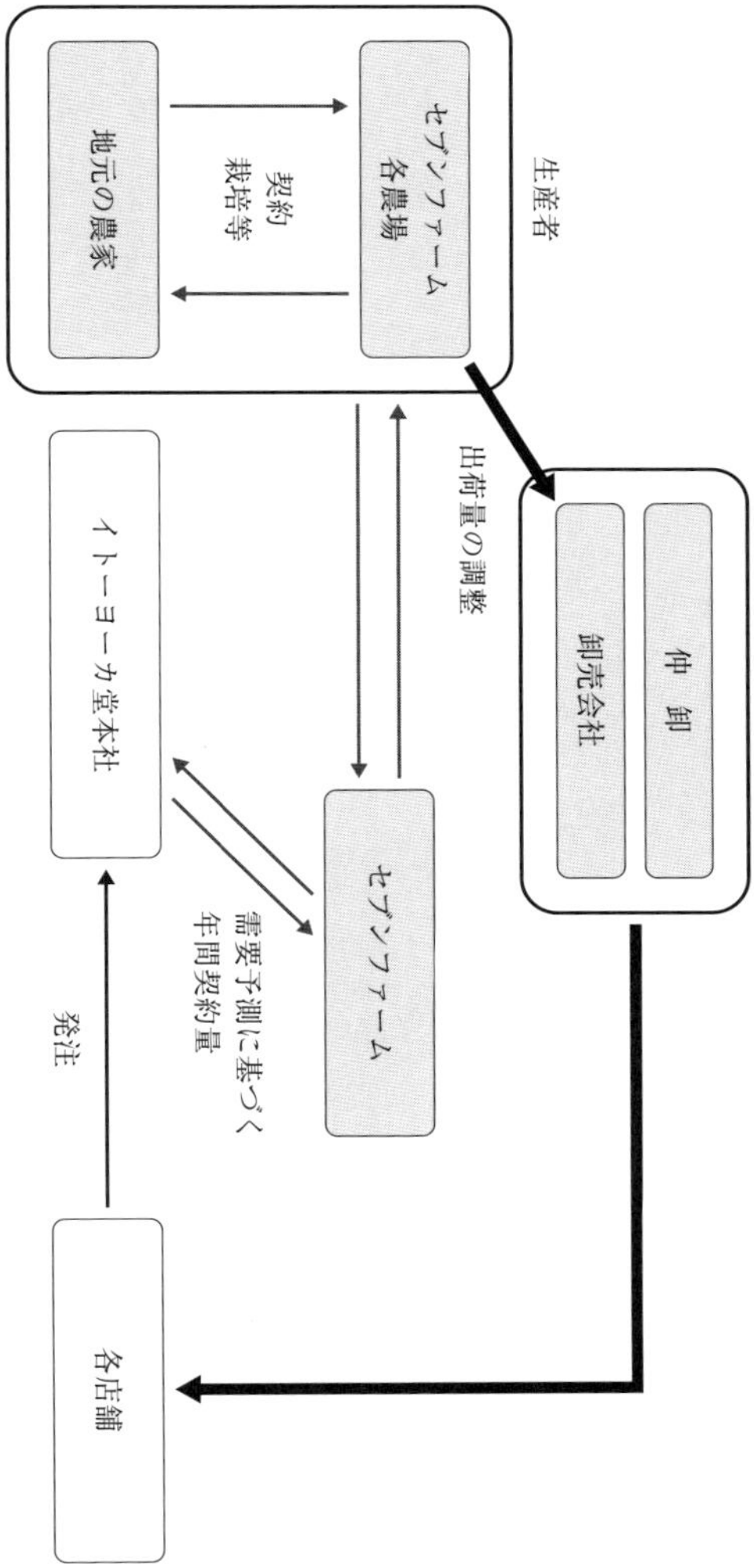

図14　セブンファーム（事業会社方式）の農産物の調達経路

出典：各種資料および筆者のヒアリング結果より作成。

ど市場から調達するのは難しく、事前に生産方法の指定などをしなければ特殊なニーズを満たせないためである。地域的に「波及効果」や参入を契機とした地域活性化、産地化がみられた場合は、この農産物調達上の補完関係がうまく機能しているケースである。先にあげた三社とも、地域農家との契約取引を行っており、参入した企業を核とした産地化の実現が一定程度観察できる事例になっている。これらの事例から明らかになるのは、自らが労働力を持ち、農作業に従事するメリットである。たとえば、キューサイでは自らが設けている基準を達成させるため、各契約農家の圃場をモニタリングし、確実な農産物調達の実現につなげようとしている。また、ドールでは、収穫前までの作業は契約農家に依頼するものの、収穫作業は自らが作業する仕組みを一部で導入し、契約農家の「刈り遅れ」を防いでいる。まとめれば、生産性の向上や参入目的の達成に対して、自らが直接農業に従事するメリットはけっして小さくないといえるのである。

もう一つの「流通過程」に強く介入するタイプの参入は、契約取引関係および資本関係を通じて地域農家との連携強化をはかるものである。その多くが、地域の生産者と共同出資して農業法人を設立しており、生産部門の大部分を外部に依存させることを特徴としている。ここで取り上げるローソン、セブンファームは、このタイプに典型的な事例である

（連携体制に関しては図13、図14参照）。

二〇一〇年から農業に参入したローソンの参入目的は、他コンビニエンスストアとの差別化にあり、生鮮野菜の販売強化を目指している。参入後、全国各地で法人の設立を急速に進めており、二〇一五年二月までにローソンファーム名義の法人を二〇以上設立している。設立されたローソンファームの多くが、ローソン一五パーセント、仲卸会社一〇パーセント、地元の生産者七五パーセントという出資構成によって設立された農業生産法人になっており、地元の生産者の議決権が過半を超えていることに特徴がある。[27]

一方、イトーヨーカ堂の農業参入は、子会社のセブンファームを通じて行われている。イトーヨーカ堂の参入のきっかけは、各企業に食品廃棄物のリサイクル率の向上（四五パーセント以上）を求める二〇一二年のリサイクル法の改正である。同社は、この基準を満たすために、店舗から出る野菜くずなどの食品廃棄物を堆肥に加工し、利用していく「セブンファーム環境循環型システム」構築を目指しており、その一環として自らの農業参入（法人の設立）を位置づけている。そのため自らのこのような取組は、「企業の社会的責任（ＣＳＲ活動）として、環境問題に取り組む」ものとして整理されており、農産物の調達自体は必ずしも目標にされていない場合もある。二〇一五年二月までに全国一〇カ所一〇特徴としている。

法人が設立されており、いずれも近隣にイトーヨーカ堂の店舗が存在しているのを共通の特徴としている。

セブンファームの参入で注意しておく必要があるのは、参入が、「農業生産法人方式」（二法人）と「事業会社方式」（八法人）の二つの異なるタイプで進められていることである[28]。このうち、はじめに進んだのは、地元の有力な農家とＪＡと共同出資して設立された法人による前者の「農業生産法人」方式である。しかし、現在では、ほとんどの法人が後者の「事業会社方式」を採用して参入してしまっており、農業生産法人要件を満たす法人は少ない。この「事業会社方式」の場合、法人の資本金構成は、セブンファーム八五パーセント、仲卸会社一〇パーセント、地元の生産者五パーセントが基本となっており、企業側の出資が多い点でローソンファームとは真逆の構造になっている。この方式での参入の場合、現地に職員はほぼいない。そのため農業法人として満たさなければならない要件は、地域の農家を役員に取り入れることで達成されることになっている。

このように参入方法が異なるが、法人を共同出資で設立した地域の有力な生産者に農業生産の大部分を依存している点では共通している。異なるのは、その依存の度合いである。たとえば、「事業会社方式」のセブンファームは、法人では農地を借りない方針を取っている。そのため、セブンファームが出荷する農産物はすべて、共同出資している地元の生産者か地元生産者の協力農家からの出荷に依存することになっている。それに比べると、ローソンファームは法人として農地の集積を進め、自らの農産物生産を拡大させることに意欲をみせている。とはいえ、生産部門を外部に依存していないわけではない。つまり、ローソンファームに対する技術指導は、共同出資している農家が行うことが多く、かつローソンファームでの生産量が計画出荷量に満たなければ、その分は共同出資している農家から補充・調達されることが多くなっているのである。

以上の内容を総括すると、「生産過程」への直接的な参入、「流通過程」への参入ともに既存農家の生産に依存しているという共通の傾向を見出すことができる。しかしながら、その生産部分への依存は、特殊な農法や品種の指定をともなっているために、企業側に大きい交渉力があることに特徴がある。このような動きを指して、企業が地域の有力生産者の「囲い込み」を進めているという指摘や、農地の利用に関して実質的に干渉を強めているという指摘もないわけではない。こうした「囲い込み」の動きは、「流通過程」への参入において、より顕著であり、企業は地域の有力生産者と資本的な結合をも持つようになっている。しかし、セブンファームの場合は堆肥の利用を参入の最大の目的としていること、ローソンの場合は各店舗からの商品注文量が現時点ではそれほど多くないことのために、現状では、企業による有力農家および地域農業の「囲い込み」はそれほど問題になっていない。今後の動向が注目される。

今後の課題

以上、企業参入に対する期待の変遷と参入の実態を整理してきた。当初は面的な農地利用の確保に向けた「担い手」の創出という位置づけであった企業の農業参入は、次第に、家族経営を中心とする農業構造で実現されなかった農業生産性の向上を実現可能とする処方箋的な位置づけへと変化してきている。また、直接、農業に参入するというよりは、フードチェーンの効率化をはかる農業への参入まで含んできているのが、近年の傾向である。

もちろん、当初の期待に沿った成果は多くの事例で確認することができる。すなわち、参入した企業による耕作放棄地の解消や企業の新規作物の導入が、産地化や地域農業の活性化につながっている事例が多くみられるようになってきている。そのため、企業参入を全面的に否定する意見を聞く機会は、以前より大幅に減少している。

しかし、だからこそ、慎重に企業参入の評価を行うべきであり、かつ長期的な視点を持って評価していくべきだろう。なぜなら、参入直後は効果や影響の大きい取組であっても、農地を転用してしまったり、企業が参入地域からの撤退を決めてしまったりすれば、たちまちその意義は失われてしまうためである。

前者の転用に関しては、制度的措置を拡充することが最大かつ唯一の対応となりうるであろう。一方、後者の農業からの撤退に関しては、本業の業績を含めさまざまな理由がありうるため、有効な対策が一つに限定できるものではない[29]。参入を受け入れる地域側が臨機応変に、企業が撤退してしまうことを避けるような事前・事後のフォローを検討することが必要となろう。

また、もし企業が地域で農業を継続する場合でも、企業参入の意義についての評価は変わりうる可能性がある。たとえば、優良かつ借地可能な農地を大量に借りることができる状況になったとしよう。そのとき、これまでは自らの生産と契約取引の組み合わせで農産物を確保してきた企業であっても、既存農家と自らの技術力・生産性を勘案した結果、農家との契約取引量を減らし、自らの生産量の拡大を検討することがありうる。この傾向は、企業が、契約農家の生産コストや農産物の品質に関して不満を持っている場合にとくに発生しやすい。要するに、企業の経営戦略は、地域の営農環境やその条件変化に大きく依存しており、変化しやすいものなのである。もちろん、これは参入した企業に限定された話ではない。しかし、企業の農業参入を受け入れる地域側にも、一定の用意と戦略が必要なのは間違いない。つまり、先ほどもあげた企業が直接農産物生産に関わり、かつ既存農家とも契約取引をしている場合、契約取引関係を安定的に継続させるためには、既存農家の農業生産性が企業の農業生産性を上回ることが重要だといえる。そこが交渉力のポイントとなるのである。

しかし、その一方で契約取引関係にある農家側の生産性が参入企業を大きく上回ってしまい、契約関係が決裂してしまった事例もあり、その一つが長崎県五島市の事例である。この事例では、企業側が取引価格の引下げ交渉をしてきたことを契機として、高い生産性をもった地域側が参入企業との契約取引を打ち切ることを決め、独自での生産販売を開始する事態が生じている[30]。

植物工場などの特殊な事例を除けば、農業の「生産過程」について、企業側が優位なケースはいまだ限定的である。そのため、農産物調達において、契約取引農家が果たす役割は依然として大きい。しかし、技術の向上やＩＣＴの導入などにより企業側も生産性の向上をはかっており、契約取引の位置づけが変わることがありうる。繰り返しになるが、参入する企業の取組の方向性や契約取引を含む「波及効果」の大きさについては、地域農業側の生産技術力または生産性が重要な鍵となるということである。逆にいえば、企業側の生産技術が下回っていれば、企業は外部からの生産技術指導を受けたいというニーズを持つはずである。行政、農協とも連携しながら、地域側が技術指導を通じて連携構築をはかっていく可能性も残されているのである(31)。

では、生産過程の多くを地域の農家に大きく依存する「流通過程」への進出はどのように評価すればよいのだろうか。その評価ポイントとなるのは、「農業外からのノウハウ」の活用状況にあろう。「流通過程」への進出に対しては、「地域農業の選別的囲い込み(32)」にすぎないという評価もあり、地域農業の活性化の効果に関しては、限定的な評価が多くなっている。しかし、こうした参入は、活力プランにある「需要と供給をつなぐ付加価値向上のための連鎖（バリューチェーン）の構築」にもっとも合致した取組でもあり、今後増加していくことは間違いない。ここで指摘しておきたいのは、むしろ「流通過程」に介入する場合こそ、地域農業の生産性が問われてくることである。なぜなら、「生産過程」への介入が小さく、農地を借りていない参入であるほど、さらに条件がよい地域があれば、即座に調達先を移行してしまう可能性が高いためである。

「具体的なプラスの効果が挙げにくいが、農業の一経営体として確立した」という状況は、地域と参入企業との連携構築が不十分であることも同時に示しているのである。

そうした中、多くの企業が地域との連携を前提とした参入計画を作成している。たとえば、有限会社トップリバーが作成する「富士見みらいプロジェクト」はその一つである。㈳農林水産みらい基金の助成対象にも選ばれているこのプロジェクトでは、企業と農協の協調による産地育成、新規就農者育成が計画されており、全国のモデルケースになる事例として高い注目を集めている。

また、それとは逆に地域側も企業の活力に対する期待を高めている。筆者が注目しているのは、「ローカル・アベノミクス」ともいえる地方創生の取組および「地域再生計画」のなかにおいて、いくつかの自治体が企業の農業参入を核とする計画を作成している。その一つが、愛媛県西条市の「四国経済を牽引する『総合六次産業都市』推進計画」である。これは、住友化学株式会社が出資している株式会社サンライズファームと株式会社サンライズ西条加工センターの二つを核に、企業、行政、農協、全農および地域農家の連携によって地域的全体での六次産業化の実現を目指す事例である。また、熊本県和水町《なごみまち》の地域再生計画も一部でそうした発想に基づいた計画を作成している。[33] 企業と地域の適切な役割分担や連携の在り方を模索することが今後、ますます重要な課題となる。

さて、ローソンファーム新潟が新潟県新潟市、イオンアグリ創造が埼玉県羽生市《はにゅうし》においてコメ生産を開始することを決定し、これまでは野菜の生産を中心としていた食品関連産業の参入範囲がコメにもおよんできている。

また、二〇一五年八月二八日の参議院本会議において改正農地法案が成立し、農業生産法人が「農地所有適格法人」に改称されること、役員要件と議決権要件の緩和が決定されている。この改正によって、議決権部分を除けば、農業生産法人制度を活用した参入と「農地リース方式」による参入の要件は、ほぼ同様の扱いとなる。そのため、今後、農業生産法人制度を活用した参入が増加することが見込まれる。

もう一つの企業参入ともいえる企業のノウハウの活用に関しては、「農業界と経済界の連携による先端モデル農業確立実証事業」を中心として、国が主導的にモデルケースの確立を進めている。

このように、企業の農業参入をめぐる動向が再び目まぐるしくなっている。これは、個別企業のビジネスチャンスの拡大である一方で、企業の農業参入を契機とした地域農業の活性化および農業振興を実現するチャンスともいえないだろうか。本章では、そうした参入の波及効果を望むためには、地域の農業生産性を高く持つことが重要だと指摘してきた。そこでは自治体、農協の役割も重要となろう。参入する法人が「農地所有適格法人」であるかを見極める方法と合わせて、地域の対応方法に関しては今後の課題としたい。

【注】

(1)「利用者主義」とは、二〇〇九年に改正された農地法が、農地を適正、効率的に利用する者すべてに農地所有権を除く権利を認めたことに由来して、石破茂農相(当時)が用いた名称である。

(2)二〇〇九年以前の企業参入への期待の高さを示す資料としては、二〇〇五年の「食料・農業・農村基本計画」と「農業構造の展望」があげられる。その期待の高さは、民主党政権時である二〇一〇年の基本計画には引き継がれていない。しかし、二〇一五年の基本計画および「農業構造の展望」では、効率的かつ安定的な農業経営体に「リースによる参入企業」が位置づけられており、路線の回帰がみられる。

(3)ここで、参入パターン④と⑤を広義の意味で「企業の農業参入」としているのは、大野備美・納口るり子「農業参入小売業による垂直的調整――イオンアグリ創造㈱と生産委託契約者を事例として」『二〇一四年日本農業経済学会論文集』（二〇一五年）が指摘するように、多くの企業が、直接的な生産への参入に契約取引を組み合わせる「垂直的調整」を進めているためである。また、契約取引の内容によっては、農地を強くコントロールすることが可能となる。これは契約農家に対するガバナンスの強さを意味しており、実質的に企業の参入とみなせるケースも想定できるのである。この点については、アメリカでのトウモロコシ種子生産契約を事例とした内山智裕「米国の穀作農業における生産契約の現状――アイオワ州のトウモロコシ種子生産契約を事例として」『二〇〇九年日本農業経済学会論文集』（二〇一〇年）などを参考にされたい。

（4）農地法の改正によって、以前に比べれば一般企業が農業生産法人制度の要件を満たすことは容易になってきている。とはいえ、法人売上の過半以上が農業の売上であることを求められたり、加工で利用する外部調達原料に制限がかかることは、農業以外の業種の本体企業がその条件を満たすことは難しいだろう。そのため、多くの場合は、本社とは別の子会社が設立されることになる。しかし、このような制約に関わらず、夕張ツムラ（二〇一五年一月三〇日付ツムラNewsRelease）のように、一般法人から農業生産法人への移行の動きが広くみられるようになってきている。今後の動向に注目したい。

（5）盛田清秀・高橋正郎「異業種参入の農業展開の背景と実態」高橋正郎・盛田清秀編『農業経営への異業種参入とその意義』（農林統計協会、二〇一三年）。

（6）農業生産法人の法人格に株式会社を認めたことについては、多くのメリットがあげられている。しかしその一方で、否定的な見解も多く示されており、とくに株式の譲渡性と投機を目的とした株式会社の農地所有が問題とされている。この点については、宮崎俊行『農業は「株式会社」に適するか』慶應義塾大学出版会（二〇〇一年）、米田保晴・来住野究「株式会社は農業に適するか」『信州大学法学論集』（二〇〇九年）を参考にされたい。

両論文が最大の問題として指摘しているのは、株式譲渡の問題である。株式譲渡の事例はすでにいくつかの事例をみることができ、直近では、キューサイが保有するキューサイファーム千歳（経営面積八五ヘクタール）の発行済み株式四九・五パーセントがエア・ウォーターに譲渡されたことが報道されている（二〇一四年一〇月二二日付WEBみんぽう（苫小牧民報社））。この場合、株式を譲渡されたエア・ウォーターが農地をそのまま利用することになる。こうした動きは今後も増えていくと予想されることから、両論文の懸念事項が現実となりうるのかどうかが今後の検証課題となろう。

（7）常時従事者要件の「主に従事」は、農業従事では一五〇日以上、農作業従事では六〇日以上が基準となっており、農業生産法人の適正耕作の確保と農作業現場での責任者の不在を防ぐための措置となっている。しかし、こうした要件の課し方は、法人の経営規模にあった労働力の絶対量の確保を必ずしも担保するものになっておらず、実態から乖離した「資格主義」にとどまっているという批判も少なくない。そのため、多くの改正要求が出されている。

(8)「リース農業特区制度」と「特定法人貸付事業」の基本的な仕組みは、大きく異なるものではない。ただし、利用の拡大を狙って若干の内容変更が行われている。一般に農地法に応じた賃貸借は借りる側の権利が強いといわれ、農地を貸す地権者は「一旦貸したら戻ってこない」という懸念を持ちやすくなっている。そのため、「特定法人貸付事業」では、「リース農業特区制度」が認めていた農地法第三条による賃貸借に加えて、農業経営基盤強化促進法第一八条の利用集積計画の利用も認められている。

(9) 一般法と特別法がある場合、特別法の内容が優先的に適用される。関谷俊作『日本の農地制度』（農政調査会、二〇〇二年）の整理によれば、農地法と農業経営基盤強化促進法の役割は厳密には異なっている。しかし、農業経営基盤強化促進法が農地法に与える影響は非常に大きくなっており、その内容の関係性だけでなく、基盤強化促進法が改正されたときの農地法への影響も含めて注意してみていく必要がある。

(10)「地域との調和」は、「参入後に周辺の地域農業に支障が生じないこと」で判断される。しかし、その判断基準は非常に曖昧であり、各自治体の判断に任されているのが実態である。この点に関しては、谷本一志「改正農地法にみる農作業常時従事要件・地域との調和要件」『農業および園芸』八五巻七号(二〇一〇年)の論点整理が非常に参考となる。

(11) EPA交渉との関連において、このような「農業の構造改革」が必要とされるのは、EPA実施時の調整コストの低減が目的とされている(経済財政諮問会議グローバル化改革専門調査会EPA・農業ワーキング・グループ「EPA・農業ワーキング・グループ第一次報告」〈二〇〇七年〉)。田代洋一「混迷する新自由主義農政」『混迷する農政協同する地域』(筑波書房、二〇〇九年)は、EPA交渉と「農業の構造改革」および企業の農業参入が一致していく過程を整理しており、「これまでの個別資本のビジネスチャンスの確保から、総資本・国策としてのそれにグレードアップした」と評価している。

(12) 先行研究でも指摘されているように、現時点では農業生産法人制度を活用した企業の農業参入数を統計から完全に把握することはできない。しかし、現在存在している株式会社形態の農業生産法人のうち、約一〇パーセントにあたる三七〇法人が加工業者等からの出資を受けていることが別の調査で明らかにされており、この一部が企業の農業参入に該当するものと推測できる。また、資本金の四五パーセント以上を加工業者等からの出資としている法人は四四法人に留まっており、現時点では少数である（以上、すべて二〇一〇年センサス時点の数値）。

(13) NPO法人や社会福祉法人の農業参入に関しては、吉田行郷等の「農業分野に本格進出した特例子会社の実態と課題――地域農業の担い手としての特例子会社の可能性――」『農業経済研究』八六巻一号（二〇一四年）を参考にされたい。

(14) 企業の参入地域の遠隔地から都市部へのシフトは、渋谷往男「第二フェーズ参入企業が新農業モデルを」『AFCフォーラム』二〇一二年三月号でも指摘されている。

(15) 二〇一四年四月の「規制改革会議農業ワーキング・グループ　現地視察報告」は、宮崎県において、借地をめぐる競合が発生している事例を報告している。こうした競合は、地域的な農地調整によって事前に防ぐことが必要であろう。実際、こうした取組はすでに行われており、加藤光一「企業に伴う地域調整はいかに行うか？――長野県富士見町の事例をもとに」『土地と農業』四四号（二〇一四年）などによって紹介されている。

(16) 現在進められている「攻めの農林水産業」の方向性は、必ずしも新しい発想ではない。なぜなら、第二次小泉政権（二〇〇三年一一月〜二〇〇五年九月）における「攻めの農政」、民主党政権時である二〇一一年に出された食と農林漁業の再生推進本部「我が国の食と農林漁業の再生のための基本方針・行動計画」（二〇一一年一〇月本部決定）における「攻めの姿勢」に共通の方向性を見出すことができるためである。また、もう一つのキーワードである「農林水産業の成長産業化」で同様のことがいえる。つまり、民主党政権時である二〇〇九年の「新成長戦略（基本方針）について」（二〇〇九年一二月閣議決定）に近い内容をみることができる。こうした共通性がみられるのは、これらがすべて、ＥＰＡやＴＰＰなどの国際交渉を背景としているためであり、共通して生産性の向上を求めているからである。

しかし、政策の決定過程が農林水産省主導から官邸主導とされたこと、食料自給率の目標が下方修正されたことなど、アベノミクスの特殊性も明らかであり、最終的に描く農業構造の展望には違いがあることはおさえておくべきである。

なお、二〇〇九年までの自民党農政と民主党農政の連続・非連続性については、田代洋一「新耕作者主義」は実現できるか」『農業と経済』二〇一〇年一・二月合併号、民主党農政と二〇一二年以降の自民党農政の連続・非連続性については、谷口信和「官邸主導による日本農政「転換」の実像――農地中間管理機構法案を中心に」『日本農業年報』六〇巻（二〇一四年）、またコメについては生源寺眞一「米をめぐる政策を振り返る」『RESEARCH

BUREAU論究』一一号（二〇一四年）等を参考にされたい。

(17) 日本再興戦略には、農業以外のさまざまな分野の成長戦略が示されている。全体的な概要に関しては、鎌田純一ら「日本再興戦略の概要と今後の課題　――期待される「成長戦略実行国会」での議論の進化」『立法と調査』二〇一三年一〇月号を参考にされたい。日本再興戦略における農業政策に関しては、後藤光蔵「アベノミクスの農業構造政策」『創価経営論集』三九巻第一〜三号（二〇一五年）が参考になる。

(18) 農地中間管理機構の検討過程については、小針美和「動き出す農地中間管理機構と現場からの示唆」『農林金融』六七巻六号（二〇一四年）、安藤光義「農地中間管理機構は機能するか――課題と展望」『ＪＣ総研Ｒｅｐｏｒｔ』三〇（二〇一四年）等が、実態を踏まえて考察しており、非常に参考となる。

(19) 二〇一三年の「農林水産業・地域の活力創造プラン」のもっとも重要なポイントは、農業政策決定の過程を農林水産省主導から官邸・内閣府主導に変えたことにあり、農業基本法以降の体制を大きく見直すものである。この点については注（16）にあげた谷口論文を参考にされたい。

(20) ここで重要なのは、企業のノウハウを活用して新たに生じた付加価値の農村への分配割合であろう。もし、企業の参入を契機として、地域経済が活性化すれば、その取組は積極的に評価されるべきである。しかし、磯田宏「攻めの農業を斬る」『経営実務』二〇一四年増刊号がいうように、「攻めの農業」「農業の成長産業化」の最大の狙いが「直接あるいは間接的なアグリフードビジネスの農業掌握」にあるとすれば、農村への分配は限りなく小さくなってしまうと予想される。

(21) 契約取引による農産物調達と企業の「直営生産」(プランテーション経営)を合わせて検討する論文として、筆者はA.Goldsmith "The Private Sector and Rural Development: Can Agribusiness Help the small Farmer?," World development 13 (1985) および千葉典「メキシコの資本主義的輸出農業とアグリビジネスによる契約生産――アスパラガスといちごの生産を中心に」『土地制度史学』三三巻一号(一九九〇年)を参考としている。

(22) 参入企業の「流通過程」への介入を強める傾向は、内山智裕「企業の農業参入の論理と課題」『農業・食料経済研究』五七巻一号(二〇一一年)でも指摘されている。こうした参入では契約取引関係が結ばれることが多いが、法人に対する出資の有無に関わらず、生産品目・資材の指定方法、生産リスクの分担方法あるいは農産物の所有権の帰属先などの契約内容によって、企業側の交渉力を大きくすることが可能である。契約取引内容と交渉力の関係についての詳細は、佐藤和憲「野菜産地・経営における契約農業」八木宏典編『農業経営の持続的成長と地域農業』（養賢堂、二〇〇六年）を参考にされたい。

(23) 詳しくは島根県「企業による耕作放棄地の解消」（二〇〇八年）等を参考にされたい（http://www.pref.shimane.lg.jp/industry/norin/nougyo/seido/kousakuhoukiti/jirei2103.data/0804masuda-kyusaifarm.pdf／二〇一五年六月一二日閲覧）。

(24) ドールの農業参入に関しては、関根佳恵の各論文を参考にされたい。ここでは、「多国籍アグリビジネスによる日本農業参入の新形態——ドール・ジャパンの国産野菜事業を事例として」『歴史と経済』一九三号（二〇〇六年）、関根佳恵「多国籍アグリビジネスの事業展開と日本農業の変化——新自由主義的制度改革とレジスタンス」『二〇一五年度　政治経済学・経済紙学会春季学術資料』の二つをあげておく。

(25) イオンアグリ創造は最初に茨城県で参入し、その後、栃木県、千葉県、埼玉県に農場を設立している。その後は、大分県、島根県、石川県、兵庫県、山梨県、岩手県、北海道、福井県、三重県と関東圏以外にも農場を設立しており、福島県での設立も検討中である。イオンの参入の特徴は、イオンアグリ創造自身が直接農地を貸借しており、各地域ごとに農業法人を設立していないことである。こうした形態はこれまで珍しかったが、ＪＲ九州の関連会社であるＪＲ九州ファーム（ＪＲ九州「ＪＲファーム株式会社の設立について」〈二〇一四年四月三〇日〉参考）のみならず、大企業の参入で多くみられるようになっている。今後、メリット・デメリットの整理が行われるべきであろう。イオンアグリ創造の参入経緯に関しては、ニュースリリースに加え、池田辰雄「企業による農業参入の実際」農政ジャーナリストの会編『農業改革、議論の行方』（二〇一五年）を参考にされたい。

(26) 納口るり子「農業経営を取り巻く環境変化とネットワーク組織化」納口るり子・佐藤和憲編『農業経営の新展開とネットワーク』（二〇〇五年）参照。

(27) ローソンおよびローソンファームの参入事例に関しては、緩鹿泰子・清水みゆき「全国展開を図る小売業の農業参入――ローソンの経営戦略とローソンファームの展開」『フードシステム研究』二一巻二号（二〇一四年）に詳しい。ただし、この研究でもローソンファームとその法人に共同出資している農業法人の関係は十分明らかにされていない。今後の課題に残されているといえよう。設立してからすぐにローソンとの連携を破棄した事例も発生していることから、企業と農家の関係性構築は必ずしも容易ではない。

(28) ここで用いている「農業生産法人方式」と「事業会社方式」は、イトーヨーカ堂自らが定義したものであり、NewsReleaseで頻繁に使われている。このうち、セブンファームの参入事例としては、前者の「農業生産法人方式」が取り上げられることが多い。「セブンファーム富里はいまどうなっているか」『季刊地域』一五巻（二〇一三年）等を参考にされたい。

(29) 農地法改正以前にすすめられてきた参入に関しては、参入地域の農地条件が劣悪なケースも多く、撤退の事例も少なくない。南さつま市を対象とした撤退事例を紹介した大仲克俊「農地リース制度による農業参入企業の経営展開と撤退」『ＪＣ総研レポート』二六号（二〇一三年）などを参考にされたい。しかし、撤退があったとしても、農地としての原状回復が可能であり、かつある程度農地が集積されていれば、別の担い手を確保できる可能性は高い。農地中間管理機構の活用方法と合わせ、撤退後の農地利用確保のためのフォローのあり方は今後検討されるべき課題になろう。

(30) 長崎県五島市における参入企業との契約取引の経緯については、徳田博美「企業の農業参入と地域農業との関係に関する一考察――長崎県五島市のＤ社関連法人・Ｉファームの参入を事例として」（二〇一一年）に詳しい。また、注(３)にもあげた大野・納口論文は、イオンアグリ創造が近年になって地域農家との契約取引量を減らしていることを報告している。ここで明らかにされるのは、契約取引関係を通じた「波及効果」の非持続性である。しかし、その一方で、契約取引農家との取引量および契約面積が年々拡大していくケースも当然ありうる。参入した企業と農家間の取引関係の考察に関しては、槇平龍宏「地域農業・農村の「六次産業化」とその新展開」小田切徳美編著『農山村再生の実践』（二〇一一年）を参考にされたい。

(31) ＪＲ九州の子会社である分鉄開発株式会社の参入事例だったＪＲ九州ファーム大分では、法人設立前にＪＡの作物部会長から技術指導を受けていたことを報告している（九州農政局「九州地域の農業経営体における取組み事例」〈二〇一三年〉）。

(32) 前掲、田代（二〇〇九年）参照。

(33) みらい基金に関しては、社団法人農林業水産みらい基金のホームページを参考にされたい。また、愛媛県西条市に関する詳細は、渋谷往男「企業の力を導入した新たな野菜産地形成方策――愛媛県西条市における生産・加工・販売の取組み」『野菜情報』三六号（二〇一五年）が詳しい。近年の行政の積極的な誘致に関しては、室屋有宏「なぜ企業の農業参入は増加傾向が続くのか――地域にみる参入の構造と特徴」『農林金融』五月号（二〇一五年）が多くの事例を紹介している。熊本県和水町の地域再生計画に関しては、以下を参考にされたい(http://www.kantei.go.jp/jp/singi/tiiki/tiikisaisei/dai28nintei/plan/a21.pdf ／二〇一五年七月三〇日閲覧)。

第2章　企業の農業参入とその課題

——植物工場を中心に——

吉田　誠

吉田　誠

（よしだ　まこと）

1955年，和歌山県生まれ。
三菱商事株式会社シニアアドバイザー，
吉田農園代表。

広島大学政経学部卒業。和歌山県庁，慶應義塾大学グローバルセキュリティー研究所研究員などを経て現職。「農林水産業から日本を元気にする国民会議」事務局長，内閣府行政刷新会議事業仕分けワーキンググループ委員，内閣府行政刷新会議規制制度改革委員会農業ワーキング主査，経済産業省ＩＴ農業フォーラム委員，内閣府行政事業レビュー公開プロセス外部見識者，夙川学院大学観光文化学部客員教授，宮崎県農業成長産業化推進会議委員，千葉科学大学大学院危機管理学研究科外部講師などを歴任。『審査事務の手引き』（和歌山県，1983年），『リゾート開発ハンドブック』（和歌山県，1990年），『まちづくりハンドブック』（田辺市，1992年），『新たな国のかたちをめざして――分権型国家システムの制度設計』（慶應義塾大学G-SEC，2005年）他著書多数。

1　マーケットインとプロダクトアウト

プロダクトアウト

日本の生産者の多くは今、迷っているようだ。ここ数年、アドバイザーとして訪れた先々で「これまで作っていた作物の価格は下落したままだ。このままでは食べていけない。しかし何を作っていいのかわからない」という悩みを聞く。そんなときは微笑みながら、こう答えることにしている。「答えは一つですよ。実需者が欲しいものを作る。つまり売れるものを作るしかないですね」。すると、尋ねた生産者が絶句してしまう。煙に巻いたような答えなのだが、実はここに問題の本質が隠れている。この議論を少し掘り下げてみたい。

日本農業では、長い間プロダクトアウト、つまり作り手が作りたいものを作り、作ってから販売にかかるということが続けられてきた。さらに閉鎖的な国内市場のなかで産地間競争が煽られ、市場や消費者ではなく、他の生産者や他の産地のことばかり気にするという風土が醸成されてきた。その結果、たとえばある果樹品種が高値でよく売れると知るという多くの生産者、産地が同じ品種を作りだし、結局供給過剰となり価格を暴落させるという事態を繰り返し招いてきたのだ。生産サイドによる需給調整機能がまったく機能してこなかったのだ。

もちろん、プロダクトアウトそのものが決して悪いわけではない。消費者は本当に自分の欲しいものをはっきり自覚しているわけでもなく、その嗜好は移ろいやすい。また、生産側の提案や販促によって消費者の嗜好が形作られる場合も多いのだ。よく例に出されるウォークマンのように、ヒット商品にはえてしてプロダクトアウトの商品が多いことも事実なのだ。

このプロダクトアウトに対してあるのがマーケットインという考え方だ。これは市場や消費者といった買い手側が必要とするものを作り提供していくことを意味している。ただ、生産者の質問に対し答えたのは、プロダクトアウトが悪くてマーケットインがよいといった単純な二元論ではない。

残念ながら消費者ニーズとは顕在化しているものではなく、潜在的なものだ。もし顕在化しているとすれば、生産側が新たな商品を提案した結果、それが消費者側の潜在的な欲求にマッチし受け入れられた結果にすぎない。言い換えれば、生産側が消費者の潜在的ニーズに気づき、それに答える新たな商品を提供したということだ。

では消費者の潜在的ニーズとは何だろうか。それは、高齢化や核家族化など社会構造の変化による食生活様式の変化のなかで生まれる欲求であるといってよいだろう。最近の食品に関連していえば、核家族化や単身家庭の増加により少量パッケージ商品が売れている。料理をしなくなり、無洗米、無洗サラダ、惣菜などが売れているといったことを思い出せばわかるだろう。このように社会動静や市場動向をよく見極め「少量パッケージ化してはどうか」「洗わなくてもよい状態にしてはどうか」「サラダ野菜のパッケージを作ってみてはどうか」といったような提案力を持つことが重要なのだ。

つまり、市場や社会の情報を分析し、その分析に基づき新たな商品を作る。ここまでのプロセスはマーケットインであり、その新商品を市場に提案するプロセスがプロダクトアウトだということができる。農業経営者の立場からすれば、直売事業を展開する生産者が増え、消費者の嗜好や購買パターンを直接知る機会が増えているとはいえ、なかなか市場や消費者と直接接することが少なく、生の情報を収集することは難しい。また、情報の分析や動向の予測をするのに必要なスキルもまだまだ十分な水準にあるとはいいがたい。では、どうすればいいのだろうか。

もっとも効率的なのは、農産物の売り先である実需者や中間流通事業者から生の情報を収集し、彼らと一緒に情報を分析し、市場動向を予測し、次季の作付け計画を立てることだ。農産物は生産者から卸や商社などの中間流通事業者を通じて、小売、外食、中食、食品加工、飼料などの実需側企業にわたり、そして消費者に供給される。このサプライチェーン（原材料、資材の調達から生産・加工、物流、販売までのすべてのプロセスとつながりのこと）を構成するメンバーをプレーヤーと呼ぶのだが、これらのプレーヤーが一緒になって市場を分析し、予想と戦略を立て、生産・流通・販売計画を立てることが今後きわめて重要となるはずだ。

言い換えるならば、実需者の販売計画に基づき、中間流通事業者が調達・出荷計画を立て、生産者がそれに基づき生産計画、資材調達計画を立てるということになる。その意味では、マーケットイン・サプライチェーンと呼ぶのが適当だと考える。

サプライチェーン構築の課題

実は、こうした動きは中間流通事業者を中心にすでに始まっている。ただ、その前には乗り越えなければならない課題が横たわっている。

とにかく仕入れ単価が安ければいいという実需者側の意識と、逆に高く売りたいという

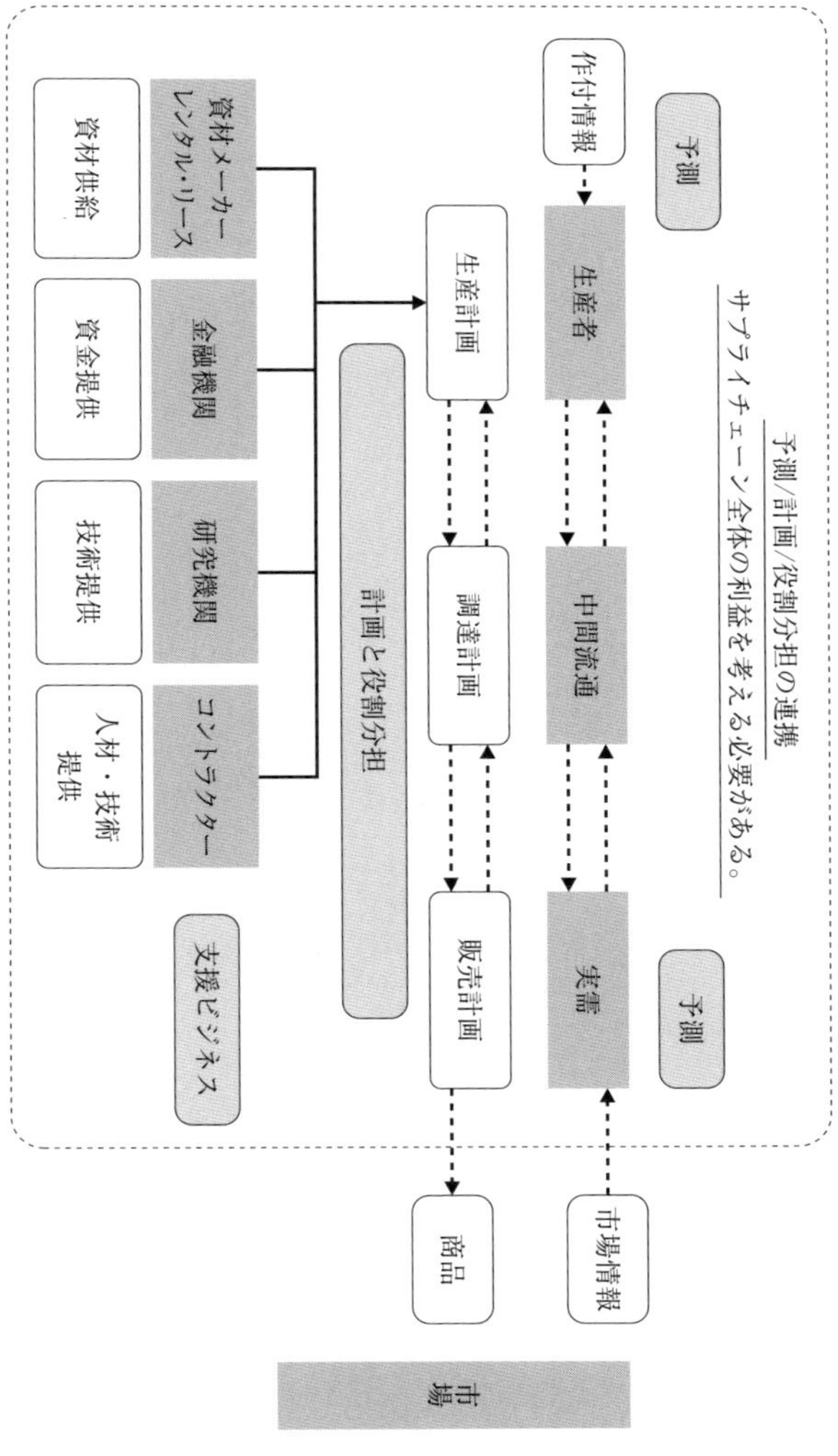

図1　めざすべきマーケットイン・サプライチェーン

生産者側の意識の存在である。ようやく安定した取引を求める生産者、実需者が増えてきたとはいえ、長年、市場相場を横目に見ながら取引してきたために、ついつい相場価格というものに振り回されてしまう意識の払拭は難しい。継続的な取引契約の必要性で合意しても、取引価格をどのように決めるのかが難しい問題となる。

もっとも理想的なのは再生産コストをもとに各プレーヤーのコストと収益を勘案し、固定価格での複数年契約にすることなのだが、各分野での競争がある以上、市場価格が急落した場合の対処法が問題となる。複数年契約の場合には市場価格を基準値にした連動性という方法もある。この価格決定方法について各プレーヤーが合意できるかどうかが第一の関門となる。一つ言えることは、全プレーヤーが自らの収益性とともに、サプライチェーン全体の収益性を考えることが前提になるということだ。

各分野での再編淘汰が進むなか、自分の利益だけを考える者は、いずれサプライチェーンを組む相手がいなくなり、市場から押し出されてしまうということをどこまで自覚できるかが問われる。少なくともこの一点で共鳴し信頼しあえるビジネスパートナーを見つけることがマーケットイン・サプライチェーンの構築には不可欠の条件となる。

では、どうすればよいのか。実需側、中間流通側からすれば、生産者側が品目別に連携し組織化して欲しいというのが本音だと思われる。少なくとも一定量の確保ができ、周年供給も可能であり、いくつかの品種にも対応できるという全国規模の生産者の連合体がいくつかできれば、より効率的で、より柔軟性、機動性のあるサプライチェーンが構築できるはずである。農協、自立専業農家、農業法人などの品目別の連合体作り、これが今後日本農業の大きな課題の一つとなることは間違いない。

すでに、こうした組織化への動きは、中間流通事業者と農業法人との間で始まっている。そして、こうした動きが加速するかどうかは、生産者の意識改革が進むかどうかにかかっている。拠点地域を大切にしながらも、ビジネス活動としては、広域的な品目別の連携も行うという経営者としての決断をできるかどうかにかかっている。

ＣＦＰＲの実現

世界の農業経営者の組織は、基本的には品目別に構成されている。一方で、一つひとつの経営体は、地域、産地の構成員としての役割も果たしている。

よく例に出される世界一の乳製品輸出企業であるニュージーランドのフォンテラは、三つの酪農組合が合併して設立された協同組合方式の貿易会社である。ニュージーランドの

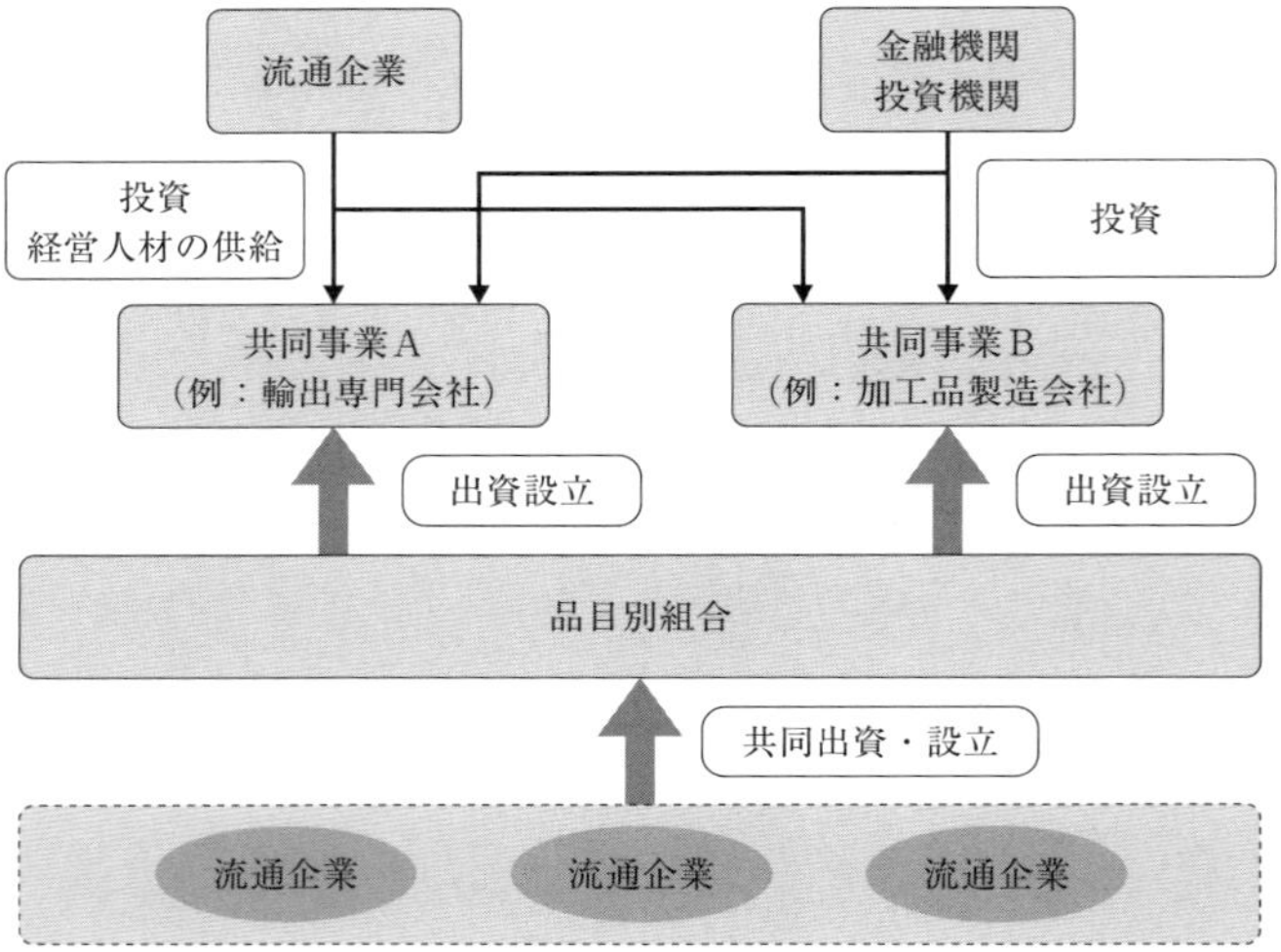

図2　品目別組合のイメージ

略農家たちが連携することにより、世界の乳製品市場を席巻し、TPP交渉でも米国の脅威となっているのだ。

そんななか、日本だけが農協もそれぞれの農業経営者も地域への帰属意識というものに縛られてきた。いや、現在では時代の変化に対応し、新たなビジネス次元へと踏み出すことに対する不安感から、地域のためにという建前で自らを縛っている経営者も多いといった方が正しいような気がする。しかし、日本でも法制度上は、農協も農業経営者も、事業展開について地域に縛られる必要はまったくないのだ。この固定された意識から自らを解き放つことができるかどうかが、日本農業の未来を左右するはずだ。

先に述べたように、私は、日本農業のイノベーションの中核となるのはマーケットイン・サプライチェーンを構成する実需・中間流通の分野の企業（できれば資材供給、資金供給、技術供給を担う企業も含めた）と品目別の生産者の連合体との連携であると考えている。サプライチェーンをともに構成するプレーヤーがビジネスパートナーとして連携し（Collaboration）、市場動向の予測と潜在的ニーズの分析を行い（Forecasting）、販売計画、調達出荷計画、生産計画を作り（Planning）、リスクとコストに関する効率的で合理的な役割分担をする（Role sharing）ことにより、最終の顧客である消費者に向けて、商品サービスの付加価値の最大化とビジネスプロセスのイノベーションを実現し、効率的で持続性のある安定調達システムを構築することができると考えている。この頭文字をとったＣＦＰＲが農産物サプライチェーンのなかで実現したとき、日本農業のイノベーションも同時に実現できるのではないかと思われる。

この話をすると、農業への出資はちょっと考えにくいと腰が引ける企業、あるいは生産者を囲い込むのだと考えてしまう企業、企業側に主導権を奪われるのではないかと警戒感を示す生産者がいる。そういう場合には、「これは、あくまでもサプライチェーンにおいて直面する問題を協力して解決するためのソリューション・プロジェクトです。一経営体では解決できない問題を解決し、より効率的なビジネスを展開するための取り組みなのです。企業が出資する必要もなく、農業経営体が販路を一つにする必要もない、農業経営体が企業に乗っ取られることもない、企業も農業経営体も複数のプロジェクトに参加できる。目的を共有する者同士が対等なビジネスパートナーとして話し合い、決めていけばよいことなのです」と答えるようにしている。

2　植物工場の問題点

植物工場という呼称

マーケットインとプロダクトアウトの問題と関連して、ここで植物工場について考えてみたい。

まず「植物工場」という呼称には今も違和感を抱いている。施設栽培という言い方でいいではないかと思うのだ。外国語に訳すときに普通は植物工場（plant factory）と直訳することはない。それでは一体どんな施設なのかわからないからだ。施設に着目すれば完全

図３　太陽光利用型施設（上）と完全閉鎖型施設（下）

閉鎖施設、ガラスハウスやビニールハウスなどに区分されるし、光に着目すれば太陽光利用型、人工光利用型に分かれる。苗床の違いでは水耕、土耕、人工培地に区分されるし、加温方法でも空間加温、培地加温などに分かれる。だから、たとえば「完全閉鎖型のLED光照射・水耕栽培」といったように、その概要がわかる形で訳された方がよいだろう。実際に海外の資料や文献では、ほとんどの場合具体的な栽培方式がわかる形で施設の名称が提示されている。

日本人の欠点の一つだと思うのだが、抽象的な言葉ですべてを理解したかのように思いこむ癖がある。その結果、人によってとらえ方が異なったまま、深い議論や検討もされず、希薄な言葉だけが一人歩きすることになる。その言葉さえ口にすれば、すべてを理解しているかのように自分も他人も錯覚してしまうのだ。

これまでの日本の植物工場なるシステムは、農業経営という視点からみると、とても事業採算がとれないというものが多かった。ここでその問題点を整理してみよう。

ニーズに基づかない開発

まず、生産・流通現場のニーズに基づいて開発されたものではなかったという点を指摘できる。農業や農産物流通等についての知見が十分でない研究者や技術者が、農業国オランダの施設栽培などに刺激を受け、農産物の生産事業の採算性を十分考慮しないまま作ったシステムが多かったといっても過言ではないだろう。オランダ施設農業が対面し、成立し得ている前提条件である北欧の野菜市場と日本の野菜市場との相違点について、一体どれだけ注意が払われてきただろうか。この点については、ほとんど語られることがなかったというのが現実である。

その結果、生産事業の採算性を度外視した過剰スペックのシステムが作られた。その典型が閉鎖型人工光利用水耕栽培方式の施設だ。植物の生理や栽培に関する知識・技術が不十分なため、生理障害が多発し品質は悪く、出荷歩留率も低い。さらに、過剰スペックによる過剰投資型施設であったため、生産コストは異常な高さとなってしまったのだ。

当然、このシステムを導入した生産者側の経営は悪化することになる。さらに悪いことに、生産者が自らの知識・経験からシステムを改善しようとしても、簡単にできない設計になっていることが多い。

ある植物工場の運営会社から助言を頼まれ会議に参加したときのことだ。施設を視察し、システムや溶液、栽培方法について改良すべき点をアドバイスした。その助言にお礼を述べてくれた社長が、おもむろにシステムメーカーの責任者の方に向き直り「君たちは高い技術指導料を取りながら、野菜の育成や肥料に関する何の知識もないではないか。結局、我々が手さぐりで、高いコストをかけてシステムを改良しているだけだ。技術指導料はこちらがもらいたいくらいだ」と激怒したのが印象的だった。まさしく典型的なプロダクトアウトのシステムといえよう。

生産現場・流通現場には、さまざまな課題が山積している。たとえば、単収を上げて収益をアップさせたい、天候リスクを回避し病害虫の発生を抑えたい、品質・規格を均一化し生産現場や加工工場での歩留まりを上げたい、広大な圃場の管理作業を効率化したい、残菌率を下げて洗浄のコストと労力を削減したい、加温のための燃料費を抑制したい、など。これらの問題の解決のために新たな技術やシステムを開発し提案することが、研究者やメーカーの技術者の本来の責務ではないだろうか。

要は生産現場からの改善の積み上げにより、コストと収益のバランスを考えながら新たな技術を必要に応じて導入していくことが、やはり健全な技術開発の姿だろうと思う。最近、そうした現場からの視点に基づいた生産事業者自身の創意工夫による新たな施設が生まれてきている。九州のある植物工場運営会社の取締役は、「露地栽培に近いコストと品質を目指しています」と語る。実際に、生産されている葉菜の品質は良好で、歩留りも高く、生産コストも露地栽培の二倍未満まで低減できており、目標の達成までもう一息のところまで来ている。

メーカー主導の開発設計

これまで植物工場のビジネスモデルはシステムの開発販売に重点が置かれていた。メーカーとしては、当然のことながら、高額なシステム商品を作り大きな販売収益を上げたいと考える。そのため過剰スペック、つまり不要な機能や過剰な機能をつめこんだ高額なシステムになってしまう傾向にある。

その結果、システムを導入し農産物の生産を行う側、つまり生産事業者の事業採算性や使い勝手というものの現実的な検討が不十分な、あるいは欠落したシステムが多くなってしまった。このようなシステムを安易に導入してしまった生産事業者は事業採算がとれずたちまち経営が苦境に陥ることになる。最近そんな経営者からの相談を受けるケースが急激に増えている。

なぜ、このような過剰投資が明らかな事業に手を出す企業が多いのだろうか。私が相談るようだ。

を受けた案件を見る限り、導入側に農業ビジネスについて本当に熟知した人材がいないこと、そして、やはり国や自治体による補助金の存在が、安易な決断を促す原因になってい

このような事情から、植物工場事業への進出を考えている経営者から相談を受けた場合には、「しばらく見合わせてはどうでしょう。まずは、生産、流通の現場に精通した人材の育成に力を入れておくことが必要です。そのうちに、間違いなく、多くの企業が経営にゆきづまり、遊休施設が出てきますから。そうした施設を安く手に入れ再利用することも可能になると思いますよ」と消極的なアドバイスをすることが多くなっている。

植物工場でできた農産物

こうしてできあがった農産物は品質、価格ともに実需側のニーズに合わない。とくに水耕栽培方式の施設では、硝酸態窒素の蓄積などによる生理障害の発生頻度が高く、品質的には、加工業務用に使用できないものが多い。その結果、出荷歩留まりもきわめて低い。過剰投資に加え出荷歩留まりが低いため生産コストがさらに高くなってしまう。

もちろん、実際に小売店や外食店で売られている事例はあるのだが、物珍しさや買い手

側の安全性、品質に対する知識不足などで支えられているにすぎない。生理障害が目立たない生育途中で収穫することにより、生産の回転数を上げ、コストを下げている事業者もいるが、ある意味のまやかしでしかない。

前述したように、最近進んでいる生産事業者自身により開発されたシステムでは、こうした問題を解決するためのさまざまな工夫がなされてきており、品質や歩留りの向上やコストの低減が図られつつある。

環境負荷の問題

環境負荷の増大も問題だ。農業の基本は、植物の光合成に必要な太陽光、雨水、土壌、大気（二酸化炭素）という自然の恩恵をうまく利用して食物を栽培することにある。ある意味、無償の資源を活用して成立している生産行為だといえる。

ところが、施設内の気温や湿度、照明時間などのコントロール、つまり環境制御に重点を置く施設では、そのために膨大な石油エネルギーを消費せざるをえない。たとえソーラーパネルなどを使い、エネルギーを自給しているといっても、その施設設備を作るために石油資源を大量に使っていることに変わりはない。水耕栽培方式の場合は大量の水を使う。

循環式のシステムであっても永遠に同じ水を使うわけではない。蒸散や吸収により減少した水は補う必要がある。過剰な施設・設備投資を必要とする植物工場は、環境負荷を増大させる施設になってしまっているのだ。

また、過剰投資型施設となっている要因の一つである環境制御については、本当に植物の生育に有効なのかという、本質的な疑問が現場から提示されている。たとえば、植物にさまざまな環境ストレスを与えることにより糖度を引きあげられることがわかっているが、当初のシステムでは、水分、養分の補給を断つことができないようなものが見受けられた。最近は、生産ラインごとの給水系統を別々にして、生育状況に応じて水分や養分の供給を遮断したり、濃度を変えたりすることのできるシステムが増えつつある。

また、土耕栽培や人工培地栽培では、土壌や培地の温度管理だけで十分な生育コントロールが可能との報告もされている。人工照明についても、日本ではわざわざ閉鎖型施設にする必要はなく、太陽光利用型施設で地域によっては補助光源をつけるだけで十分であるとの報告もされている。高価なＬＥＤを使う意味が問い直されているのだ。果菜類にとっては、つぼみの形成には、日照時間ではなく、実は夜（闇）の長さが重要であることもわかっている。

安全性についての誤解

食品の安全性に関する誤った発想がある。閉鎖型施設の売りの一つに、できあがった作物に付着した細菌の数が少なく安全であるという点がある。確かに残菌数は露地栽培や通常のハウス栽培に比較すると圧倒的に少ない。ところが、安全だから高くても買うという実需者はほとんどいないのが現実だ。実需側が考えるのは、法的な基準を守り、消費者が納得するレベルでの安全性の確保であり、それ以上の安全性にさらにコストをかけることは難しい。さきほどの残菌数についていえば、加工工場や店舗での洗浄が不要になればそのコストが下がるので、そのコスト削減分でカバーできる価格なら購入するという現実的な計算を行うことになる。

食品の安全性確保は、生産者、販売者の当然の義務であり、責任である。安全だから高く売るという生産側、販売側の発想自体に問題があるのではないかと思うのだがいかがだろうか。

また、植物工場で作られた農作物が安全であるという主張は、一方で大きな危険性をはらんでいることに留意する必要がある。閉鎖型の植物工場においても、人的なミスや外的要因により農作物の食品としての安全性が脅かされることは十分にありうる。だからこそ、管理体制や検査体制についての不断の努力が必要となるのだ。

ある食品が安全だからという理由で販売価格が高くなるというのは、その国や地域の食品市場が安全性について根本的な問題を抱えているということを意味する。もしそうであるならば、食品産業に対する法規制や意識改革、検査制度などまったく別の観点からの改革が必要となる。

蓄積の不足

農業生産技術の蓄積の不足という問題がある。よく例に出されるオランダのハウス農業には、その基盤として膨大な植物生理学的知識と栽培経験知の蓄積があることを忘れてはいけない。残念ながら、日本には、これまでの長い歴史ある農業栽培にかかる技術や知識を蓄積、分析、共有化したデータベースは、まだまだ不足しているというのが現状だ。個々の生産者、農協、国、自治体、企業などが有するデータの整理と各技術知識の科学的エビデンスの明確化、情報の共有化、まずは、ここから始めなければならない。日本農業界の今後の大きな課題の一つだといえる。

これまでの日本の植物工場は、こうしたコンテンツの不足と過剰な重厚長大型施設というアンバランスの象徴だったということができるのかもしれない。

3　進化したグリーンハウスとして

気づき始めた生産者

植物工場に関する問題点を述べてきたが、それでは植物工場に未来はないのだろうか。実は、過剰なシステムを買ってしまった結果、生産はもちろん経営にも困ってしまった多くの生産事業者が、こうした従前の植物工場の根本的な問題にようやく気づき、さまざまな取り組みが始まっている。

まず、露地栽培やハウス栽培の経験を活かし、生産者自らがシステムの設計開発を始めた。ようやく生産現場のニーズに応じた新たな技術の導入という、本来あるべき姿に戻ったわけだ。その結果、過剰な投資のもととなった設備や施設は取り外され、必要なものだけが残されたシンプルな施設が多くなりつつある。

閉鎖型施設はキノコ類やモヤシ類など、日照を嫌い温度・湿度管理が必要な作物の栽培で発展を遂げている。太陽光利用型でも、水耕栽培は、十分に成長・登熟させなくても（生理障害の弊害が生じる前に）収穫し商品化でき、生産回転数を多くできるベビーリーフやハーブ類などそれに適した作物のみが残り、十分に成長・登熟させて良好な食味、食感を得ることが必要な他の葉菜類や果菜類ではその栽培に適した土耕型、培地型が多くなっている。水分や養分の補給や停止も生育段階に応じてコントロールできるシステム、たとえば点滴方式や散水方式が主流になってくるはずだ。

やはり品質面では従前の水耕栽培方式には限界があるというのが常識になりつつある。よく考えてみれば、水耕栽培は随分昔からあった技術で、一定の作物以外に普及しなかったのには、やはり、それなりの理由があったということなのだろう。

栽培床が多段になった多段型施設は、面積あたりの収穫量を増やすために、人工光を照射する閉鎖型施設ではよく見受けられる方式だ。しかし、その常識も覆されつつある。品質と出荷歩留まりが向上すれば、多段式にして施設投資額を増加させるよりも、作業負担も軽くなり、面積あたりの収益率が上がることに気づいたからだ。

こうした生産現場のニーズに基づいた地道な技術積み上げ型の取り組みにより、環境を制御すれば均一な品質のモノが大量に生産できるといった誤った発想に基づいた環境技術型施設は廃れるはずだ。その代わり、生産現場や流通現場のニーズに応じた技術が、ピンポイントで導入されていくことになるだろう。生産者の経験と最新の技術を融合することにより、生産者の適格な判断を支援し、作業負担を軽減し、経営リスクと経営コストを低減するためのサポートツールとしての技術開発が進められていくことになるだろう。これまでのハード重視から、インターフェイス、コンテンツを重視した技術開発が進められていくはずだ。

必要な技術開発

では、具体的にどのような技術開発が求められるのだろうか。

まず天候リスクの回避である。施設栽培の原点の一つは、早期出荷や遅延出荷により、その希少性から市場価格を引きあげることにあった。今後もこうした生産者は残るだろうが、近年では契約栽培による周年安定供給にこたえるための生産技術の一つという側面が強くなっている。

ただ、この場合にも、酷暑期や厳冬期など、生産が難しく、加温減温のための経費が膨大になる時期まで同じ作物を施設で栽培する必要があるのかということについては、事業採算性や環境負荷、作業負担の側面から考え直す必要がある。流通側から見れば、調達産地を複数確保し、リレーすれば良いだけのことであり、何も一つの施設から調達する必要はない。植物が生育に障害を起こす最低温度、最高温度を回避する加温減温機能だけで十分なはずだ。

次に考えられるのは、病害虫や生理障害のリスクの回避だが、生産者が的確な予防処置あるいは早期の防除処置を行うために必要な判断支援技術が求められる。一定の要件が揃ったときにこうした病害虫被害が出やすいという情報を生産者に知らせることができる技術だ。まさしくビッグデータの活用技術である。

この技術は露地栽培でも有用である。今後の作付面積の大規模化を考えれば、生産者が毎日圃場を回り作物の生育状況を観察する作業の負担を軽減する圃場管理支援ツールが必要となるからだ。どの圃場のどの地点で異常が起こっているということさえわかれば、ピンポイントでその現場へ行き、適切な処置を下すことができる。近年研究が進められている衛星情報やドローンなど、無人低空航空機情報の活用は、今後、農業支援ビジネスとして大きな可能性をもたらすかもしれない。圃場管理作業の軽減はもちろん、出荷歩留まりの向上や肥料施肥作業や農薬散布作業の効率化にもつながるだろう。

人工培地型施設では、培地に元肥を入れることにより、追肥なしで生産回数、つまり栽培回転数を上げる培地製造の技術が求められるだろう。追肥作業や培地入れ替え作業の減少はコスト面で大きな効果をもたらすはずだ。

残る一つは、やはり作業の負担軽減、リスク軽減のための技術だろう。農機や大型設備だけでなく、農薬、肥料、作業用衣服、小型機材まで、幅広い分野でのイノベーションが必要となる。生産者（従業員）一人あたりの生産量を上げるという視点からの技術開発が必要となる。しかし、この場合もあくまでも支援ツールという発想を忘れてはならないと考える。生産者の相手は生き物である。さらに変化する市場も相手である。あくまでも人間の経験に基づく知識と技術を支える技術開発が求められる。

日本農業を支えるために

従来の植物工場についていろいろとネガティブな見解を述べてきたが、植物工場に関する研究や技術は決して無駄にはならないと考えている。

極地、海中、宇宙といった特殊な環境の地域や空間で食料生産の必要がある場合には有効なソリューションとなるかもしれない。もちろんその場合にも、他の地域や空間から輸送し、保管しておくことができない、あるいはそのためのコストが大きすぎるという問題を考えることが必要となるのだが。

また、植物生理や栽培方法に関する科学的知見の蓄積という面で、日本農業の技術発展に役立つと思われる。農業生産に適した環境にある日本においては、施設栽培はあくまでも露地栽培を補完する生産技術として位置づけられる。露地栽培だけでは解決できない生産現場、流通現場のニーズに答える経済合理性のあるものとして認められる範囲で今後も発展を遂げていくだろう。

産業における新たな技術の導入は、リスクとコストを低減し、品質を向上させるものであるはずだ。ところが、これまでの植物工場はまったく逆で、リスクとコストを増大させ、品質を低下させてきた。その矛盾を隠すため、食料産業にとっては、当然の義務である安全性の確保を付加価値だと称し、まるで価格が高くなるのは当然だと主張してきたのだ。加えて、それを国の補助金が支えてきた。今後の施設栽培にかかる技術開発については、生産過程におけるリスクとコストの低減と品質の向上に資するものであることを改めて求められることになる。

施設栽培に限らず、圃場管理、流通、保存などに関する新たな技術開発は、日本農業の生産・流通分野でのイノベーションを支えるとともに、海外での生産事業展開を促進する日本農業の貴重なビジネスツールの一つとなるものと考えている。

4　植物工場から見た企業の農業参入

さまざまな参入の形

農林水産省経営局によると、農業参入した一般法人の数は、二〇一三年末時点で一七四五社。そのうち改正農地法が施行後の参入企業数は一三九二社となっている。その後も植物工場関連を中心に企業の農業参入が相次いでおり、現在では二〇〇〇社近くになっているものと推測される。業種別に内訳をみると、一三九二社のうち食品関連産業が二六パーセント、農業・畜産業が一六パーセント、建設業とＮＰＯ法人がそれぞれ一二パーセント、卸・小売業が五パーセント、福祉法人と製造業がそれぞれ四パーセント、サービス業などその他が二一パーセントとなっている。

作物別では、野菜が圧倒的に多く四五パーセント、野菜とコメなどの複合生産が一九パーセント、コメ・ムギが一七パーセント、果樹が八パーセントなどとなっている。

企業の農業参入の方法は、大きく二つに分けることができる。一つは直営農場方式で、企業が農地を借り受け、社員が直接生産作業に携わる方式だ。メディアがよく取り上げる大手小売業、食品関連産業、外食業など企業の多くがこの方法を取っている。また、地方では、建設業や肥料販売・農機具販売などの農業関連産業の企業がこの方式で参入しているのが目立つ。また、福祉法人等が障害者の労働場所を確保するため、この方法で参入している事例も増えている。

建設業関連企業の参入動機の多くは、従業員の雇用維持だった。背景には、景気後退や公共事業の減少による本業の経営不振がある。しかし、二〇一三年以降の公共事業量の拡大や景気回復にともない、今後は減少傾向に向かうものと予想される。また、肥料販売や農機販売などの農業関連企業の場合は、顧客である農家の減少と耕作放棄地の増加に直面し、自ら地域の農業を支える必要が生じたため、農業参入したといった案件が多い。

製造業や卸・小売業、食品関連産業などの企業では、植物工場の運営という形で農業参入している企業が近年増加している。製造業の場合は、本業の製品や技術力を生かした新規事業との位置づけが多く、それ以外の企業では安定調達を目的とした参入が多い。

ちなみに、メディアによく取り上げられる小売業や外食業の場合は、事業実態から見て、ほとんどが企業イメージ向上のためのＣＳＲ（企業の社会的責任）の域を出ていないといえる。

もう一つの方式は連携方式で、企業が生産者と協力して農業法人を立ち上げ、生産作業はプロ生産者に任せ、企業は販路確保などの経営支援業務を引き受けるという方式だ。卸業、小売業などの企業が安定調達を目的に、専業農家や農業法人との共同出資により新たな農業法人を立ち上げる、あるいは、福祉法人が障害者の雇用創出のために参入する場合にこの手法を取ることがある。

生産事業への不十分な理解

こうした企業の農業参入は、たびたびメディアで取り上げられ、日本農業の新たな発展に向けた取り組みであるかのように報じられているのだが、その実態はほとんど報じられていない。実は、農業参入した企業のほとんどが赤字経営なのだ。露地栽培、施設栽培、植物工場、いずれも赤字経営を余儀なくされている。しかも上場企業ほど、赤字経営になっている事例が多い。前述したように企業イメージ向上のためのＣＳＲの一環の域を出ていない案件が多いというのは、そういう意味なのだ。では、なぜ企業の農業参入はうまくいっていないのだろうか。

植物工場については、前述した通りこれまでの植物工場の概念、システム、ビジネスモデルそのものに根本的な問題があったのが原因だ。ただ、そうした問題を理解できないまま事業化に踏み切った企業側にも重大な問題点があったことを指摘しておかなければならない。同様の問題は、植物工場以外の生産形態でも、直営農場方式により農業参入した企業全般に指摘できる。多くの企業は、農業の生産技術を簡単にマニュアル化できるものだと考え、生産事業のリスク構造やコスト構造を十分に理解しないまま事業化に踏み切ってしまったのだ。

メディアによく取り上げられる企業の農場では、圃場での出荷歩留りが二〇～六〇パーセントという惨憺たる状況で、当然赤字経営となっている事例が多い。しかも、その農場から調達する農産物の量は、小売や外食といった企業本体の事業で使用する農産物全体のわずか数パーセントにすぎないというのがほとんどだ。さすがに、長く赤字経営を続けるのはまずいと考え、新たに中間流通会社を作るなどの対策をとっている企業もあるという。どういうことかというと、中間流通会社が農場から調達された野菜を高く買い取り、企業本体に安く売ることで、農場経営を黒字化し、企業本体にも損失を出さないというわけだ。中間流通会社が赤字を吸収するわけなのだが、はたして企業モラルとしても法的にも許されることなのかどうか疑問だ。

こうした企業は、高学歴の社員が携われば、農家よりうまく生産できるとでも考えていたのだろうか。本業については、新規事業について慎重かつ綿密な検討をする企業が、なぜ農業ビジネスについて、こんな失敗をしでかしてしまうのだろう。

実は、多くの場合、農業参入ありきで十分な検討をしないまま事業化に踏み切った企業が多いのが実態のようだ。信じ難いことではあるが、企業もサラリーマンの集団である以上、経営トップの意向には逆らえないものなのだろう。

この背景には、農業という分野は、農作物を誰もが日常的に食べていることもあり、また、ルーツをたどれば農家だという人が多いこともあって、誰もが話題にしやすく、関心もあり、少し勉強すれば理解したつもりになってしまいやすい分野だということがある。大学農学部の教授たちでさえ、生産者や流通関係者から見れば、この人はとても農業を理解しているとはいえないなと感じることが多いのだから、企業の経営者であれば、なおさら、気をつけなければならない、陥りやすい知の罠だといえる。しかも、彼ら以上に農業ビジネスを理解していないメディアが、企業の農業参入を好意的に取り上げるのだから、さらに勘違いしてしまいやすくなるわけだ。

つまり、企業側に農業ビジネスを熟知した人材がほとんどいないことが最大の問題だといえる。こうした人材が、このような失敗を重ねながらも、企業側で育って行ってくれればいいのだが、どうだろう。

近年、企業から農業ビジネスへの事業投資について相談を受けることが多くなっているが、そういう場合には、次のように助言している。

「現時点での農業ビジネス、とくに生産事業への事業投資はあまりお勧めしません。というのには三つの理由があります。一つは、農業の生産事業分野では、一案件あたりの資金需要ニーズ、つまり事業規模が小さいからです。事業投資は、あくまでも事業利益、投資利益を求めて行うものですから、事業規模が小さければ、仮に生産事業が黒字になっても、事業投資を行った企業本体からすればほとんどの場合、投資に見合った収益を上げることが難しいからです。

もう一つは、事業投資先である農業法人などの経営力、経営スキルがまだまだ低い水準にあるからです。しかも、出資比率や役員構成に法的制約があり、投資をしたのに、経営に深く関与できないということもあります。もし、農業分野ではなく、本業に関連した投資先でその会社の経営レベルが低く、しかも経営にほとんど関与できない場合を考えてみて下さい。本当に投資を決断しますか。

三つめは、本当に、農業ビジネスに詳しい方が、あなたの会社にいらっしゃいますか。どうしても農業ビジネスに進出したいのでしたら、生産・流通の現場にも農業ビジネス経営にも精通した人材を確保してからにすべきです。日本農業や地域に貢献したいというお気持ちだけでは必ず失敗します。その結果、日本農業の再生のためにも、地域の再建にも、逆に迷惑をかけてしまうことになりかねません。今は、農業ビジネスへの参入が、ある種のブームになっています。第三次ブームです。このブームが沈静化してからでも遅くはないですよ」。

これからの農業と企業との関係

二〇一四年、政府は企業の農業への参入をさらに促進するための規制改革案を発表した。現在、一般企業は農地を借り受け、生産事業を行うことはできるのだが、農地を取得することは基本的にできない。農地を取得するためには、農業生産法人として農業委員会に認められる必要がある。ただし、出資比率は二五パーセントまで、役員についても農業に従事する日数が定められるなどの規制がかかっている。

今回の規制改革案では、企業の出資比率を五〇パーセント未満まで引きあげるという。この改革のインパクトについて尋ねられることが最近多い。前述したように、企業の農業参入における経営関与という視点からは、五〇パーセント以上出資できなければ意味がなく、二五パーセントも五〇パーセント未満も同じで、問題の解決にはなっていないということになる。

また、直営農場方式での参入により、農業ビジネスを本業に、あるいは経営の主軸の一つにしたいと考えている企業ならば農地の取得を可能にしたいと考えるかもしれない。賃借農地では、貸しはがしによって農地を失う恐れがあるからだ。実際に農地集積促進事業の導入時には一部地域で農地の貸しはがしが起こった。

多くの企業は、事業採算性の観点から農地を取得すると収益をあげることが困難になると考えるはずだ。しかし定期借地権の設定などで長期の賃借が確保できるなら、農地を取得する必然性はほとんどないといってよい。だとすれば、農業生産法人を目指す必要性は少なくなる。ということは、先ほど述べた農業生産法人への出資比率規制も大きな参入障壁とはなっていないということになる。

仮に、地域との連携を緊密にしたいといった理由から農業生産法人を目指す場合には、役員の農業従事日数が足かせになるという意見もある。しかし、実際には農業法人の販売部門や財務部門における業務も農業従事として認められるため、現実的には大きな参入障壁とはなっていないのが実情だ。ただ、農業への参入規制の緩和というシンボリックな意味はあるのかもしれない。

現状において筆者は、企業の農業参入よりも、農業経営体の企業化に支援施策の重点を置くべきだと考えている。企業側は、まず農業経営体とのバリューチェーンの構築の中で、支援ビジネスの展開に重点を置き、その事業を通じて農業ビジネスに精通した人材を育成し、生産者との連携を緊密化すべきだろう。

そして、生産事業への参入については、前述した事業投資のための要件を備えた場合に限定すべきだと考えている。繰り返しになるが、その要件とは、経営規模、つまり事業投資規模の拡大であり、もう一つは経営レベルの向上だ。今は、この二つの要件を既存の農業経営体が満たせるよう、支援ビジネスを展開し、農業経営体の成長と向上に尽力するのが企業の責務ではないか、そう考えている。

私たちは、いま、日本農業の大転換期のなかにいる。まさしく、私たちの決断と行動が日本農業の未来を決めることになるのだ。旧い柵や桎梏を乗り越え、連携協力することにより日本農業のイノベーションを実現することが、農業ビジネス、食料産業に関わるすべての者に与えられた責務なのだと思う。

第3章　ジャガイモから見える農業の未来

――カルビーとスマート・テロワールへの道――

松尾雅彦

松尾雅彦
（まつお　まさひこ）

NPO法人「日本で最も美しい村」
連合副会長，新品種産業化研究会
（JATAFF内）会長，
スマート・テロワール協会会長。

1941年，広島市生まれ。1965年，慶應義塾大学法学部卒業。1967年，カルビー株式会社入社，1992年，同社社長就任，2006年，同社相談役。本業の傍ら農村を活性化し，美しくすることの重要性を説き，各地で講演。2014年に刊行した『スマート・テロワール――農村消滅論からの大転換』（学芸出版社，2014年）が話題となる。

1　日本を農業国に

農村こそ成長の鍵

明治維新によって「文明開化」に転じて以来、日本の成長を支えてきたのは都市であった。西欧の科学技術文明を取り入れて、工業化することこそが先進国への道と定めて、都市主導型の政策が経済成長の要とされて一五〇年が経った。この間の政策変化は三つの時期に分けて理解することができる。

第一の時期は「富国強兵」に徹した時代である。明治のはじめに約三〇〇〇万人であった人口は、わずかの期間で七〇〇〇万人に急膨張し、近隣諸国（台湾・朝鮮・中国東北部）を植民地化して食料確保に努めた。しかし、この富国強兵の策は第二次世界大戦を招き、一九四五年の敗戦により破綻したのであった。

第二の時期は、敗戦後の荒廃した国土再建の時代である。この時期、国は勝利した米国から余剰農産物を受け入れるＭＳＡ協定（日本と米国の間で結ばれた相互防衛援助協定。余剰農産物受け入れはその一環）を結び、米国の傘のもとで国家戦略を展開する。この策によって我が国は、工業品の輸出に成功し、不足する食料は輸出入の利益金をあてることで輸入に依存するという、いわゆる「加工貿易立国」を国是とした。

第三の時期は、食料供給が過剰に転じた一九七〇年代初頭から、食料自給率が四〇パーセント（カロリーベース）を割り込むほどになった今日にいたる四〇年間である。この時期には国際的な貿易ルールを確立するために多国間交渉が度々行われたが、国家間の利益の衝突が明確になり頓挫することになった。

この間の事情をリードしてきた作物は、三つに絞られる。一つめは豊かになった消費者が求めた畜肉生産の飼料となったトウモロコシ。二つめはライフスタイルの変化で加工食品分野をリードしたジャガイモ。そして三つめが、健康志向による野菜需要の大幅な増加をリードしたトマトである。これら三つの作物は、一五世紀にコロンブスによって発見された中南米大陸をその原産地としている。いずれも、二〇世紀に二つの大戦の勝利者となった米国が、飽食のライフスタイルとともに世界の食をリードし、その主要生産国となった。

そしてこの三つの作物の伸長で、割を食って需要減退を続けているのがコメである。我が国では工業化の成功で溢れんばかりの税収をあてにし、減反政策を展開したが、消費需要の変化により、ジレンマの原因になっている。稲作に対する過度な信仰とあいまって農村の「不都合な現実」を深めているのだ。

農業社会から工業化社会へ経済のルールが転換したことにしたがい、現在、農村社会にある町村の多くが消滅の危機を迎えている。その根本原因を探索し、ただすことをしなければ、やがて日本は国家の態をなさなくなるだろう。

質素な日本的食生活から食のコスモポリタンへ

農水省は、一九九九年に「農業基本法」を「食料・農業・農村基本法」へと改定した。そこには生産以外に農業や農村の持つ役割を高め、食料自給率を上げることなどが意図されている。見事なキャッチフレーズの転換だが、はたしてその政策の中身はどうなのか。

農業基本法が作物の選択と集中を政策に掲げ、日本の農業を米国の農業政策に従属させるものであったとすれば、新政策では変化した日本の消費事情に適合させることを目標に掲げる必要があった。では、現代の日本で食の消費事情の特徴はどこにあるのだろうか。

食料を輸入に依存することとした国家の政策は、都市の加工食品企業と原料輸入を先導する総合商社を元気づけた。工業化に成功して豊かになった日本の消費者は輸入食料とともに世界中の食を楽しめることになった。それが戦後の経済復興や成長をうながす要因の一つであったことは確かである。しかし前述のように、一九七〇年代初頭に供給過剰の時代が到来し、各方面の関係性は著しく変わった。

日本を大都市部と農村部、その中間部の三つに階層化すると問題が明らかになってくる。農村部には日本全土の耕地の七九パーセントがある。これに対し、大都市部では耕地の占める割合はわずか二パーセント程度である。人口から見た場合、農村部の人口は日本全体の三三パーセントに留まる。このため農業生産品の販売は大都市部を相手にしなくてはならない。しかし、食料過剰の時代においては、大都市部は海外からの食料と農村部で作られたものとを自由に選択できる。これでは農村部が豊かになれる道がない。それが現在の日本の農村衰退の根本的な原因である。

一方、産業革命により工業化を軸にして豊かになったイギリスは、いまや工業製品の競争力は低下し、農業重視の政策にシフトし、すでに農業国といってもよいほど変貌を遂げている。フランスやドイツはもともと農業国である。農村こそがフロンティアであることをいち早く自覚して、対米農業戦争を戦うため国家単位での農政をあきらめ、「EU共通農業政策」という砦を築いて確固たる農村を構築している。

しかし、日本はどうだろうか。口では地方の時代と言いつつ、本音では東京一極集中の構造を維持することにこだわり、農村の衰退は時代の趨勢だという見方を崩そうとしない。しかし、私はそれこそ大きなまちがいだと思っている。逆なのである。都市の産業を支える工業製品の原料は、鉄にしろ石油にしろ輸入に依存している。また加工製品市場であるアジア諸国は、すでに消費地生産主義に目覚めており、輸出量の増加はあまりみこめない。つまり「加工貿易立国」は、もう根無し草稼業になっていると言っても過言ではない。そんな状況の中、これからの日本を変える起爆力を持っているのは、都市ではなく農村なのだ。日本が抱える少子高齢化や財政・貿易収支の悪化などを本気で解決しようと思うならば、農村の活性化、それにともなう農業と食産業の改革に真剣に取り組むべきなのだ。そのことを私は著書『スマート・テロワール』の中でくわしく述べた。

本章では、私が関わってきたカルビーのジャガイモ事業の歩みについて紹介しつつ、なぜ農村*・農業が日本再生の鍵となるのかを解説していきたいと思う。さらに今後日本の農村を支える重要な概念となると私が確信する自給圏やスマート・テロワールの思想についても紹介したい。スマート・テロワールは、たんに今後の日本経済を支える手段としてではなく、非市場経済をも射程に入れて日本人の生き方や哲学を問い直すことにもつながる大きなテーマなのだ。

＊　東京都区部と二〇の政令指定都市およびその周辺都市の合計人口がおよそ四二〇〇万人となる。上位にある四二〇〇万人の大都市と農村の間の中間部の人口もおよそ四二〇〇万人あり、これを引いた残り、人口一一万五〇〇〇人の市町村までを農村部と考える。

食料の供給不足から供給過剰の時代へ

日本の近代には大きな転換期がいくつもあった。明治維新も第二次世界大戦の敗戦もそうだ。しかし現代の日本経済や産業を考えるうえで、食料の供給不足の時代が終わり供給過剰の時代へと転じた一九七〇年代初頭の構造的変化は、きわめて大きなものといえる。

これによって社会に起きたのは供給者と消費者の立場の逆転だった。食料不足の時代、供給者である農村や農家の立場は強く、消費者の立場は弱かったが、一九七〇年代以降、この構図が逆転する。食料が過剰になったことにより、何を食べるかを消費者が選択できるようになった。言い換えれば、マーケットが消費者主導に変わったのだ。

それまで農家はコメを中心に作っていればよかったが、消費者のニーズが多様になったことによりコメが余るようになった。代わりに畜肉や油脂、野菜などが求められるようになってくる。食のライフスタイルの大きな変化である。しかし、いつか食料危機がやってきて、コメが求められる日が来ることを想定してか、あるいは政策を他に転換することの困難さによってか、コメ政策に適切な方策は講じられていない。官僚、政治家、研究者といった日本の農業政策に関わる人たち、農業や食産業の担い手である加工食品メーカーや流通産業のリーダー、いずれもこの事態に適切な対策を打ち出せていない。それどころか、食の多様化に対し、国内で調達できないものは輸入に依存するということがあたりまえになっていく。小麦製品やワインなどは原料や製品の輸入が主力で、国内産の麦やワイン向けブドウの栽培は脇に追いやられている。これによって、均質な輸入原料に依存すれば国内産原料の質の向上に努めなくても済むという風潮が拡大している。

食料の輸入依存に拍車をかけたのが一九八五年のプラザ合意である。米国の貿易赤字を緩和するために、西ドイツ（当時）と日本に対して大幅な為替レートの調整（ドル安）を行おうと、五カ国の蔵相と中央銀行総裁が集まったのだ。これにより円の対ドルレートはそれ以前の一ドル二四〇円から一二〇円に急騰した。当然ながら、国内の加工食品業界では海外からの食品原料の輸入の動きがますます加速していった。その結果、国内の農業生産は縮小し、農村の停滞もまたいっそう顕著になっていく。一九六五年度には七三パーセントを占めていた食料自給率は、この構造変化によって低下を余儀なくされ、二〇一三年

図１　ヨーロッパで展開される「美しい村」運動の典型地・
セギュール・ル・シャトー遠景

度には三九パーセントとほぼ半分になっている（数値はいずれもカロリーベース）。

これは日本に先んじて工業によって成長を遂げてきた欧州諸国とは対照的であった。欧州では食のライフスタイルについて、米国側がファストフードを推奨するのに対して、スローフードで対抗した。農業と加工業との連携が伝統的な食材の製法の保護をめざして産地認証制の厳密な運用へと進んだ。農村の生産物にとどまらず、農村景観に注目した「美しい村」運動も推奨された。社会の構造変化に応じた対策に積極的に取り組み、欧州各地の伝統的食品を保護する政策や、都市で腕を磨いた調理師たちが農村で出店するといった農村で美食を追求するトレンドによって、米国のライフスタイルと対抗したのである。それは米国からの食料輸入に依存する道を選んだ日本とは好対照であった。

農村を衰退させた「流通革新」という錦の御旗

一九七三年、大規模小売店舗法、略して「大店法」が制定された。この法律は、大型店舗と中小規模店舗の事業活動機会の適正化、中小規模の店舗の保護を目的としたものである。しかし、これを機に、大規模小売業の農村部への進出は次第におおっぴらになっていった。公共交通機関の乏しい農村ではモータリゼーションの進行が早く、駐車場を構えた大型店舗は拡大し、商店街にあって駐車場を設置できない店舗はシャッターを下ろしていく。大規模小売業の店舗は、都会的な品揃えを得意として、輸入原料をベースにするナショナルブランド食品を農村部に浸透させる結果を招いた。食料生産をベースにしているはずの農村部住民は、次第に輸入原料の加工食品に依存することになっていった。

このような仕組みが維持されるかぎり、日本の農村は今後も衰退を続けていくだろう。それは農業政策とか、通商政策とか、交通体系の変化といった個々の要因で説明しきれるものではない。根本的な問題は、将来的にどんな社会を建設するかというコンセンサスのないまま、多額の投資をして、さまざまな政策を進めてきた結果である。時代の流れに乗っている間に、期待とはまったく違う「不都合な現実」を迎えてしまったというわけだ。

重商主義から重農主義へ

しかし、農村部に住む人々はここであきらめてはいけない。もう一段透徹した目で「来し方」を見直してみると、産業革命以来、注目すべき二つの思想が出てくる。

一八世紀のフランスでは「重商主義」と「重農主義」という二つの思想における論争があった。重商主義は文字どおり、外国との交易によって得られる富を優先させる政策である。それは一九世紀には帝国主義へと変貌し、二〇世紀に入ると「門戸開放」の主張となり、今日「グローバリゼーション」と呼ばれる動きの原動力になっている。欧米に近代化や国際化をもたらしたものは重商主義であるといえる。しかし、同時に重商主義は地球環境の破壊や格差の拡大など、社会に多くの矛盾をもたらしてきたことも事実である。

一方、重農主義は、一九～二〇世紀においては前時代的な思想として、政治的に顧みられることはなかった。しかし、いまでは逆に「サステナビリティ（持続可能性）」という観点から、二一世紀型の社会のあり方を示唆するものとして再評価されつつある。意気消沈している農業のことを「農」などと呼んで哲学化するのではなく、経済的に競争力のあるものとして再構築する必要が迫っているのである。そこで本章ではこの重農主義の思想に基づいた農業政策の新しい形を「スマート・テロワール」と名づけた。「スマート・テロワール」の提唱にあたっては、私自身のカルビーでのジャガイモ事業の悪戦苦闘の経験が、そのベースにある。

2　カルビーの挑戦

カルビーのジャガイモ産業参入の背景

カルビーがポテトチップ事業に参入したのは一九七五年のことである。それはちょうど社会が供給不足から供給過剰の時代に入り、それにともなって食のライフスタイルが大きく変わろうとしていた時代の真っただ中であった。カルビーは新事業を始めるにあたり、需給に支障をきたさぬよう生食ジャガイモの産地を避けたり、農家と工場の間に割り込もうとする農協の干渉を排除して取り組むことにした。旗印は「農工一体」であった。

米国ではすでに一九六〇年代後半にはポテトチップ産業が好調だった。そこでポテトビジネスのプラットフォーム作りのために、先進システムを積極的に開発していた米国に学ぼうと考え、一九七五年にアイダホ州やノースダコタ州の州立大学に付属する研究機関を視察した。多くの困難はあったが、海外の先進システムで学習を重ねたことが結果的に功を奏し、それまで五〇億円程度にとどまっていたポテトチップ市場を一五年後の一九九〇年には二〇倍の一〇〇〇億円市場にまで成長させることに成功した。

ジャガイモは人類の歴史を変えてきた作物である。南米のアンデス高地原産のこの根菜は、紀元前から南米高地の人たちにとっては欠かせない食材だったが、欧州にもたらされたのは一六世紀のことである。栄養価が高く、寒さに強く、痩せた土地でも育つジャガイモのおかげで、欧州は度重なる飢饉を乗り越えることができた。ジャガイモは欧州の人口増加に大きく貢献し、ひいては近代の文明発展の礎となったといっても過言ではない。ジャガイモ栽培に力を入れたドイツやロシアの国力が強大になったことは周知のことである。またアイルランドのジャガイモ飢饉はアメリカ合衆国への移民のきっかけとなり、その移民の中に、あのケネディ大統領やウォルト・ディズニーの曽祖父がいたことはジャガイモをめぐる重要な歴史的エピソードの一つである。米国でも、いまやフレンチフライやポテトチップは国民食といってもいいほど生活の中にしっかりと定着している。

日本にジャガイモがもたらされたのも欧州と同じく一六世紀といわれているが、本格的に栽培されるようになったのは明治時代以降、北海道の開拓が行われるようになってからである。当初は生食用が中心だったが、いまではデンプン用、ポテトチップやポテトサラダ、冷凍コロッケなどの加工食品用、全国に供給するための種イモ用など種類によって用途もさまざまである。しかし、そこにいたるまでにはさまざまな紆余曲折があった。

日本のジャガイモ加工食品産業の「あけぼの」

日本のジャガイモ加工食品産業の草分けは、一九六〇年に総合商社「丸紅」が創業したジャガイモ加工食品会社「リーダース食品」である。米国のジャガイモ加工事業がこのときはじめて日本に導入された。その後リーダース食品は北海道京極町で加工工場の操業を開始し、その後小清水町にも拠点を拡大した。京極町の工場では冷凍フレンチフライ、小清水町の工場では乾燥マッシュ・ポテトの製造にあたった。しかし、この二つの工場は、その後数奇な運命をたどることになる。前途に大きな期待を集めた新事業は、主として以下の二つの要因で成長を阻まれたのだ。

一つは、一九七三〜八一年にかけて、ホクレン（ホクレン農業共同組合）を頂点とする系統組織が、十勝地区で士幌農協を中心とした五つの農協の共同事業として「士幌ジャガイモ・コンビナート」を造り、リーダース食品への協力を拒んだことである。もう一つは八〇年代になると、円高のため主要な顧客だったファミリーレストラン・チェーンが冷凍フレンチフライを国産から米国産にシフトしたことである。これにはマクドナルドの日本進出も関係している。マクドナルドの基幹商品はハンバーガーだが利益の源泉はフレンチフライである（ケンタッキーフライドチキンも同じである）。米国系のファストフード店の競争力は、アイダホ産ジャガイモの良好な品質と価格に支えられているのだ。

ここに日本と米国の加工食品産業の大きな違いが見られる。米国ではジャガイモ加工食品産業は、農業側と加工工場側との緊密な連携に加えて、育種の研究者の技術的支援が加わっている。これら三者の協力が強い競争力を形成するのである。しかし、当時日本ではこのような農と工との連携はうまくいっていなかった。ホクレンなど農協では、農家と工場の間に工場と対抗できる系統組織が入らなければ農家の立場は守れない、という意見があった。結果的に士幌ジャガイモ・コンビナートは農と工の一体経営を実現して、北海道の加工ジャガイモ産業の基礎を作った。

日本にはもう一つ、問題があった。マーケティング能力の欠如である。市場での厳しい競争にさらされる加工工場が、顧客重視を苦手とする農業分野と手を結んだことによってマーケティングがうまくいかず、ビジネス展開に支障をきたす結果となった。これではいち早く農業と加工産業と研究機関の緊密な連携を達成していた米国に対抗することはむずかしく、まして円高という状況下で国際的に競争することは事実上不可能であった。

ポテトチップ事業の黎明期

次にジャガイモ加工食品の中の主力商品の一つであるポテトチップ事業の日本の歩みについて述べておきたいと思う。ポテトチップが日本に登場したのは戦後まもない一九四八年のことであった。戦後ハワイから帰国した日系二世の濱田音四郎氏が「アメリカン・ポテトチップ」という会社を立ち上げ、進駐軍を顧客としてポテトチップの製造事業をスタートさせた。ハワイのフラダンスの名をとって「フラ印」というブランドで製造販売を始めたのだ。このブランドはのちに東京スナック食品工業が受け継ぎ、さらに一九八〇年代にはカルビーが同社を子会社化し、現在もカルビーの工場で製造されている。

一方、ポテトチップの本場米国からは、一九六〇年代半ばにフリトレーが市場参入してきた。しかし、日本での市場規模はそれほど拡大しなかった。その要因は三つある。一つめは適切な品種の原料ジャガイモが調達できず、生食用の男爵イモなどに依存したこと。二つめは製品の通年供給ができず、季節的な商品にとどまったこと。三つめは店頭までの商品流通を自社の配送システムにたよっていたことである。自社の配送システムを用いるのは米国ではあたりまえだが、日本の場合、販売量が少なかったため、店頭での商品の回転率が低く、フライ製品に対する消費者の不安を解消できなかった。

その中にあって油菓メーカーであった湖池屋が、一九六七年に菓子の卸流通網を活用してポテトチップ事業に参入する。そして首都圏で勃興しつつあったスーパーなどで健闘するようになる。原料の仕入れにあたっては士幌農協のシステムを活用した。こうして湖池屋は黎明期のポテトチップをリードする活躍をした。

高度成長期のただ中にあった一九六〇年代後半から、スナックフーズの成長が始まる。先行したのはカルビーの「かっぱえびせん」である。かっぱえびせんは数年で単品売上高一〇〇億円（工場出荷額）に達した。続いて明治製菓（現・明治）はトウモロコシをパフ（加圧膨張）加工した「カール」を発売し、また東鳩東京製菓（現・東ハト）は「キャラメルコーン」でヒットした。カルビーは、かっぱえびせんに続いて「サッポロポテト」さらに「サッポロポテト　バーベQあじ」のヒットを生み、それまでの菓子は甘いものという常識をくつがえし、野菜や香辛料の風味やコクを生かした菓子の時代が始まった。

かっぱえびせんの成功からポテトチップ事業へ

一九六七年、カルビーはかっぱえびせんの米国への輸出を開始する。まず、ニューヨークの展示会に出品しバイヤーたちから高評価を得て、販売策を練るためにニューヨーク市中に出てみると、スーパーの店頭を埋めている大量のポテトチップに圧倒された。

私はかっぱえびせんの売り込みのために、スナック販売を手がけるニューヨークのローレンツ・シュナイダー社を訪ねてプレゼンを行ったが、社長のミルトン・V・ブラウン氏は「この商品を扱うつもりはない」ときっぱりと言った。ブラウン氏は「いま米国ではポテトチップなどのスナック製品販売が絶好調だ。しかし食品店では、工場でフライして翌日には店頭に並ぶものでなければ売りたくないと考えている。そうでなければスナック製品といえない。たとえ日本でかっぱえびせんが売れていても、船でニューヨークに届けられるまでに一カ月もかかるのではスナックとは呼べない」と言ったのだ。

返す言葉はなかった。続けてブラウン氏は「経済が成長している日本では、もうすぐ米国のようにポテトチップが売れる時代がやってくるだろう。そのときどうすれば昨日製造した商品を今日店に届けられるかが鍵となる。私のやり方を見て行きなさい」と、配送センターに案内してくれた。

午前中だったが、驚いたことに広々とした配送センターには一ケースの商品もない。聞けば、夜中の三時、四時にできたてのスナック製品が工場から届けられ、朝七時にはマンハッタン中の販売店に向けて何十台ものトラックが一斉に出発し、午後になると戻ってくるという。スナック製品といえども、その扱いは魚や野菜のような生鮮食料品と同じだった。鮮度こそがスナック製品の信頼の鍵だということを学べたことは、その後の事業展開において大いに役に立った。

このとき、すでにカルビーはポテトチップ事業への参入を決めていた。しかし、ポテトチップに手を染める前に、えびせんの製法で開発した「サッポロポテト」がヒットし、前述のように「サッポロポテト　バーベQあじ」も大ヒットした。そのため原料の乾燥マッシュ・ポテトの価格が急上昇し、素材の調達に苦労することになった。そこで北海道千歳工場内に乾燥マッシュ・ポテトの製造設備を用意し、ジャガイモの長期貯蔵倉庫も建設して一九七四年から操業を開始した。

この設備では最新式の手法でジャガイモの剥皮《はくひ》を行っていた。従来は苛性ソーダの液に浸潤させ軟化した表皮にブラシをかけて表皮を取り除いていたが、これだと削られるジャガイモの量が多いことに加え、苛性ソーダを含んだ皮が水とともに排出されて公害の原因にもなる。実際、アイダホ州ではジャガイモ処理工場から出る苛性ソーダが同州を流れるスネーク・リバーを汚染して社会問題になっていた。

そこで開発されたのが、遠赤外線を活用して皮を剥く方法である。これだと剥皮の量も減り、苛性ソーダを含んだ皮はプールに集めて発酵中和させ、それは畜産飼料として供給することができる。米国で開発されたこの新しい剥皮方法の画期的な点は、ジャガイモ産業と畜産をつなぐ循環型システムであったことだ。

この循環型システムを北海道で定着させるために、私たちは米国のジャガイモ産業視察旅行を行うことにした。循環型システムの見学のほかに、ジャガイモの長期貯蔵システムを導入することも視察の目的であった。八名の視察団のメンバーの中には千歳市の産業廃棄物を担当する課長もいた。ジャガイモ工場から排出される皮は廃棄物ではなく畜産業の飼料となり、循環可能であることを行政側が確認するためであった。

図２　1975年カルビー遣米馬鈴薯産業視察団

カルビー遣米馬鈴薯産業視察団

一九七五年、カルビーのポテトチップ事業の幕開けの年、カルビー遣米馬鈴薯産業視察団は米国へと飛んだ。食のライフスタイルの大きな変革の中で、日本が将来の農業のあり方を見出せずにいたそのとき、米国では農業と食産業の新しい連携がすでに進められていた。時代の変化に柔軟に対応するためには、どのようなプラットホームが必要なのか。そのヒントを米国のジャガイモ産業の現場からつかむことこそ今回の視察の目的であった。

厳寒の中、アイダホ州のＪ・Ｒ・シンプロット社の工場、アイダホ州立大学ポテト・リサーチ・センター（ＰＲＣ）、ノースダコタ州レッドリバー地区の州立大学ポテト・リサーチ・センターなどを訪問した。

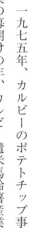

①　J・R・シンプロット社の工場

J・R・シンプロット社は、J・R・シンプロット氏が創業した農業関連会社である。世界初のポテトスライス機を開発し、フライドポテトを米国中に普及させ、マクドナルド、バーガーキング、ウェンディーズなどにジャガイモを納入する巨大な会社で、シンプロット氏は米国の「ポテト王」と呼ばれていた。

アイダホ州のシンプロット社の工場で見たかったのはジャガイモ産業と畜産をつなぐ循環型システムである。貯蔵庫から搬入されるジャガイモは隣接する工場で冷凍フレンチフライとハッシュドポテト、乾燥ポテト製品（マッシュ・ポテト、ペレットなど）、ポテト・グラニュール（ポテトの微粉末）などに加工される。加工の際に出る皮（ピール・ウェイスト）は大きなプール（発酵槽）に流れ込む。プールの反対側からはピール・ウェイストの発酵液が排出され、それらは運搬車両で工場の近くに建つウシの肥育場へと運ばれ、野菜の上にドレッシングをかけるようにまかれる。飼料担当者は「この液のかかったエサをウシは好んで食べるが、カロリー量の五六パーセントを超えないようにすることが、いい肉質を得るために重要だ」と話してくれた。ちなみにこの工場では五万頭のウシが肥育され、遠景の丘はウシの群れで真っ黒になっていた。

この工場で学んだのは次の二点である。第一点は、ジャガイモの収穫と循環型のシステムを連携させることだ。ジャガイモの加工製品の製造と並行して、その廃棄物から飼料を生産し、それがウシを育てる。ウシのし尿は麦稈などと混ぜて堆肥となる。堆肥は麦畑やアルファルファの畑で活用し、ジャガイモを中心に置いた輪作体系を構成する。このような「耕畜連携」のモデルが、シンプロット社では実現されていたのである。

第二点は、搬入されるジャガイモを外部品質（物理的特性）により分別し、ダメージの多いもの（トリミング工程〈皮剥きなどの整形〉で手間がかかるもの）は、ポテト・グラニュール（ポテトの微粉末）のラインに回されることだ。ポテト・グラニュールのラインの最後にすべての異物となるものを取り除くフィルターがあり、異物はすべて除去できる。つまり、収穫されて工場に搬入されたジャガイモは、分別することですべて有効利用されていたのだ。

② アイダホ州立大学ＰＲＣ

次に私たちはアイダホ州の州都アイダホフォールズ市で、州立大学のＰＲＣ（ポテト・リサーチ・センター）を訪問した。入り口にあった銅板レリーフに、この研究所の創設のいきさつが書かれていた。それによると、私たちが訪れる一〇年ほど前、この地域で有力なジャガイモ農家の一人が、収穫物の一バッグ（四五キロ）あたり一セントの資金拠出を呼びかけ、この研究所が創設されたとあった。

では、なぜ研究所を創設しようと思ったのか。きっかけは一九六〇年代になって、消費者のライフスタイルに大きな変化が訪れたことである。従来ジャガイモのほとんどは家庭料理用（テーブルユース）だったが、六〇年代以降、加工工場で生産される冷凍食品が大きくシェアを伸ばしてきた。これによって家庭の料理用ジャガイモの割合が減り、加工工場向けジャガイモ生産が増えてきた。そうなるとテーブルユース中心の従来の農業技術体系が役に立たなくなったのだ。

この食のスタイルの変化をリードしたのがファストフードの外食チェーンの雄、マクドナルドだ。マクドナルドのメニューの王者ともいえるのがフレンチフライで、Ｊ・Ｒ・シンプロット社はその仕入れ先の最大手であった。つまり、加工食品工場の需要に対応するために、農家は研究者を集め適切な対策を求めたのだ。

こうして設立されたアイダホＰＲＣは、品種改良、栽培法、長期貯蔵法、病害虫対策など、アイダホ州のジャガイモ産業の発展に必要な研究のほとんどに取り組んでいた。そこで私たちはジャガイモの長期貯蔵法の指導を仰ぐために、同研究所のスパークス博士を日本に招くことにした。この視察団を派遣した当時、カルビーは乾燥マッシュ・ポテトに生産上の問題を抱えていた。その解決のためにアイダホＰＲＣの力を借りようと考えたのだ。

翌一九七六年、スパークス博士の指導のもと、北海道芽室町に大型貯蔵庫を建設した。一棟に合計一万二〇〇〇トンのジャガイモ貯蔵庫を四室（各室三〇〇〇トン）に分けて貯蔵するという構造である。ベンチレーションにはジャガイモを積み上げたところに円筒型のパイプを通して均等な通風ができるようになっていた。積み上げた高さは床から五メートルにもなるが、貯蔵庫内の温度と湿度は均等に保たれていた。

③　ノースダコタ州立大学ＰＲＣ

その後、アイダホ州からシカゴを経由してカナダ国境に近いグランドフォークスにあるノースダコタ州立大学ＰＲＣを訪問した。アイダホＰＲＣが冷凍フレンチフライと乾燥マッシュ・ポテト事業をサポートしているのに対して、このＰＲＣはチッピング・ポテト産業の指導機関であった。

じつはその後、アイダホ式の指導がかならずしも成果に結びつかないことが明らかになった。実践経験のなかった我々は、アイダホ方式の方が規模も大きく最新技術のように見えて、これを選択してしまったのである。マッシュ・ポテトの生産ラインを持っていたという事情もあった。ポテトチップ事業を推進するためには、アイダホよりも、ノースダコタのやり方のほうが合っていたのだ。そこで、カルビーはノースダコタのＰＲＣにあらためて指導を依頼することになる。

帰路、食品機械の発注案を持ってサンホゼ（現在のシリコンバレーの中心地）にある農業・食品機械を扱うＦ社を訪ねたが、この訪問が、その後のカルビーの政策を大きく変えることになった。Ｆ社は農業機械と食品加工機械に特化した会社だが、その規模は当時日本の重機メーカーを代表していた三菱重工業に匹敵するほどだった。米国の食品産業がどれほど巨大かをこれで痛感した。かっぱえびせんで成長してきたカルビーだが、いまポテトチップ事業に参入するということは、これまでとは比較にならない桁外れのスケールの中に飛び込むことなのだ、ということを実感した。まず、何から手をつけなければならないか、そのことを真剣に考えさせられた実り多い視察旅行であった。

ポテトチップ事業への参入と「一〇〇〇億円事業」へのビジョン

一九七五年、カルビーがポテトチップ事業へ参入した契機は、もともとリーダース食品が建設した北海道小清水町にある工場の買収からであった。日本におけるジャガイモ加工産業の草分け的存在であったリーダース食品は、一九七二年頃からポテトチップ事業に参入した池田食品が工場を買収し、さらに士幌農協内と茨城県下妻市にある自社の工場内にそれぞれ二基のラインを設置して生産を行っていた。しかし、わずか二年で会社は整理され、工場は売却されることになり、それをカルビーが手に入れ、かねてよりの懸案であったポテトチップ事業への参入を果たしたのである。しかし、ポテトチップ市場といっても当時は首都圏のみであった。湖池屋を筆頭に数社が季節的な操業をしている他、細々と操業している数社を合算しても年間五〇億円程度の販売額にとどまっていた。カルビーはこれを一〇〇〇億円にまで成長させることを目標にした。

カルビーがポテトチップ事業に参入したのと同じ一九七五年に、士幌農協傘下の工場を活用した明治製菓（当時）もまたポテトチップ市場に参入していた。とはいえ、製品のタイプはまったく違っていた。同社が、かつて池田食品が生産していたシューストリングタイプ（細長い形状）を継承していたのに対し、カルビーはフラットタイプであった。パッケージも明治製菓の箱形に対し、カルビーはピロー形（袋タイプ、現在のポテトチップの標準）であった。

さらに同じ年、米国産乾燥マッシュ・ポテトを原料とする「成形ポテトチップ」で二社の市場参入があった。一つは米国P＆Gの「プリングルス」で、もう一社はヤマザキナビスコの「チップスター」であった。とりわけ、チップスターの市場伸長は著しく、消費者は製品の購入にあたって選択を迫られることになった。良質な米国産乾燥マッシュ・ポテトを原料とした成形ポテトチップに対抗するため、国内産のジャガイモを原料とする「生ポテトチップ」側は、品質向上のためのイノベーションを求められたのである。

図3　1975年に発売されたカルビーのポテトチップス

カルビーが取り組んだ三つのイノベーション

イノベーションとは何か。それは、たんなる改良や改善ではない。イノベーションとは複数の改善をつないで新しい価値を生むことである。それには大きく分けて次の三種類がある。

① プロセス・イノベーション
② プロダクト・イノベーション
③ マインド・イノベーション

この三種のイノベーションがトライアングルを作って相互に連鎖することで大きな成果が生まれるのである。そこで、カルビーが行ったこれら三種のイノベーションについて見ていくことにしよう。

① 仕事のやり方を変える：プロセス・イノベーション

プロセス・イノベーションとは文字どおり、仕事のプロセスを見直すことである。カルビーが行った重要なプロセス・イノベーションは大きく分けると「契約栽培」と「農工一体のシステム」といえる。それぞれについて見ていく。

まず「契約栽培」である。一九七六年からカルビーではジャガイモ産地の農家との契約栽培を始めた。ポテトチップ事業の拡大にあたって、ジャガイモを安定的に調達するために契約栽培はふさわしい方法であった。

図４　ジャガイモ低温貯蔵庫

契約栽培とは加工業者側が、あらかじめ購入する数量を農家と契約し、それに合わせて農家が生産を行うという仕組みで、農家にとっては受注生産である。一九七〇年代に自動車業界でトヨタが開発した手法で「かんばん方式」と呼ばれている。それによりトヨタをはじめとする日本の自動車業界は米国の自動車業界との競争に勝つことができたのである。

米国で農業分野に契約栽培をいち早く取り入れたのはＪ・Ｒ・シンプロット社である。マクドナルド向けに安定的な量を調達するためには契約栽培は欠かせない方法であった。カルビーも米国に学んで契約栽培を推進していったのだが、シンプロット社と違っていたのは、リスクに対する対応である。農業には気候変動という

図５　帯広市にあるカルビーの貯蔵庫外観

図６　コンテナに貯蔵されたジャガイモ

リスクがある。天候条件により豊凶が生じる、収量が予定に満たないこともある。シンプロット社と農家との取引は、生産物の半量を契約価格とし、他の半量を市場価格で決済することであった。

それに対してカルビーでは、納品されるジャガイモの全量が契約価格であった。それは収穫された全量の買取りを余儀なくされることだ。つまり、天候リスクも会社側が引き受ける形になる（畑作産地に畜産農家があれば、過剰な収穫物は畜産の飼料にすることができた）。また、ジャガイモ保管用の貯蔵庫を建設した。こうした姿勢が農家の信頼を得ることにつながった。

農業には長期の投資がともなう。加工メーカーがはじめは高い価格を提示して契約していてもやがて市場価格を求めていると思われれば、相手にされない。新たな作物耕作用の機械購入もしてはくれないだろう。

新たな買い手が都市から来ては去っていく。そういう経験を農村・農家は繰り返してきた。しかしそれでは、安心して毎年の農作業に集中できない。

カルビーが貯蔵庫を各地に造ったことで農家は「この会社は本気だ。逃げない」と感じてくれたのだろう。倉庫建設はメーカーにとって長期投資で、建設費の回収には三〇年かかる。つまり、それは農家に対してカルビーが「最低三〇年はポテトチップを売り続ける」と意思表明をしたことにほかならない。価格保証、全量買取、そして貯蔵庫建設という一連のプロセス・イノベーションによって、カルビーは契約栽培農家との信頼関係を築くことができた。産地開拓は小清水町、音更《おとふけ》町から、芽室《めむろ》町、美瑛《びえい》町へ、そして北海道全土へと広がっていった。

プロセス・イノベーションは農家にとってメリットをもたらす。というのも、市場経済のもとでは農家はつねにリスク*にさらされているからだ。リスクは主に三つある。天候リスク、需給変動による相場の変動リスク、それに為替レートの変動リスクである。通常はこれらのリスクに耐えるために規模の拡大が求められる。米国の農業に巨大企業が参入するのはそのためである。同様に日本でも農業への企業参入が進んでいる。

しかし企業の参入は、農業を競争的な市場経済にさらすことになる。リスクに弱い小規模農家はひとたまりもない。契約栽培というプロセス・イノベーションによって、農家はリスクを考えずに生産や品質改善に集中することができ、安心感や向上心が刺激される。加工業者の側も販売戦略に集中できることでマーケティング力が向上する。契約栽培は農家と加工業者の両者が連携して市場経済という脅威を乗り越えるための方法でもあるのだ。

しかし「農工一体のシステム」に関して、農家と加工業者の間に農協などの流通組織が介入すると、加工工場での付加価値創造に障害を生じることになる。カルビーのジャガイモ事業では、農家と加工業者間の流通を排除したことに重要なプロセス・イノベーションがあった。つまり「農工一体」が実現したのだ。

圃場で収穫された作物の成熟度にはバラつきがある。加工工場では、原料作物が加工機に同時に投入されるため、品質のバラツキが少ない方が良質の加工製品を得ることができる。加工工場側があらかじめ、収穫物のバラツキを少なくする「斉一化」栽培法を開発できれば、それを生産者に伝えることで良質でロスの少ない加工製品の生産が可能になる。

しかし、農家と加工工場の間に流通機能が介入すると、バラツキのある収穫物を混ぜ合わせて平均化したくなる。加工工場は品質検査によって得られたデータに基づいてインセンティブを支払っても、農協内で合算して農家に精算されていた。これではいつまでたっても「斉一化」栽培の技術は広がらず、良質な加工製品も得られない。ここに日本産原料が加工工場に歓迎されない真の原因が潜んでいた。

「加工原料を流通組織から調達してはいけない」というのは、カルビー創業者の信念だった。流通会社は、品質の高いものと低いものを混ぜ合わすことで経営が成り立っているという主張を譲らなかったが、実際そうした仕組みが日本産原料の品質を低下させていたのだ。そういう確信があったからこそ、頑強なホクレンとも戦うことができたのである。現在では地理的表示保護制度により、高品質の生産物を推奨する時代に入った。

＊　農家にとって市場経済がもたらす最も悩ましいリスクは、豊凶による需給調整が困難なことである。それゆえ、市場機能による価格調整に依存する。春の豊作祈願の伝統行事に見えるように、豊作は本来喜ぶべきことであるが、供給過剰の現代では、豊作貧乏に見舞われることになる。契約栽培はこのリスクを解消する。もし日本で畜産業が健全に発展していたなら、過剰生産分は飼料に供することができる。畜産農家の方も安価な飼料を得られることになる。

②　市場を作る：プロダクト・イノベーション

図７　ポテトチップに適した品種「トヨシロ」

カルビーがポテトチップ事業に参入した当時使っていたジャガイモはデンプン用の品種だった。それは貯蔵性に優れていたが、ポテトチップ用としては食感が硬く、味も劣っていた。ところがその後、ポテトチップにもフレンチフライにも適しており、味もいい「トヨシロ」が品種登録されたことから、カルビーの快進撃が始まったのである。適正品種を得ることがプロダクト・イノベーションの第一歩である。

品種の選定でもっとも重要な特性は、最終製品の消費者による評価である。次に加工の適性を判断する。従来の品種、「男爵」や「農林1号」は、芽が深くトリミングに多くの人手を要すので加工には不向きなのだ。

品種特性に続いて重要な問題点は、農家の栽培法の改善である。収穫されるジャガイモにはバラツキがある。生食用のジャガイモは外見上のバラツキが問題になるが、加工向けにおいては塊茎（イモ部分）内部のデンプン含量と糖分という化学的品質を斉一化する必要がある。それを可能にするのが先ほど述べた農工一体で進める栽培法の改善である。プロダクト・イノベーションとプロセス・イノベーションが連続することによって、品質のいい製品を消費者に届けることができるのだ。

ポテトチップの価値はフレッシュネス（芳ばしい香り）とクリスプネス（食感）にある。その鍵が鮮度である。味の時代から香りの時代、つまり美食革命への幕開けは、鮮度を重視する流通革新を促進した。一九七二年に神戸市で始まった油菓製品に対する製造日付表示の義務化は、スーパー・ダイエーと灘神戸生協の支持により瞬く間に全国に広がった。これによりポテトチップの流通上の品質管理が進み、成長の土台ができたのである。かつてニューヨークのスナックディーラーが教えてくれたことを実践することになった。

③　人々の考え方を変える：マインド・イノベーション

ポテトチップ事業は、農業と加工業、流通業という三種の業態とかかわっている。しかし、各業種はそれぞれの役割が異なるため、しばしば利害が対立することがある。

ポテトチップ事業を始めた頃、北海道の農協組織内では、加工品を作る場合、農家と工場の間に農家側の組織が入らないと農家の立場が守れないという主張が強くあった。しかし、互いの立場を主張するより大事なことは、共通の目標を立てて「利益共有の関係」に立つことである。つまり、既存の常識にとらわれないものの見方をすることである。プロセス・イノベーションを成し遂げ、プロダクト・イノベーションによって品質や価値を上げれば、人々の考え方も変わってくる。それがマインド・イノベーションである。

このようなイノベーション・トライアングルが作られると、相乗効果のスパイラル的増大によって進化が継続し、高品質を維持するという成果が挙がれば、相乗的にコストダウンが実現する。利益は取引相手から引き出すのではなく、協働の改善活動から生み出すものになったのである。

ここまでカルビーの新事業参入時のエピソードを長々と紹介してきたのは、これから日本の農村部が自給圏形成をめざして取り組むときに起こる試行錯誤についてあらかじめ知っておくことが、事業展開に有効となると思うからだ。手探りで進めると合格レベルに達する前にギブアップするかもしれない。日本には残念ながら農業と加工工場と消費者を結んで指導できる適切な指導機関がない。大学が各段階のプレーヤーの利害をつなぎ、協働の実を産みだすエクステンション活動に冷淡なためである。それは大学にだけ原因があるのではない。行政が大学に代わって農業支援をすることになっているからである。行政が指導の側に立つと縦割りの省益対立にさらされる。農業は農林水産省、製品流通は経済産業省となって、対立を深めることになる。

3　農業近代化のさきがけとしてのジャガイモ

ポテトチップと冷凍フレンチフライの衝撃

第二次大戦後、米国は農村が疲弊した欧州と東アジア諸国で加工ジャガイモ食品の普及活動を行う。これによってポテトチップとフレンチフライがドイツと日本の消費市場に根付くことになった。

もっとも大きな影響を与えたのはファストフードのマクドナルドの出店であった。マクドナルドにとって利益の源泉であるフレンチフライを供給しているのは、J・R・シンプロット社である。社長のJ・R・シンプロット氏はマクドナルドの役員でもあり、彼は主食をコメとしている東アジアの人々の食生活をジャガイモで変えてみせることに大いなる夢を描いていた。

一九七一年、日本でも第一号店が三越銀座店にオープンした。その後一九八〇年代半ばにイタリアのスペイン広場にもマクドナルドがオープンした。ところが、日本市場とイタリア市場でのインパクトはまったく逆であった。日本では出店の数年前からすでに米国型の外食店を模したファミリーレストランが展開していた。そこにマクドナルドがオープンしたことにより、同店のヒット商品であったフレンチフライが相乗効果となって都市部を中心に広がっていった。一方、イタリアではファストフード店による伝統的な食文化の破壊を危惧して、スローフード運動が展開されることになった。

マクドナルドは、日本進出に成功すると間もなく北海道に冷凍フレンチフライの生産拠点を開設しようとしたが、北海道の関係者はけんもほろろに断ったという。それにもかかわらず、ポテトチップと冷凍フレンチフライは農家と消費者の間に割り込んで、消費者の食生活と農家のジャガイモ栽培に大きな変革をもたらしたのである。

農家にもたらされた栽培の変化とは次のようなものであった。従来の生食需要を目的としたジャガイモ栽培では、外観に現れる物理的特性によって規格選別されて、規格外となればデンプン工場でジャガイモデンプンに精製されるのが普通であった。それが一九七〇年代になりポテトチップとフレンチフライという二つの事業が伸長してくることで、糖度などジャガイモ塊茎内部の化学的特性により品質の評価がなされるようになった。

ポテトチップとフレンチフライは、いずれもフライした後の焦げ色が品質として求めら

図８　北海道のジャガイモ畑

れる。その焦げ色を作る糖分が管理指標となる。糖分の管理のためには、一個一個のバラツキを最少にすることが求められた。ジャガイモは加工工程で同時にフライヤーに投入されて揚げられるため、糖分のバラツキがあると焦げのでき方にもバラツキが出てしまう。このような品質指標が求められたことにより、ジャガイモの栽培技術は見直しが図られ、均質化することで結果的に反あたり収穫量の向上がもたらされた。

通年供給の要請

さらにポテトチップとフレンチフライの普及がもたらしたのは、ジャガイモの通年供給の必要性であった。生食用の場合、北海道では地下貯蔵で越年させたりすることで、需要を満たすことができた。しかし、適切な「焦げ色」が品質の目標となったいま、品種特性・圃場の特性・栽培技術・貯蔵設備と管理・加工技術などが連携して糖分を管理する必要が生じたのだ。そのためには市場主義経済、つまり為替変動や相場変動にリスクのない取引関係を築くことが求められた。

　ポテトチップやフレンチフライに適した品種改良には、栽培から消費に至る全プロセスを理解できるブリーダーが必要である。つまり、そのようなブリーダーを育成するプラットホーム（研究拠点）が必要となる。プラットホームは栽培農家からも加工技術を持つ工場からも信頼される実力を持たなくてはならない。すでに述べたように、米国ではアイダホ州立大学や、ノースダコタ州立大学にＰＲＣというプラットホームがあり、そこにおける研究成果が生産の現場に生かされている。地域の大学がその土地の農業の発展を支えているのだ。

　しかし、日本の場合、このようなプラットホームの重要性がまだ認識されておらず、地方の大学農学部と、その地域の農業との連携はほとんどなされていないのが現状である。しかし、通年供給や糖分管理といった、すぐれて科学的な栽培のノウハウの確立は、高度な研究拠点、すなわちプラットホームの創設なくしては実現できない。

イノベーション・スパイラルを起こす

すぐれたプラットホームをもって、先ほど述べた三つのイノベーションを連携させることでイノベーションのトライアングルができる。それぞれの分野のイノベーションが組み合わさることにより、製品の価値が増加するとともに、品質競争は新たなイノベーションを呼び、スパイラル（螺旋）状の飛躍が起きる。ただし、それには横に並んだ循環型の構造、同一の地域内で生産、加工、流通、消費という枠を超えた密度の濃い連携が必要である。そうした連携によって生まれたイノベーション・スパイラルこそが将来を切りひらく原動力になるといえる。

こうしたイノベーション・スパイラルが起こると二つの方向で飛びぬけた成果が生まれることがある。一つはユニークな商品開発。カルビーの場合は「じゃがりこ」がそれにあたる。いまではすっかりおなじみの商品だが、その開発のもととなったのは、冷凍食品の製造技術であった。その技術をスナック向けに再開発することで生まれたのが「じゃがりこ」という成型タイプのポテトフライである。

最初はグリコのポッキーのような箱形容器で「じゃがスティック」の名でコンビニで販売を始めたが、この形だと製造過程で半分以上が折れてしまうことから、カップ型の新容器を考案して、名前も新たに「じゃがりこ」として世に出した。発売翌年からじわじわと評価を上げて大ヒットし、発売一〇年後には年間二〇〇億円に達する大型商品になった。

もう一つは、反収量の飛躍的な向上である。たとえば日本では農業と畜産は別々の枠でとらえられるが、ドイツやオーストリアの村では、家畜の糞尿や食品加工後の残滓を発酵させてガスを生産し、村の熱源に利用したり、さらにその廃棄物を堆肥として再利用し、さらに畜肉の加工販売を行うというような、無駄の少ないリサイクルシステムが実現されている。つまり「耕畜連携」である。

このような畑作と畜産の協働による循環型の農地活用が実現すると、従来農法の飛躍的な進歩にもつながってくる。私は南半球のオーストラリアへ視察旅行の際、サイズのそろったジャガイモが反収七トンを優に超えているケースを目のあたりにし、農業には無限の可能性があることを確信した。とくに今世紀になって、土壌の生物的特性を測定できるようになったことも、栽培技術の発展に大きく寄与する結果となっている。

4　重商主義からスマート・テロワールへ

市場経済にたよらない循環型自給圏の構築へ

先進国では、供給不足から供給過剰の時代に突入して、永らく経済社会をリードしていた「重商主義」に陰りが見えている。しかし、成長余地が乏しくなっているのに、日本の政策立案者たちはあいかわらず旧来の「加工貿易による成長戦略」にしがみつき、貿易を有利に進められる為替レートに執着する。しかし我が国の主要な輸出先であるアジア諸国では、すでに「消費地生産主義」が国策として根付いている。重商主義に基づいた輸出振興は限界に来ているのだ。主要な輸出産業の華であった電機業界も終末に近づいている。

最初に述べたように、私は農村こそが日本再生の鍵だと考えている。農村社会において人が生きる限り需要が絶えることがない農業をベースにした循環型システムを採用することで、継続的な進化を約束された社会を目指す。それによって農村のかぎりない可能性を引き出すことができる。農村社会の特徴は、資源には限界があるが、その活用の可能性、とくに「真・善・美」という理想的な価値向上の面では限界がないのだ。こういうと理想

図９　フランスにおける美しい村の典型，ロマネコンティブドウ畑

主義者だといわれるが、現実に日本よりも先に工業化による豊かさを実現した欧州諸国は、いまや農業へと強力にシフトしている。欧州が対米農業戦争で競争力を発揮したのは農産物の産地認証制度だった。その制度の皮切りはフランスのワインで、やがてイタリアも輸出認証制を採用し、チーズ・生ハムなど他の商品で広く活用されている。一方、米国には欧州に対抗できるほどの実力のある商品が見あたらない。

ドイツやオーストリアなどでは、衰退していた地方の小村が食と住、さらにエネルギーを自給する循環型のシステムを作りあげ、都市型の市場経済にたよることのない豊かさを実現している例が多く見られる。

日本の農村部の人口は約四二〇〇万人で、その中には先述したとおり人口数百人から一二万人未満までの約一二〇〇市町村が含まれている。各々はだいたい一〇〇から一五〇人ほどの小さな地域に分けられる。私は欧州の農村を視察してきた経験から、日本でもこれらの小地域が、広域連合を形成して、中央集権の日本政府が推進する「市場主義経済」に左右されない自給圏を作ることは可能だと考える。

私が「スマート・テロワール」と呼ぶのは、まさにこのような地域ユニットのことである。スマートとは「賢い」「無駄のない」「洗練された」という意味で、「テロワール」は地域の個性を生かした景観や農産物などが育む「特徴ある地域の性格」という意味である。

スマート・テロワールでは食料は地産地消、家も木材は地産地消で、電力などのエネルギーも地産地消が原則となる。ユニット内での物産や産業、経済については循環型のシステムを構築する。農業生産だけでなく、そこから出る廃棄物を飼料やエネルギー源として畜産や発電に生かし、肉類を加工する工場を持って、地域で販売し、地域で消費する。いわば地域に立脚した新たな自給圏＝経済圏の構築である。この構想を実現するには、地域に誇りを持つ行動力のあるリーダー（市町村長や事業家）が必要だ。また、農業生産者や商工業者と、消費者である住民が一体となる必要がある。

農村部の自立のために水田の畑地・草地への転換を

スマート・テロワールがめざすのは地域社会の自立である。しかし現在の市場経済下にあっては、農村は安い原料を都市に売って、都市で加工された割高な加工食品を買うというサイクルに置かれている。これでは農村の経済は悪化するばかりで、それを食い止めるために中央から大量の補助金がばらまかれている、というのが現状であった。

このようなサイクルを脱するために必要なことは「食」の自立である。その鍵は農村が食品の加工工場を持つことである。農村に加工工場ができると三つのメリットがある。

一つめは、従来の農業の革新である。二〇世紀に進化した農業の多くは加工食品に対応することによって生まれた。たとえばポテトチップもそうだ。それぞれの品種がもっている特性を圃場と加工工場が連携することによって製品にバリエーションが生まれ、競争力が生まれる。

二つめは、食品加工工場ができれば地方のもっとも大きな課題である雇用不足が改善されるということだ。とくに女性の雇用の場が広がることは、地域の活性化において大きなメリットである。現在は都市への人口流出が進んでいるが、現実的には、都市で子育てをすることの困難さは大きくなっている。待機児童の問題をはじめ、環境や食の安全性など、さまざまな問題がある。もし、地元の農村に安定した雇用があれば、その方がはるかに安心できる暮らしができるのではないか。

三つめは、地域産作物の商品化が可能になることだ。これまで円高のために、加工食品原料のほとんどは輸入に頼っていた。安いからといって海外から原料を輸入し、それで加工した食品を農村が買っていたのでは支出は増えるばかりである。しかし、原料を地域で栽培し、地域内の住民が加工して消費できるなら、お金は地域内で循環することになる。

加工工場を造ることによって、雇用が生まれ、村が活性化すれば、これまでのように人が都会へ流出するのではなく、逆に都会から観光客を呼び込むこともできる。そのためのノウハウを日本はすでにもっている。これまで農業と工業は別物と考えられていたが、この両者が培ってきたノウハウを連携させることで新しい可能性を切り開くことができるのだ。

ただし、そのためには従来の農村の中心となっている稲作から畑作への転換が必要である。これまで述べてきたように、コメの供給過剰社会になり、食の多様化が進んで以来、日本では過剰な水田を持てあましている。日本は伝統的に「瑞穂の国」といわれてきたが、食のスタイルが変化しているにもかかわらずコメを作りつづけていても、コメが余るだけである。コメの需要を増加させるより、水田を畑地へ転換し、加工工場を造って加工品を生産し、さらに廃棄物を用いた畜産を組み合わせるという連携システムを作る方がはるかに現実的ではないだろうか。

再分配・家政・互酬に基づくスマート・テロワールをめざして

市場経済の成熟、食料供給過剰、農村の衰退、このことは二〇世紀前半に、ある学者によってはっきりと予測されていた。ウィーン出身の経済学者カール・ポランニーである。ポランニーは第二次大戦末期に発表した著書『大転換』の中で、産業革命によって出現した市場経済はいずれ限界に達して国家間の争いを引き起こすと指摘した。人類の幸福のためには非市場経済こそが社会にとって健全なシステムであるとし、「再分配」「家政」「互酬」という三つのタイプの非市場経済の形を実現することこそが、市場経済の限界を克服する鍵となると述べている。

「再分配」とは、国家が不平等を平準化するために税を取り立てて再分配することである。また「家政」とは、自給自足の経済のことである。域内で必要なものは域内での生産に依存する。地産地消や地域通貨の発行は家政の仕組みでもある。そして「互酬」とは、市町村は広域連合を形成し、圏内で市町村同士が相互扶助や贈与をベースにした関係を取り結ぶことである。耕種農家と畜産農家が堆肥と飼料を交換する相互支援の仕組みや、農家と加工業者の契約栽培なども「互酬」と呼べるだろう。

市場経済がまだ発展段階にあった時点で、すでにこのような予測をなしえたポランニーの慧眼には驚きを禁じえない。「フランスで最も美しい村」に選ばれている村々やオーストリアのギィッシングなどの村、そしてスマート・テロワールがめざしているのが、ポランニーのいう「再分配」「家政」「互酬」に基づいたシステムであることは明らかである。

近年では二〇〇六年に亡くなった米国のコーネル大学農学生命科学部教授のトーマス・ライソン教授が提唱した「シビック・アグリカルチャー」の発想もたいへん示唆的である。ライソン教授は二〇世紀までの農業が生産性と収益の向上だけをめざして発展してきたのに対して、二一世紀の農業は、たんなる生産手段ではなく、それによって地域社会が豊かになり、健全性や活力を得るものでなくてはならないと述べている。米国の農業は大企業による大規模経営のイメージが強いが、一方で地域に根ざした小規模な農場もたくさんある。農業によって地域社会が健全性と活力を得て、より充実した市民生活の場が提供されるというタイプの農業、それがシビック・アグリカルチャーである。そのためには「地域の資源に依拠しながら、地元の市場と消費者に仕え、経済的、環境的、社会的に持続可能な農業と食料生産のシステムを具現する」ことが求められる。これこそスマート・テロワールがめざしている人と自然の共生のありかたに他ならないのである。

それは一見すると、いま日本で盛んな地域おこしのようなものかと思われるかもしれない。しかし、そうではない。日本の地域おこしでは結局、地域特産品は全国市場へ向かい、市場経済に巻き込まれるばかりである。そこには産地の名品が産地では食べられないという矛盾もある。地域の中でそれが味わえ、なおかつ地域に利益をもたらすようなローカルなシステムを作りあげることがスマート・テロワールであり、それでこそ地域住民は村の可能性に責任や誇りを感じられるようになる。市場経済の中に非市場経済のシステム、すなわち前述した「真・善・美」の概念を価値観の根底に据えるシステムを埋め込むことで、上からの支援ではなく、住民自身の生産・消費の仕組みやお金の循環を変え、自分たちの村の価値を見出していく。スマート・テロワールはそこから生まれるのである。

第4章　大型菜園に託す新しい農業ビジネス

――カゴメの生食用トマト栽培への挑戦――

吉原佐也香

自然を、おいしく、楽しく。
KAGOME

カゴメ株式会社

創業は1899年。愛知県で農業を営んでいた創業者蟹江一太郎がトマトの栽培に挑戦し，その発芽を見た日に始まる。トマトケチャップやソースなど，トマト加工品のトップブランドの地位を築く。野菜生活100シリーズなど野菜飲料でも大きく成長し，直近では生鮮トマトなどの農業分野にも力を入れる。2013年度の売上高1930億円，従業員約2209名。

取材：
吉原佐也香（よしはら　さやか）
ルポライター。

1　大型施設菜園建設を目指して

まだまだ伸びるトマト市場

このところ、スーパーの生鮮野菜コーナーでトマトが占める面積がどんどん大きくなっているように見える。以前はトマトと言えば生食用のみ、サイズは大玉とミニトマトの二者択一で、広く知られた品種は「桃太郎」のみだったことを思えばまさに隔世の感がある。すでに中規模以上のスーパーならいつでもバラエティに富んだサイズや品種のトマトを求めることが可能になった。

そして近年、トマトに「ＫＡＧＯＭＥ」ブランドが登場した。カゴメは二〇〇〇年代初頭から生食用トマトの生産を開始、「カゴメこくみトマト」のブランド名で大型スーパーを中心に販売してきていたが、二〇一四年、新たにベビーリーフなどの葉物野菜も加えた「ＫＡＧＯＭＥ」ブランドとして再編、生鮮野菜ブランドとして本格的に名乗りを上げた。トマト加工食品の国内トップメーカーが始めたトマトに特化した農事業。その軌跡を辿るなかで企業による農業の可能性を探ってみたい。

カゴメを生鮮野菜事業参入に踏み切らせた最大の根拠として挙げられるのが、トマト市場の可能性である。

現在、トマトは日本国内の家庭でもっとも購入金額が大きい野菜で、生食用としての年間出荷高は約二四〇〇億円（二〇一三年）にのぼる。重量ベースでは単価の安い重量野菜、キャベツ、タマネギ、ダイコン、ジャガイモに次ぐ五位に甘んじているが、とにかくよく食べられている野菜なのは間違いない。ちなみに一人あたり年間八キロほどを食べている計算になるという。この数字を聞くとどちらかといえば「意外と食べている」という印象を持つ人のほうが多いかもしれない。

ところが海外に目を転じると、この摂取量はかなり低いのだ。トマト摂取量の世界平均は二〇・五キロ、第一位のリビアは年間一五〇・三キロ、二位のエジプトが一一〇キロということからすれば、日本は世界平均の半分以下しか食べていない計算になるからだ。また、厚生省が推奨する一日三五〇グラムの野菜摂取目標値に対し、現在の日本人の平均値は二八一グラムと、野菜の摂取量はまだ不足しているというデータもある。

となれば、加工食品も含めた緑黄色野菜では計算上、日本全体の一三パーセント（トマトでは三五パーセント）を供給しているカゴメにとって、トマトによって日本の野菜消費

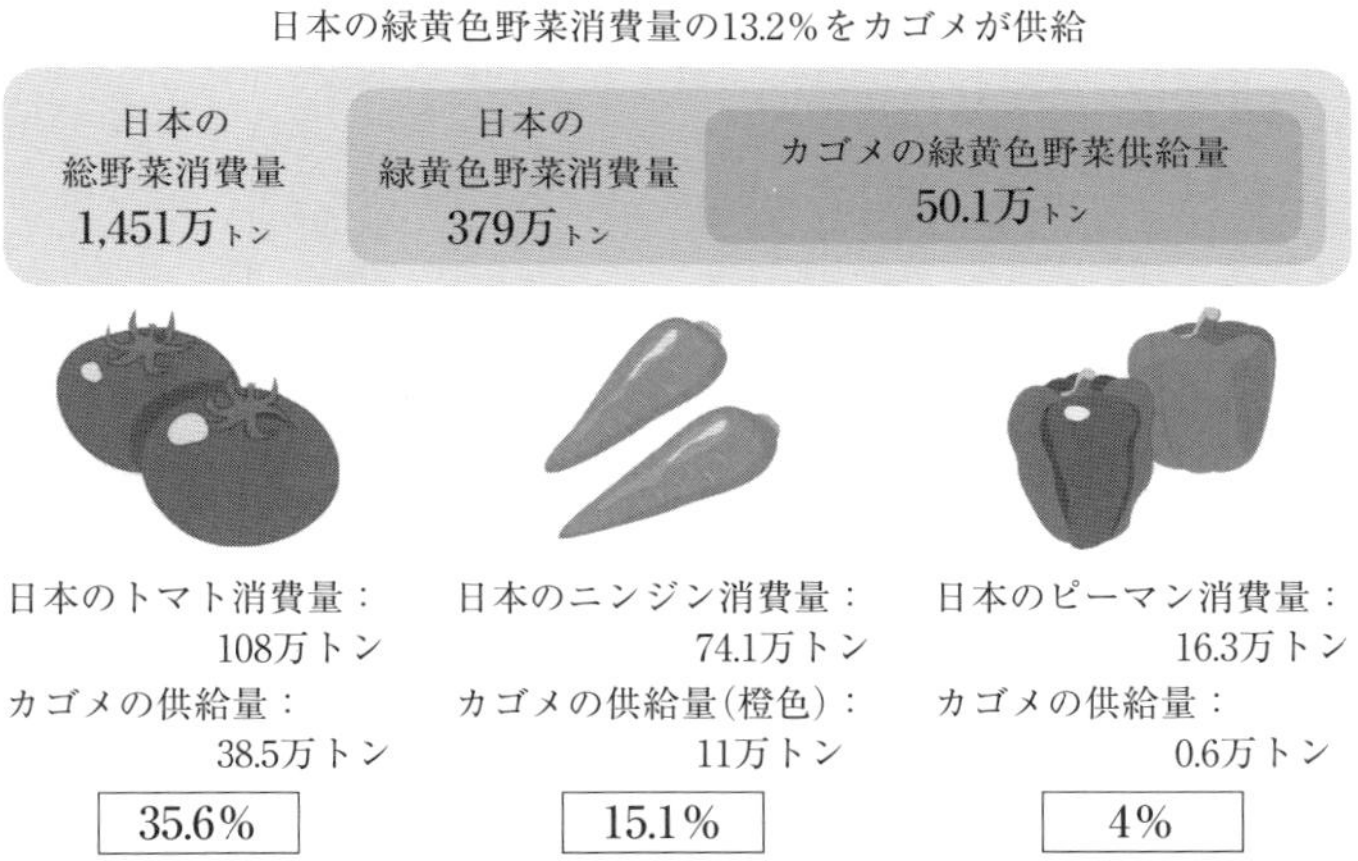

出典：農林水産省「食料需給表」(21年度版)，農林水産統計（H21年），国民健康・栄養調査（H21年），総務省統計局人口推計月報（H21年11月），カゴメの供給量はH21年使用実績。

図１　黄緑野菜に占めるカゴメの割合

量を増やすことは企業経営と社会貢献の両面から非常に有意義な取り組みだと言えるだろう。しかも海外のようにトマトをダシとして活用する文化が広がれば、世界水準の年間摂取量二〇キロに近づくことも可能だという見通しもある。つまり、加工用・生食用ともにトマト市場には潤沢な伸びしろがあるとカゴメでは分析している。

農業を原点とする企業として

もう一つの大きな理由は企業の原点にあった。

「カゴメは企業が農業に参入した

図2　カゴメの創業者蟹江一太郎

先駆けの例として取り上げられることが多いですが、実際は、農業者だった創業者が製造業に参入した企業です。我々の原点は農業にある、つねにそういう意識で取り組んでいます」（藤井啓吾氏：カゴメ株式会社執行役員、農事業本部長）。

カゴメは「農業者による製造業」を旨としている、と言うのである。それは創業前夜にまでさかのぼる。日清戦争が終わってまだ間もない一八九九年、兵役を終えて帰郷した創業者・蟹江一太郎は家業だった養蚕の未来を憂い、新たな作物を手掛けようと西洋野菜の栽培に着手する。名古屋の農業試験場から試験段階の種苗を譲り受けては栽培を試みたがことごとく失敗するなか、唯一成功したのがトマトだった。蟹江はトマト栽培を家業にすることを決意、本格的に栽培に乗り出した。

しかし時は明治期の半ば、トマトを知る人は少ない。しかも当時のトマトは現在とは違って強い酸味と青臭い匂いが強烈だった。市場に出しても買い手がつかず、売れ残った山ほどのトマトを抱えた蟹江は、これをどうにか利用しようと見よう見まねでトマトソース（現在のトマトピューレに相当）を試作。これが現在のカゴメのルーツとなった。

農業者が自ら栽培した作物を生かそうと加工したことから始まったカゴメが、一世紀を経て農事業へ足を踏み入れたのは当然の帰結だったのかもしれない。

加工用トマトと生食用トマト

カゴメが生食用トマト栽培に乗り出すにあたり、その直接のきっかけになったと言われるエピソードがある。それは一九九〇年代後半のある日、那須にあるトマトジュース工場視察に訪れた流通関係者の一言だった。

「この真っ赤なトマト、そのまま生で売らせてくれませんか」

ジュースに使われる真っ赤に熟れた加工用トマトを見て感動した彼は、これをこのまま店に並べたら絶対に売れる、と思って申し出たらしい。申し出を受けたカゴメの担当者はかなり驚いた。ユーザーが加工用トマトを生食用に買うだろうかと危ぶんだのである。ところがものは試しと押し切られ、店頭に並べてみたところ、あっという間に完売した。後々、生食用を開発しようとするスタッフにとっては勇気づけられる出来事となった。

ところで、トマトは加工用と生食用では品種はかなり異なっている。生食用は「桃太郎」をはじめ、そのほとんどがピンク系と称される爽やかでフレッシュ感が身上の品種である。対して加工用は赤系が中心になる。トマトの栄養成分であるリコピンを豊富に含み、比較的皮が硬く、ゼリー状の部分が少ない果肉が特徴で、ユーザーが慣れ親しんできた生食用とはかなり趣が違う。先ほどのエピソードでカゴメの担当者が危ぶんだのは、その加工用ならではの風味が万人には好まれないだろうと思ったからである。ところが蓋を開けてみるとそれを好む層もいた。ここから「生食＝桃太郎」と考える必要はない、カゴメ独自の品種で勝負ができるという確信が芽生えていった。

遺伝資源という財産を礎に

というのも、カゴメにはトマトの遺伝資源という大きな財産があるからだ。カゴメ総合研究所創設以来、トマトの品種改良に取り組むとともにトマトの遺伝資源の保全に努めてきた。世界に一万種以上あるとされるトマトの遺伝資源のうち約七五〇〇種を保有する当研究所は、民間企業では世界有数と言われる規模を誇る。この膨大な遺伝資源があるからこそ、親を選んでハイブリッド品種を開発していけば、生食用トマトのバリエーション展開もできる。二〇一三年には、アメリカの種子会社も買収し、グローバル展開も加速している。海外進出用にはそれぞれの風土に適した品種を提供することも可能だ。

図３　カゴメの種子保管庫

カゴメでは生食用として当初は「こくみ（一般用）」「デリカ（業務用）」の二ブランドで展開していたが、その後、高リコピントマト、高βカロテントマト（オレンジまこちゃん）など高付加価値トマトを開発。その他、ラウンド、ミディ、プラム、キッズチェリー、スナックなどサイズや風味や調理適性の異なるトマトを次々と市場に送り出している。菜園で栽培されている品種も、加工用に契約栽培農家で栽培されている品種（凛々子）もすべてカゴメのオリジナル品種で、カゴメ系列の菜園や契約栽培農家のみで生産されている。最近は大手量販店からＰＢ（プライベートブランド）として発売したいという申し出も多

図４　高リコピントマト（上）と高βカロテントマト（下）

くあるそうだが、あくまでカゴメブランドとして守り抜きたいということで、ごく一部を除き同一品種の提供は固辞しているという。

トマトを一から開発できる基盤があるからこそ、生食用トマトという新分野に挑戦することもできた。ちなみにトマトの種子の寿命は約一〇年と言われ、発芽率は年数とともに減少する。そのため、研究所ではこの貴重な資源を保有し続けるために順次栽培しながら更新するという努力を続けている。

生食用トマトでブランドを

あらためて振り返ると、一九九〇年代後半には生食用トマト生産のための準備はすでに整いつつあったと言える。そして、最後の一歩を決定づけたのが一九九八年から起動した「新・創業計画」だった。すでに検討案件として俎上に上がっていた生鮮野菜事業は、ここで一気に具体化することになる。同年、生食用トマトの栽培へ本格参入を決定、生鮮プロジェクトがスタートした。

すでにトマト加工食品界でトップメーカーの地位を確立していたカゴメが、さらなる事業拡大の新領域として農業を選んだのである。まさにカゴメという企業の原点から生まれた発想だった。

藤井氏によると、当初からの志は「野菜でナショナルブランドを確立する」ことだったという。飲料にも製菓にも当然のようにナショナルブランドは存在する。だが、生鮮野菜にはない。こうして「○○の缶コーヒー」「○○のキャラメル」のように「カゴメのトマト」を作ろうという思いは、生鮮野菜事業の最大目標として掲げられた。

では、そのために何が必要か。生鮮事業を軌道に乗せ、なおかつナショナルブランド確立に至るまでに超えるべき課題として、カゴメは「新たな農業生産の実現」「野菜流通の近代化」「新たな需要創造」の三つを掲げた。

直接生産で「定時・定量・定質・定価格」を

しかし、ここで一つの疑問が生じてくる。それは、なぜ「直接生産の道を選んだか」である。カゴメの契約栽培農家との良好な関係は広く知られている。実際、菜園を手掛けるようになった以後も加工用トマトのほとんどは契約栽培農家が露地栽培で収穫したものを使用しており、工場がある北関東を中心に、七〇〇超の農家と契約し、各地の農協や行政とも安定した関係にある。それがなぜ、生食用トマト事業では、大型施設菜園の開発に踏み切ったのか。そこには生鮮市場ならではの理由があった。安定供給である。

生鮮市場で商品展開をするには安定供給が不可欠だ。しかも将来、ナショナルブランドとしての信頼を勝ち得るには加工用以上に品質の安定化が必須だった。加工用なら高収穫期に収量を確保して加工・保存すれば事足りるが、生食用は通年でつねに一定の品質を保ちながら収量を確保しなければならない。しかも事業として成立させるには高収量であること、価格が大きく変動しないことも欠かせない。これをすべて実現するには、気象条件に左右されない栽培環境が絶対条件だった。

そこでカゴメが選択したのが大規模施設栽培という道だった。しかし、大規模施設建設には多大な投資が必要であり、採算が合うまで維持していくにも膨大なコストがかかる。一農家に依存する契約栽培というシステムで運営するのは無理があったことから、まずは自社運営というかたちでスタートを切り、ノウハウを蓄積していくことにした。見通しが立った段階で、引き受け手になる農業生産法人が出てくれれば手を組み、ノウハウを提供しながら修正しつつ巡航走行にもっていこうというわけである。目指すのは「定時・定量・定質・定価格」、そのための具体策が模索され始めた。

目標はオランダの施設園芸

オランダは九州とほぼ同じ国土でありながら、農業輸出額は約七兆五〇〇〇億円でアメリカに次ぐ世界第二位の農産物輸出国であり、大規模施設園芸の先進国だ。日本の二四倍の輸出総額を日本の一〇分の一の人数（オランダの基幹農業従事者数は約一八万人）で達成し、施設建設も低コストで短期間に施工できるノウハウに長け、管理用ソフトウエアなども他国に一歩先んじていた。カゴメの生鮮野菜プロジェクトメンバーは一九九七年一〇月、オランダ、スペイン、ドイツ、イタリアとヨーロッパ各地に赴き、施設園芸の最先端を視察・情報収集したという。

「一九九七年当時、オランダは日本の倍以上の単収（一〇アールあたり単位収量）を実現していました。オランダは平均単収四〇トンで優れた菜園では六〇～八〇トンを上げていたのに対し、日本では相当上手いと言われる篤農家でも二〇トン程度でした。そこでオランダを模範にこの先端施設・先端技術を、ジャパナイズ、カゴメナイズして事業化しようと決意しました」。

オランダのガラス温室による施設とノウハウを導入することを決定、そこから一気に生食用トマト栽培実現へ向けて走り出した。一九九八年には栃木県那須のカゴメ総合研究所に一〇アールのテスト用ガラス温室を設置して栽培テストを開始。量販店等でテスト販売を経て、大型施設栽培に乗り出していくことになる。

2　カゴメ施設菜園の概況と現在

農地・非農地を活用した菜園開発

一九九九年、カゴメは茨城県美野里町で一・三ヘクタールの実証用モデルガラス温室を建設し、菜園拡大に向けて生産候補者のための研修施設も整える。当時は法規制上、株式会社は農業経営に参入できなかったために農業生産法人を設立し、そこに建物や設備をリースし、生産したトマトをカゴメが買い取るという形式の契約栽培となった。二〇〇一年には広島県に三ヘクタールの「世羅《せら》菜園」を開設。国の畑地総合開発事業で開墾されたものの入植者が集まらず、困った自治体から声がかかって実現した菜園だった。その年、カゴメは「こくみ」ブランドのトマトの販売を開始した。

ここからカゴメは事業の本格化のために菜園の開発と生産拡大を一気に図ることになるのだが、現在、全国に一二カ所あるカゴメの大型菜園は農地・非農地の両方が存在している。非農地を利用した菜園は「加太《かだ》菜園（和歌山県）」と「響灘《ひびきなだ》菜園（福岡県）」の二カ所。残り一〇カ所は農地利用となる。非農地活用の理由は、農地法の制約を受けないスピード感ある施設建設が可能であること、すなわち、国・自治体からの補助金に依存しないため、煩雑な申請事務が省ける点にある。また、全国に散在する企業保有の遊休地を活用出来る点にも着眼している。一方、農地の活用が主体となる理由は、設備投資負担を軽減できる農水省補助金を活用するには当該地が「農地であること」が必須であることによる。同じく「農業」を展開しても、それを行う土地が元から「農地」であるか否かによって補助金が出たり出なかったりする矛盾は、後述する農業の産業化を阻む事象として横たわっている。

非農地であれば、企業間コラボレーションも可能になる。二〇〇五年開設の加太菜園は、関西国際空港を埋め立てる土を採取した後の土地にできた工業団地の一角で、市街化調整区域に位置している。建物をリース方式にすることで経営を安定させる狙いもあり、取引のあったオリックスと共同経営とした。

同年に開設した響灘菜園は、石炭発電の実証実験を行った埋め立て地跡を利用した工業用地を活用している。これは土地の所有者であるＪ－ＰＯＷＥＲ（電源開発株式会社）から強い働きかけがあって実現したもので、北九州市内にあることから九州の拠点や台湾・

図５　非農地利用の大型施設「響灘菜園」（上），内部での収穫風景（下）

香港などへの輸出拠点にしようという思惑もあった。日本海側系の気候で日照時間が短いこの地域は決して最良の立地ではないが、J－POWERの太陽光発電や風力発電の余剰電力を活用するなど与条件を最大限に生かしつつ、地域住民の雇用創出にも貢献しながら地域との共生を果たしている。

二〇一五年春には、生食用トマトの生産拠点は大型直轄菜園四カ所と大型契約菜園八カ所の計一二カ所が稼働中で、二〇一五年三月には山梨県北杜市の新菜園も出荷を開始した。

立体多段仕立てで高収量を

カゴメの施設菜園は太陽光によって必要な日射量をまかなう太陽光利用型で、軒高六メートル程度の大型ガラス温室である。天窓から採光し、養分を含んだ水で育てる養液栽培を行っている。温室内外の温湿度・日射量・風向き・風速をモニタリングし、室内の温度、湿度、灌水、養液の調節などはすべてコンピュータによる自動制御で、天窓換気、温湿度暖房、遮光カーテン、細霧によって環境をコントロールする、まさに最先端の「ハイテク植物工場」施設である。

夏野菜の印象があるトマトだが実は高温に弱い。真夏の七～九月にはほとんど収穫がで

（右）オランダの栽培技術を導入。温室内の温度，湿度，灌水などはコンピュータによって自動的に 制御。
（左）10～20cm 苗を搬入して栽培開始，年間10カ月の収穫期間，多段収穫（40段），トマトの樹は15m 程度にも伸長。

図６　ハイテク技術による多段仕立てのトマト栽培

きない端境期となるので、定植作業はこの時期に行っている。菜園で栽培するトマトはすべてカゴメオリジナル品種で、毎年、カゴメ本体から各菜園に苗が提供されている。苗は一〇～二〇センチに成長すると定植され、約二カ月後の一〇月から翌年の夏前までの約一〇カ月間が収穫期となる（この端境期の出荷に関しては後述）。

菜園でまず目を引くのがトマトの樹の大きさである。約一五メートルに伸長した枝を四〇段の立体的な多段仕立てにしていることが、このシステムのもっとも大きな特徴でもある。その結果、一般的な五段前後の仕立てに比べると単収は平均四〇トンになり、単位面積あたりの収穫量は圧倒的に多い。それを熟したものから順に人の手で収穫していく。

この収穫作業がトマト栽培でもっとも重労働とな

図７　フックで吊されたトマトの収穫は，台車により負担が軽減される
重労働である収穫作業を軽作業に。

る部分だ。ここでは大型菜園である利点を生かし、さまざまな工夫を凝らしている。それぞれの枝を誘引フックで吊るし収穫できるようにしたこと。施設内に敷設された暖房用の温湯管をレールとして利用し、台車に座乗しての収穫や保守作業が行えること。一年のほとんどを収穫作業に費やすだけに、収穫作業の負担軽減は重要なポイントになっている。

ノウハウも確実に進化を遂げている。響灘菜園では試験的に一区画のみＬＥＤ光を活用し始めた。これは日射量が少ないという北九州の気候的デメリットを補完する試みで、うまくいけば今後、日射量の少ない日本海側の地域も菜園適地として考えることが可能になるという。もっとも新しい山梨県・北杜市に建設された新菜園では、オランダの最新型のシステムを導入し、病害虫を完全に遮断するために開閉式天窓を廃した準閉鎖型のガラス温室を建設、これまでを遥かに凌ぐ単収六〇トン以上を目指していくという。

蜂が飛び交う菜園で

ＩＰＭ（Integrated Pest Management：病害虫の総合的管理技術）の導入も特筆すべきポイントだ。従来のように化学農薬だけに依存するのではなく、それ以外の防除方法を複合的に組み合わせることで、安全性の向上と生産性の維持を図りながらも環境にもやさ

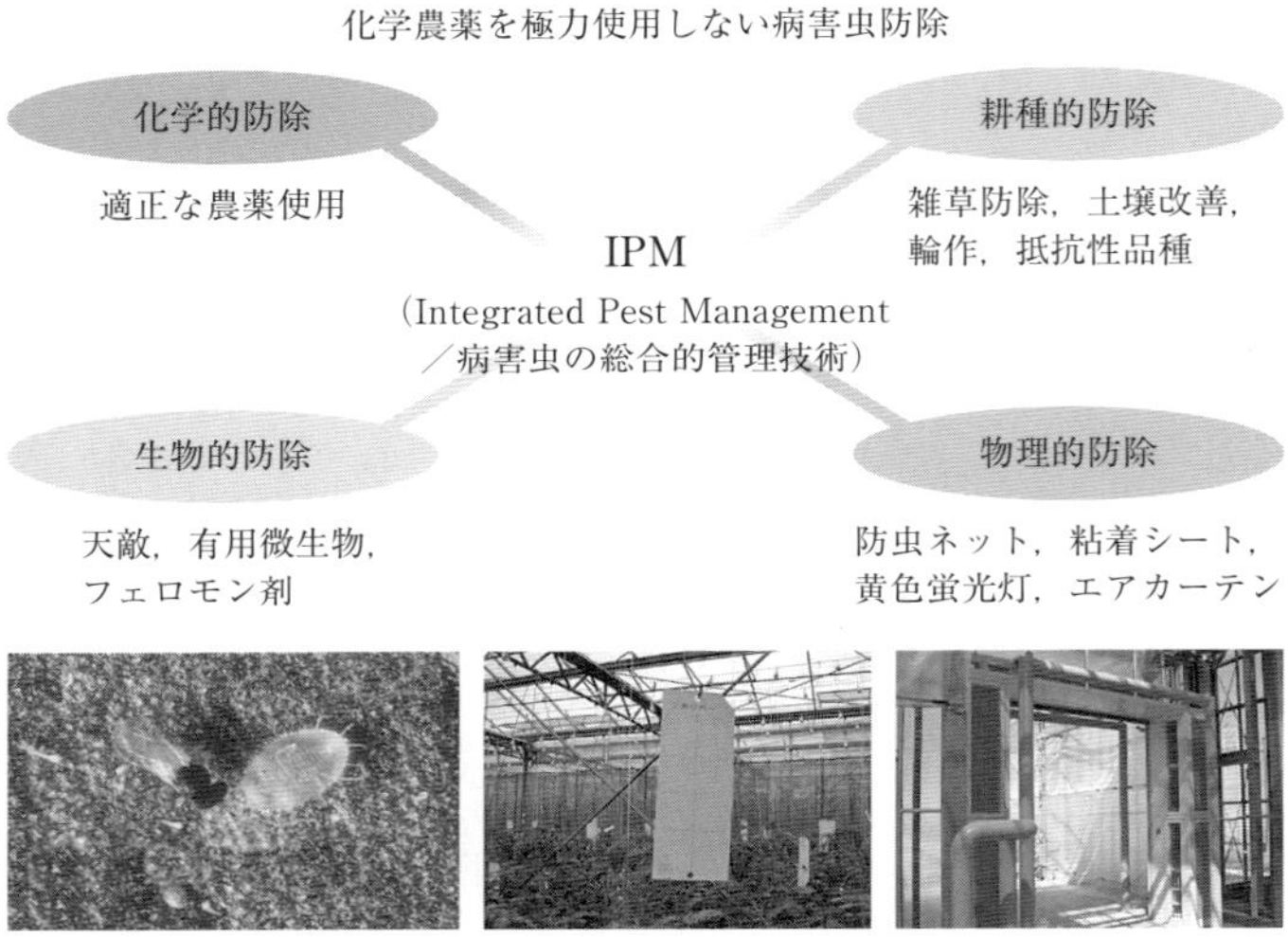

（右がコナジラミ，左がツヤコバチ）

図８　IPMの概念

しい病害虫防除を行っている。ＩＰＭは「耕種的防除」「物理的防除」「生物的防除」「化学的防除」の四種の技術からなっている（図８）。

カゴメの菜園では耕種的防除として雑草防除や土壌改善、輪作、抵抗性品種の開発を、物理的防除として防虫ネット、粘着シート、黄色蛍光灯、エアカーテンなどを採用。さらに生物的防除として、有用微生物や天敵の活用、害虫の交配や交信を撹乱するフェロモン剤などを使用している。

なかでも、注目したいのが害虫（オンシツコナジラミ）の天敵であ

図９　クロマルハナバチによる受粉
写真提供：Masahiro Mitsuhata。

るオンシツツヤコバチの採用だ。すでにＩＰＭの有用性が提唱されていた日本だったが（農林水産省では二〇〇五年にＩＰＭの実践指針を策定している）、二〇〇〇年代前半はまだ実践している農園は少なかった。

　また、大きな負担となる受粉作業（収穫量・着果の決め手となる）においても、自然クロマルハナバチを温室内に放し、受粉を促進することなどにも取り組んでいる。カゴメプロジェクトメンバーはオランダでその浸透を目の当たりにしていた。

「目から鱗の光景で、今でも鮮明に覚えています。ガラス温室内に蜂がぶんぶん飛んでいたんです」。

「これはいったい何なのか」と訊ねると、「人が一つずつ受粉させるのは手間がかかるので、それを全部蜂にやってもらっている」とのこと。蜂に受粉と害虫防除の二つの役割をしっかり担わせていると知った。この当時、オランダの先進的菜園では一ヘクタールあたりの作業者は四人程度だったという。

「こういう一つひとつが作業の効率化につながっている、だとしたらまだまだうちにも効率化や合理化の余地があると痛感しました」。二〇〇四年からは在来種のクロマルハナバチを導入、これによって受粉作業の効率化も果たすことができた。

エコと効率化を両立させつつ

さらに注目したいのが徹底したエコ対策であり、CO_2の有効活用である。環境問題では槍玉に挙げられがちなCO_2は、実は植物の成長に欠かせない光合成を促進するために不可欠である。そこで暖房用ボイラーの燃焼時に発生するCO_2を菜園内に循環させることで光合成を助長し、四〇段もの巨大な多段仕立ての実現に一役買わせることにした。大気を汚さない環境対策にもなり、一挙両得である。

培地として使用したココ椰子のからを，近隣の畑の土壌改良剤や堆肥化に利用（リユース）。

図10　ココピートを培地として使用し，使用後は堆肥にする

「実は、これはオランダではあたりまえのように行われてきた方法なんですが、十数年前まで日本ではまったく採り入れられていなかったのです」とのこと。環境対応と効率化が両立できる好例と言えるだろう。

　同様に環境配慮が経営的にも好影響をもたらした例と言えるのが培地だろう。菜園事業のスタート当時は農薬を低減するための隔離培地としてロックウールを使用していたが、現在は一二菜園すべてをココピートに切り替えている。ココヤシの実の繊維や粉末から作られるココピートは堆肥として再利用できるため、使用後は専門業者が引き取ってくれる。鉱物由来のロックウールもセメント副資材などでリユースに努めてはいたものの、その多くを廃棄処分にせざるを得ず、廃棄するには手間もコストも必要だった。それがココピートになったことで、逆に引き取り手が確保でき、若干ではあるものの売却代まで得られるようになっている。

その他、一〇ヘクタールにも及ぶ広大なハウスの屋根にたまった雨水のリサイクル、余剰養液の殺菌・リサイクル、伐採した葉や茎など植物残滓の微生物分解による生ゴミ排出量の削減や堆肥へのリユースなど、考えられるあらゆる余剰物の再資源化が進められている。またクリーンエネルギーである液化石油ガス・天然ガスの使用なども合わせて行われ、太陽光・風力発電の電力を活用する響灘菜園など、各菜園でもさまざまな取り組みがなされている。カゴメの施設菜園は環境への取り組みが必ずしもコスト高につながるわけではないことに気づかせてくれる。

なにより大事な人間力

しかし、どれだけ最新の施設を整備してもそれを利用するのは人間である。たとえば一九九〇年代後半、カゴメよりも一足早く高品質トマト栽培を手がけた企業は、最先端の設備を導入しながら経営に失敗している。敗因は人による管理が行き届かなかったことだと言われている。これがまさに生き物が相手の菜園が工業系工場と大きく異なるところだと藤井氏は指摘する。そのバランスはヒューマンウエア七割、ソフトウエア二割、ハードウエア一割なのだそうだ。

「ヒューマンウエア、ソフトウエア、そしてハードウエアが融合してはじめて良質なものを維持することができるというわけです」と藤井氏は語る。最新の施設やソフトウエアを導入する以上に、それを使いこなし管理する人々のフォローを何よりも重視している。

たとえば、菜園経営の成否を左右するのがグロワーと呼ばれる栽培技術責任者の存在だ。彼らは毎年数十日間の研修を受け、技術と知識を更新している。また年六回、オランダから招聘した専門家が各菜園を巡って生育指導を行っている。この視察には本社の栽培技術グループも同行し、全員が技術力の向上に努めるという。

「蓄積してきたノウハウはかなりのものだと自負していますが、それに甘んじることなくつねに新しいノウハウを獲得しようと、もう一〇年以上にわたって毎年オランダの専門家に指導員として来日して頂いています。こういう努力が結果として菜園経営を向上させていくのです」。

また、良質なグロワーの育成に優るとも劣らず菜園のカギを握るのが作業員である。彼らに求められるのは、なによりも日常的な気づき・気働きができる人であるかどうかであるという。農業経験者であるか（実際、農業経験者が多いわけではない）どうかということ以前に重要だというのだ。たとえば日常のなかで「いつもと違う虫がいた」「トマトの樹の立ち姿（樹勢）が今日はいつもと違う」と気づいてくれるかどうか。苗の一本一本の微妙な変化に敏感に反応して、菜園を見守ってくれる気持ちがあるかどうかが病害虫の早期発見や対策につながり、収穫量を大きく左右することになる。

流通システムは試行錯誤の末に

ここまで育成手法やシステムなど栽培体制について述べてきたが、事業として成立させるにはもう一つ越えなければならない大きな壁があった。野菜流通の近代化である。

収穫した作物を滞りなく店頭に届ける流通ルートの確立なくしては事業は成立しない。もちろん、カゴメにはトマトケチャップや野菜ジュースなどの加工食品で培ったブランド力と全国の量販店等への配荷能力がある。とはいえ、生鮮食品と加工食品では勝手はまったく違っていた。鮮度が命の生鮮食品は加工食品と異なり、長期間在庫を保有することが困難であり、流通が少しでも滞れば途端に商品そのものがダメになるからだ。

実際、出荷にあたっては徹底的に計画を詰めてはいたが、机上と現実は天と地ほどの差があった。いざスタートするとさまざまなトラブルが頻出したという。最後は人の手でどうにかするしかないと、人海戦術で悪戦苦闘しながらなんとか乗り切ったというのが実情だった。菜園も流通も、最後は人の力である。

それでも一九九九年の初出荷から五年の間に徐々にシステムを改良し、二〇〇五年にはじめて本格的なシステムが完成したという。基本は直販体制。全国七カ所のディストリビューション（物流）センターで、農園から販売店までをコントロールする生鮮トマト向けのＳＣＭ（サプライチェーンマネジメント）を作りあげた。収穫されたトマトは菜園内の施設で選果・包装される。産地情報はパッケージシールに印字し、ロットナンバーで識別・追跡可能なトレーサビリティ（流通経路情報把握）システムを確立した。流通システムの短縮化を図り、独自の物流システムを作りあげた。

いちばんの課題だった需給調整も、二〇〇八年ごろまでには生産計画（出荷量予測）から実際の販売・出荷まで臨機応変に対応できるようになった。一方、事業化当初に一気に菜園を拡大していたことによる需給バランスの偏りも、販売先の確保や販売員の増強によってバランスが整ってきた。こうして体制が整ったカゴメの生鮮野菜事業は、二〇一〇年ごろから右肩上がりに黒字化を達成し始めた。

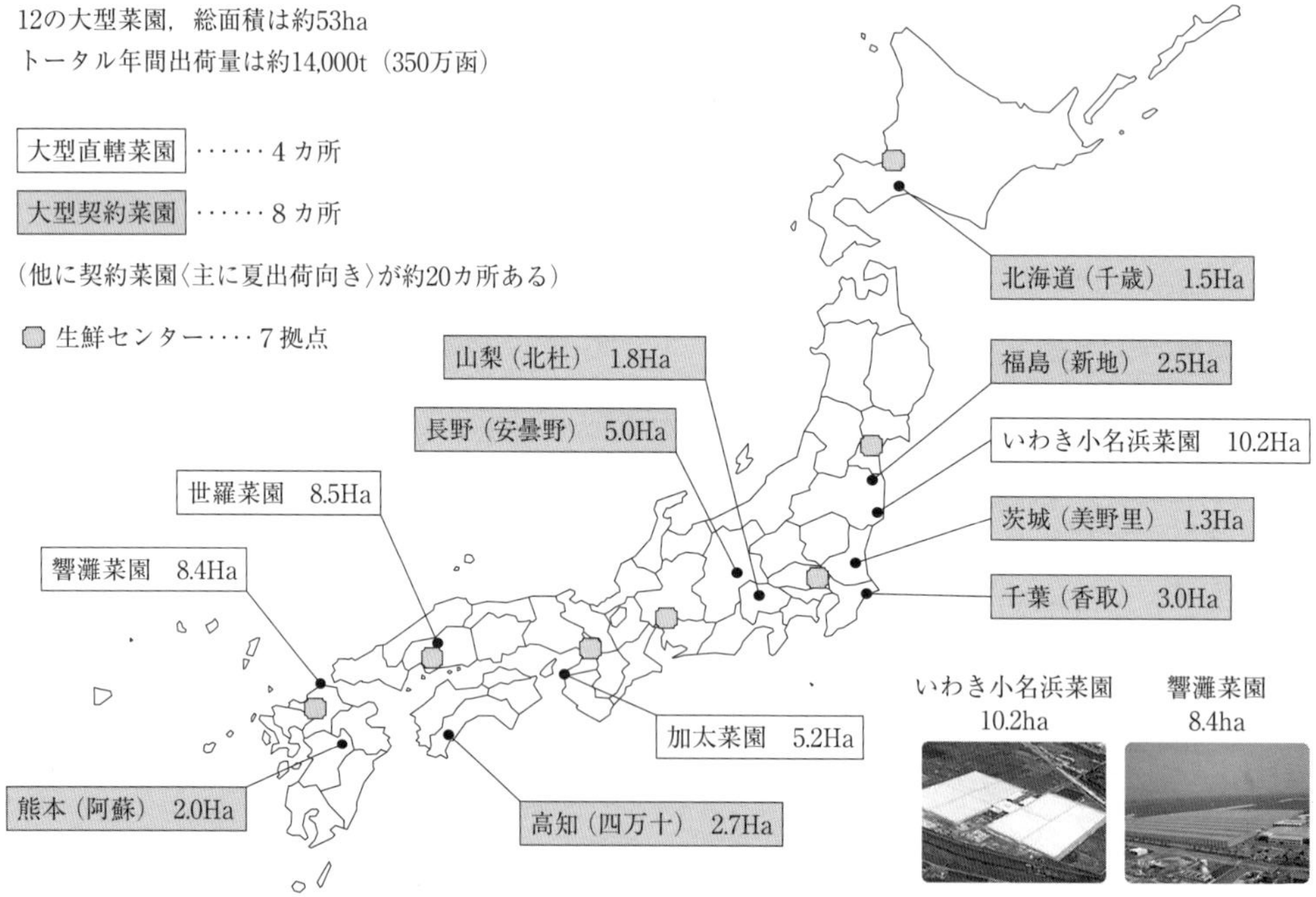
12の大型菜園，総面積は約53ha
トータル年間出荷量は約14,000t（350万函）
大型直轄菜園……4カ所
大型契約菜園……8カ所
（他に契約菜園〈主に夏出荷向き〉が約20カ所ある）
生鮮センター……7拠点
北海道（千歳） 1.5Ha
山梨（北杜） 1.8Ha
福島（新地） 2.5Ha
長野（安曇野） 5.0Ha
いわき小名浜菜園 10.2Ha
世羅菜園 8.5Ha
茨城（美野里） 1.3Ha
響灘菜園 8.4Ha
千葉（香取） 3.0Ha
加太菜園 5.2Ha
熊本（阿蘇） 2.0Ha
高知（四万十） 2.7Ha
いわき小名浜菜園
10.2ha
響灘菜園
8.4ha

図11 全国の主な生産流通拠点

3　農業ビジネスの課題と展望

目指すは野菜のナショナルブランド

現在、カゴメの菜園はガラス温室の総面積五五ヘクタール、生食用トマトだけで年間一万四〇〇〇トンを出荷している。これは生食用として消費されるトマトの約二パーセント強にあたる（国内の生食用トマト消費量の総量は約六〇万トン）。

藤井氏は「まだ三パーセントには届いていませんが。今後八年間で倍以上の数量と菜園を作っていこうと取り組んでいる最中です」と言う。当初は直轄に近いかたちでの運営が中心だったが、今後は開設する菜園すべてを契約型とし、運営主体は民間企業または農業生産法人を主体とする予定だ。

カゴメは適地を探索し、施設を建設するまでを担う。稼働してからは定植から収穫までの栽培指導を行い、以後も継続して苗の供給とサポートを行う。そこで作られたものは全量をカゴメが買い取る。「そこはあくまでカゴメの品種ですから」、カゴメというナショナルブランドを確立しての展開を図るという。

実はこのフランチャイズタイプの契約菜園という方式は、二〇〇〇年以前に生食用トマトの事業化をスタートした当時、まだ外部のコンサルタントだった藤井氏がすでに提案していた形態である。しかし諸般の事情からこれまで直轄直営をベースに展開していたのだが、今後は徐々にビジネスとして成立できるよう、フランチャイズ方式を軸にするという。実績が蓄積された今では、融資を受けるのも格段にスムーズになったという。すでにしっかりと売り上げを上げているいくつもの菜園が現実にあることで、実績を評価しやすくなっているからだ。取り巻く状況も当初とはずいぶん変わってきた。

ビジネスと法規の狭間で

しかし、課題はまだたくさんある。たとえば法規制と用地の問題である。

日本には「自作農主義」に基づいた厳格な法規制の流れがあり、現在に至るまで続いている。一九九三年の規制緩和で農業に対する農業外法人の出資が認められるようにはなった。しかし今でも出資比率に一定の制限があるなど、企業が農業に参入する際に大きな障害となっている。

一九九九年、カゴメ初の大型施設菜園だった美野里《みのり》菜園（茨城県、一・三ヘクタール）

を建設した時点では新たに農業生産法人を設立し、そこに出資・提携するという事業スタイルを取らざるをえなかった。結局、総額約四億五〇〇〇万円を投資して施設を建設し、それを地元農業者にリースするというかたちをとっている。その後、農業への企業参入の機運が高まるにつれて度々の規制緩和が行われ、二〇〇九年以降は農地リース方式による一般企業の参入が可能になっているものの、農業生産法人設立においてはさまざまな条件をクリアする必要があり、その手続き等でかなりの手間と時間を要するのが現実だ。

栽培施設に関する規制も大型栽培施設開発では悩みの種となっている。というのも、日本ではガラス温室が農業用の栽培施設として認められていないため、カゴメが開発しているような施設形態は全国すべての都道府県に展開することは難しい。台風が多い日本の気候では破損や倒壊で近隣に被害を及ぼしかねない資材は好ましくないとされていることに由来する規制だが、こと大型施設開発においてはネガティブな規制といわざるをえない。

しかし明るい兆しも見えている。二〇一五年に完成した山梨県北杜市の新菜園（一・八ヘクタール）では、台風が来ない土地柄が幸いし、ガラス温室が栽培施設として県から認可を受けることができたという。ところがその先にもう一つ、今度は社団法人日本施設園芸協会の「園芸用施設安全構造基準（暫定基準）」に準拠するという条件が付けられた。

その結果、一七年近く前の基準値（一九九七年度）に適合する構造にせざるをえず、日本におけるガラス温室の建設費はオランダの三倍近くの過剰なイニシャルコスト（稼動までの初期費用）を背負わなければならない。状況は少しずつ改善されてきてはいるものの、まだまだ現実に追いついていないというのが現状なのである。

「現在の農業に関する補助は〝農地や農家〟への補助なのです、農業を産業として育てていこうとするのであれば農業そのものに対しての補助が必要だと思います。民間の企業まで含め、〝農業の産業化を志す者（農業者）〟への保護育成に変えていく必要があるのではないでしょうか」。

土地が見つかってから収穫にこぎつけるまで三年はかかる。適地探索や地権者及び近隣への説明に時間がかかるのは当然のことだが、農業を産業として育てようとしているにもかかわらず、自治体との協議や補助金の申請など、行政の手続きや規制の部分でそれ以上に膨大な時間と手間を割かれるのが現状である。こうした状況が事業を立ち上げようとする際に大きな弊害となっているのが現実で、産業化を推進しようとするなら、まずはその支援体制から見直し、しっかりと時勢にあったものにしてほしいものだ。

世界で戦える農業を育てるために

他にも考えなければいけないことがある。

「オランダがなぜ世界トップクラスの農業輸出国となっているのか。土地も決して良いとは言えません。緯度はほぼ樺太と同じです。ハッキリ言って条件は厳しい。では、どうしてそこまでオランダの農業が進化できたのか」。

その大きな原動力となっているのが産官学のゴールデントライアングルだという。

「行政と大学と民間の施設園芸事業者が緊密にタッグを組み、次代の施設園芸のあるべき姿を目指しているのです。オランダでは研究開発に取り組む大学の支援やインフラ整備などの先行投資は国が負担し、その成果を実現するための設備投資は民間事業者に委ねます。どうやったらもっと生産効率が上がるかつねに考え続けるための三位一体の体制が機能しているからここまで進化できたのです」と藤井氏は言う。

残念ながら、日本にはまだそこまでの意識は育っていない。

また、日本では長年、農水省や自治体の改良普及センターや農業試験場の職員、農協の指導員など数多くのスタッフが日々、農業者にノウハウを伝えてきた風土がある。それが長らく日本の農業を支えてきたのは間違いないが、その一方で「ノウハウは無償で提供されるもの」という感覚ができあがっているのも事実だ。しかし、本格的に農業を産業として成長させようとするのなら、これから最新のノウハウを獲得することは必須条件となる。

「そこで我々企業がお手伝いできると考えています。事業という視点から長期的なビジョンで農業を見ている企業だからこそ、伝えられるものもあります。だからこそカゴメができることの実践に日々取り組んでいるのです」。

カゴメにはトマトという特化した作物について多大な情報蓄積がある。マーケティングや市場のリサーチに基づいた経営戦略的ビジョンから取り組むこともできる。既存の組織とは異なるアプローチも可能だと考えているという。

「我々は人・社会・地球環境の〝健康長寿に貢献する〟ことを基本方針として掲げていますが、その根底には常に農業があります。それがカゴメという企業です」。

企業が農業にできることを

カゴメには全国にトマトジュースの原料となる加工用トマトを栽培している契約栽培農家があるが、先に述べたように当初からカゴメでは「全量買い取り」を絶対的ルールとして守り続けている。現在、日本の契約栽培の多くが定量買い取りなのに対し、カゴメでは栽培面積で契約し、そこで収穫されたものは数量にかかわらずすべて買い取っているという。「収穫量が増えたということは、農家の方が手間暇をかけた成果だ」として、求めた量以上のものができても「豊作貧乏にはしない」という思いを貫いている。

「ビジネスとしても長い目で見ればその方が絶対に良いのです。思う以上の収穫があっても企業が契約量しか引き受けてくれなければ、去年より今年、今年より来年と、収量も品質もより良いものを作ろうという農家さんの意欲を削いでしまいます。そうなれば結果として栽培技術・品質の向上や農業経営への勤労意欲低下を引き起こしてしまう」というのだ。

また、農家への情報とノウハウの提供のために、カゴメでは契約栽培農家へ栽培指導をするフィールドマンを派遣している。カゴメ本社に所属するフィールドマンは約二〇人。彼らは日々契約栽培農家を回っては栽培指導にあたり、他の契約栽培農家や自社の菜園や研究所などで得た情報や最新の技術を共有できるよう努めている。良い事例の情報や技術・手法などを伝えることで、契約栽培農家が皆同じような水準でいいものを作れるようにすることが目的だ。

「将来的にはフィールドマンや、施設菜園のグロワー育成のためのスタッフを栽培技術部隊としてさらに充実させ、農業に関するコンサルティングビジネスとして成立させられればと考えています。オランダではあたりまえの有償のコンサルティングですね。日本には残念ながらそういう風土がまだありませんので、長い時間がかかると思いますが」。農業が先に進むためには、良質かつ最新の情報の浸透は欠かせない。コンサルティングという方法はその一つの打開策と言って良いだろう。

「夏越しトマト」を求めて

「しかし、なんといっても菜園開発の最大のポイントは〝適地適作〟です」と藤井氏。安定した収穫を維持し続けるには、菜園としての適地探索が何より重要になる。土地を見つけてから実際に収穫し、順調に収益を上げていくまでには長い年月がかかるからだ。はじめを間違えてしまうと取り返しがつかない事態に陥りかねない。

しかも近年、世界的に問題となっている温暖化によって適地が急速に北上している。緯度か高度で温暖化から逃げなければならない。

さらにもう一つ、「夏越《なご》しトマト」の栽培拡大という課題もある。前述したように、トマトは気温が高くなる七〜九月は端境期に入り、ほとんど収穫ができない。これは自然の気象を活用する太陽光型施設で運営する場合の最大の課題だ。一般的にはこの時期を利用して植え替えをすることになるのだが、その間は市場に卸せる収穫物が不足することになる。

しかし、商品の出荷時期を限定することはできない。約七五〇〇店舗のスーパーに供給している現在、欠品は致命的であるばかりか、これまで苦労して築いてきた信頼関係を一気に傷つけることにもなりかねない。とくに業務用に拡大を図ろうとしている今後は絶対に欠品させるわけにはいかない。いずれにせよ、これだけ事業が拡大した今となっては通年供給は不可欠である。そこで、真夏にも気温がトマト栽培の限界を超えない冷涼な地に施設を開発・拡充し、夏越しのための栽培拠点として安定した供給を図るという。

ＴＰＰの逆風を追い風として

一方で、トマトジュースの原料となる加工用トマトの国内産地拡大に取り組んでいるが、実はＴＰＰ問題がトマト栽培を拡大してくれる可能性があるという。

「ＴＰＰの妥結条件次第では、転作を余儀なくされる作物も出てきます。そのとき、我々は比較的単価もよく、育てやすいトマトを転作候補作物としてご紹介できるのではないかと思います」と藤井氏は言う。しかし、トマト栽培そのものが影響を受ける心配はないのかと訊ねると、ほとんど影響がないとの答えが返ってきた。なぜならトマトは遙か昔に自由化の洗礼を済ませたからだという。

ほぼ半世紀前の一九六〇〜七〇年代、トマトは真っ先に貿易自由化の波をかぶっていたのだ。高度経済成長期にはトマトジュースや野菜ジュースの消費量の急増と、コメの減反政策で稲作の転作作物として歓迎されたことが両輪となり作付面積も順調に増加していた加工用トマトは、一九七二年にトマトピューレやトマトペーストなどの「トマト加工品の輸入自由化」によって急速に減少する。兼業農家が増えて手間のかかる作物を敬遠する傾向が強まったことも影響した。そして現在に至るまで多くの加工食品メーカーが輸入原料主体の生産体制へとシフトしてしまったので、今さらＴＰＰと言っても、すでにコスト視点からの輸入品への乗り換えは済んでしまっているというわけだ。

ただし、その逆風の中で品質や安全面から国産にこだわり続けた企業もある。その代表格がカゴメであり、他大手メーカーが次々と輸入品へと切り替えるなか、日本国内の原料にこだわり続けた。とはいえコストの壁は越えきれず、国内の調達量は漸減せざるをえなかったが、ここにきて国産原料を使った「チルドタイプのストレートトマトジュース」を展開したことがきっかけとなり、二〇一三年からトマトジュース原料の国内産地拡大へ向けた取り組みをスタートさせた。それにともない安定した原料供給を図るため、加工用原料を栽培する契約栽培農家をこれまでの北関東や南東北から新たに岩手、青森など北東北まで拡大、宮城県では一二年度の〇・〇五ヘクタールから一四年度には六・四七ヘクタールへと実に一〇〇倍以上の拡大を図り、被災地の復興・農業の再生にもつながっている。二〇一四年一月には弘前市と耕作放棄地を活用したジュース用トマトの栽培について包括協定を締結、さらに北海道を加工用トマトの供給拠点として整備するプロジェクトも進行している。「数年で一気呵成にトマトジュース原料の国産化を拡大しようと動き始めました」と藤井氏。この機に、菜園での生食用トマト事業とともに、加工用トマト生産も一気に拡大の波に乗る。

そして「トマトと野菜カンパニー」へ

二〇一三年四月、カゴメは「主に国内に置いて、農業を起点としたバリューチェーン連携高度化の動きに即し、農の新たな価値と自社事業を開発することで農業の成長産業化に貢献する」ことを目的に、加工用トマト調達部門と生食用トマト栽培・販売部門を合体した「農カンパニー」を設立した。生鮮野菜事業は売上高一〇〇億円突破を目標とする。

「やっとここまで来たという感じです。ある調査によると、カゴメのブランド価値は一二〇〇億円と言われているそうです。それを使わない手はない。トマト商品群を束ね、そこに葉物野菜という広がりを持たせることで、新たなナショナルブランドを作ろうと考えています」。トマトのリコピン、ベビーリーフにもポリフェノールやミネラルがあるという機能性に着目し、予防医学的な見地からサラダ系の商品群を開発していく予定だ。

トマトの新しい需要創造を果たすための活動も展開されている。トマトの食文化を豊かにすることは、生食用トマトの事業拡大にも欠かせない。「こくみレディ」による店頭での調理・試食のキャンペーン、トマトの加工商品と生食用トマトのダブル使いのメニュー提案、化粧品会社とのタイアップによる美容レシピの開発等々、次々と手を打っている。さらに二〇一三年には高リコピントマトで「東京マラソン公認」を獲得し、東京マラソンの前後には皇居周辺のランナーズステーションに生トマト自販機を設置するなど、ユニークな活動で事業の援護射撃をする。

「現在は、野菜ビジネスを水平方向と垂直方向、縦横両面での広がり実現を目指しています」と藤井氏。七五〇〇種の遺伝資源を礎に、品種開発を行い、作ったトマトで加工食品を作り、さらに生食用トマトを開発し、流通に乗せてきた。これがトマトを軸にした縦

図12　「サラダバンク」新商品

の広がりである。これに対し、今後手掛けようとしているのが「トマトと野菜」という横の広がりと、野菜の中での加工度の拡充の両面だ。

「これまではトマトの品種の広がりで生食用トマト事業を進めてきました。これから我々がやろうとしているのは、野菜領域の強化です。まずは今後展開を企図するサラダ商材群を束ねるプロダクツブランドとして、〝サラダバンク〟を新設しました」。

二〇一三年五月には植物工場の開発を手掛ける株式会社グランパと、二〇一三年末には大規模有機栽培でベビーリーフを手掛ける株式会社果実堂との相互連携が始まった。これからは両社の収穫した葉物野菜をトマトと組み合わせてパッケージサラダという新機軸に挑む。二〇一五年一月、横浜に新工場を竣工し、四月よりパックサラダの販売を開始した。トマトを軸にその他の野菜まで範疇を広げた「カゴメ」ブランドが定着したとき、それは企業による農業の一つの結実となるだろう。カゴメの挑戦はまだ始まったばかりである。

【参考文献】


カゴメ株式会社ホームページ http://www.kagome.co.jp（二〇一五年二月二四日閲覧）。

農林水産省・経済産業省（二〇〇九）「植物工場の事例集」。

農林水産省農林水産技術会議「農林水産研究開発レポート」。

山下一仁（二〇一〇）『企業の知恵で農業革新に挑む！——農協・減反・農地法を解体して新ビジネス創造』ダイヤモンド社。

『日本食糧新聞』一九九八〜二〇一三年。

＊ 文中のデータはカゴメ株式会社の調査・統計による。

第5章　コンビニエンスストアのファーム事業

――本気で農業に取り組んだローソンの戦略――

吉原佐也香

マチの健康ステーション
LAWSON

株式会社ローソン

コンビニエンスストアのフランチャイズ展開を事業の根幹とする。もとは1939年にアメリカオハイオ州にできた牛乳店「ミルクショップローソン」から始まる。日本では1975年に1号店を創業。当初，ダイエーの傘下であったが，現在は三菱商事を筆頭株主とし，国内約12000，海外約600のグループ店を有する。連結売上高およそ２兆円（2014年)。2005年から「生鮮コンビニエンスストア」という新たなフォーマットを開発，生鮮野菜の品質と生産供給の安定をめざし，2009年からローソンファーム事業の開発に着手した。ローソンファームはローソンが15パーセントを出資して立ち上げている農業生産法人。栽培品目から出荷時期まで関わり、ほぼ全量をローソングループが買い取る契約で，生産者の事業の安定をはかるとともに，名実共に生鮮食品のPB（プライベートブランド）化を狙う。大手コンビニチェーンの農業進出の成功例として，また日本の農業スタイルが現在どう変化しているかの実例として話題になっている。

取材：吉原佐也香　ルポライター

1　ファーム事業参入への経緯

若い担い手たち

コンビニエンスストアなのに野菜が買える。ここ数年、ローソンの多くの店に青果が並んでいるのを見かけるようになった。看板にはロゴマークの隣に「野菜」「果物」のアイコンが並び、店内には青果専用の冷蔵ケースが据えられ、ジャガイモ、タマネギ、ニンジン、トマト、コマツナ、モヤシにバナナと、コンパクトながら青果の基本アイテムが並ぶ。まさに「スーパーの青果コーナーのミニ版」といった風情だが、見慣れたスーパーのそれとは微妙に雰囲気が違うように感じる人もいるに違いない。というのも、とにかく店頭ＰＯＰに並ぶ生産者の写真が若いのである。「○○農園の○○です」というおなじみのフレーズの横には、洒落っ気が漂うツナギ姿の若者たちが野菜を手に微笑む。ローソンのホームページ内でローソンの農業への取り組みを伝えるコンテンツ「グリーンプロジェクト」を見ると、ＰＯＰで見た以外のローソンファームの代表者たちも皆とにかく若いのだ。ちなみに代表者の最若手が二五歳。平均年齢は三六歳で、約七割が二〇代から三〇代前半である。

ローソンの広報担当者は取材にきたライターにこう言われたことがあるらしい。

「農場に取材に行くと、いつも『この人がいなくなったらこの野菜は終わってしまうんだな』と悲しくなってしまうんですが、ローソンファームは若い人ばかり。だから悲しくならないで済むんです」。若い担い手によるファーム経営という図式の背景にあるものとは何なのか。

野菜が買えるコンビニの新たな業態を

まずはなぜローソンが農業参入へと至ったか、その背景から紹介したい。それは熾烈なコンビニ生き残り競争のなかでローソンがとった戦略であり、青果をはじめとする生鮮食品の取り扱いであった。

コンビニといえば、食品では即食性の高いものが定番である。肉や野菜のような生鮮食品はスーパーの管轄、コンビニでは扱わないのが常識とされるなか、当時CEOだった新《にい》浪剛史《なみたけし》氏（現サントリーホールディングス社長）の指揮のもと、ローソンは二〇〇四年に「生鮮コンビニエンスストア」開発へと乗り出した。きっかけは新浪氏が東京・赤坂の某ローソンで独自に野菜を置いていた店を目にしたことだった。オフィス街や足の便が悪い住宅地など、近隣にスーパーがない地域でコンビニに野菜や生鮮品を置けば新しい顧客層を取り込めるのだと閃いた。しかも急増する高齢世帯や単身者のようにスーパーのファミリータイプの容量では多すぎるという層に的を絞ってスタートしたのが、ミニスーパーとしての「ローソンストア１００」だった（二〇〇五年一号店オープン）。コンセプトは「スーパー並みの幅広い品ぞろえ」「コンビニの利便性」「一〇〇円ショップの均一価格」、そして「適量・小分け・使い切り」。一～二人分の小分けパッケージで、ほとんどの商品を一〇〇円で販売するというアイデアも消費者に歓迎され、狙い通り高齢者や主婦層の支持を獲得した。

図１　ローソン店舗の青果コーナー

二〇〇七年にはオレンジ色

の看板がトレードマークの生鮮コンビニ「ローソンプラス」を開店。しかし青果をはじめとする生鮮食品はそれまでコンビニが扱ってきた商材とは勝手が違い、かなりの苦戦を強いられた。そこで生鮮コンビニの草分け的存在だった九九プラスと業務・資本提携を締結、二〇〇八年には九九プラスの完全子会社化を果たしてノウハウを獲得、店舗形態も大幅な店舗改装をせずに生鮮食品売り場を設けられる幅九〇センチのオープン冷蔵ケースに集約するフォーマットを開発した。

こうして通常のローソン店舗にローソンプラスの機能を取り入れた「ハイブリッドローソン」への転換が容易になり、より多くの店舗で青果が扱われるようになっていった。二〇一四年、青果販売を手掛ける生鮮強化型店舗は約七〇〇〇店を数えるまでになっている。

実はこのときに築いた関係が、その後のファーム開発では大きな力となっている。一般的な大手流通のバイヤーの多くが全農や市場の卸業者に、仕入れ、調達、加工、包装、配送までを一括して委ねるのに対し、ローソンではマーチャンダイザーという職種が直接仕入れに動き、栽培農家や単位農協と独自の関係を結んでいるのが特徴だ。ファーム事業ではそこで培った縁がもとで誕生したファームも多いという事実からも、ローソンが通り一遍のものではない絆を農業の現場で育んでいたことがわかる。

農業の活性化で青果の安定供給を

二〇〇九年、ローソンは農業事業に着手した。その目的は自社ブランドによる安心・安全で良質な青果を消費者に届けることであり、プライベートブランドの青果によって競合優位性を獲得することにあった。とはいえ、そのためだけならファーム経営にまで踏み込む必要はないのではないか。各地の優良な農協と手を組む、あるいは良質な営農家と契約するほうがより賢明なのではないかとも思える。しかし、大きなリスクを背負ってまで乗り出したのは、次のような目標があってのことだった。

① 生産地の高齢化に対応するため、有力産地を囲い込み青果物の安定供給を目指す。
② 次世代を担う若い営農家を育成し、地域産業を活性化させて地域貢献をする。
③ 農業生産に自らかかわることにより農業を理解する（一次産業と流通のコラボレーション）。

「ローソンファームはローソンの事業ではありますが、広義としては日本の政府が真剣に取り組むべきことに一民間企業が取り組んでいるということです」と語ってくれたのは、ローソンの執行役員としてローソンストア100の立ち上げを手掛け、商品本部のアグリ推進担当としてファーム開発の陣頭指揮をとってきた前田淳副本部長である。

生産地の高齢化、耕作放棄地の増加と、日本の農業は現在危機に瀕している。農林水産省の統計をもとにローソンが独自に換算したデータによると、農業に従事している世帯数は現在、二三〇〜三九〇万戸になるという。農業従事者は四六〇〜四七〇万人で、そのうちの七〇パーセントが兼業農家で、農業従事者の六三パーセントが六五歳以上と推測される。農林水産省の農業構造動態調査でも二〇一四年度の農業就業人口の平均年齢は六六・七歳という調査結果だ。「いや、この数字ですら甘いかもしれない」、と前田氏。実際に日々農家を訪ね歩いている彼らからすれば、八割以上が高齢者という印象があるという。

また、耕作放棄地は年々増加の一途をたどり、現在では約四〇万ヘクタール、東京都の約二倍の面積にまで膨れあがっている。一二万ヘクタール強だった一九八〇年代の約三倍だ。一方、小規模農家が集約されて大規模化が進んだおかげで生産量は実質ほとんど変わっていないのが現状だ。しかし、ここ数年のうちに、高齢者が圧倒的に多い農業の現場では大量にリタイア者が出現することは必至で、そうなれば大規模化は果たしていても、後継者不在の農家はゆくゆくは農園を閉めなければならなくなる。そのときは大規模化が進んでいるだけに、一戸のリタイアが今よりさらに深刻な影響をもたらしかねないというのだ。

「一般的には農業従事者が減っても一人あたりの生産量は増えているのだから安心だと言われています。でも多くを担っている人が一人辞めたら生産量もそれだけ一気に減少することになる。一割減れば確実に需給バランスは崩れます。三割減れば、国産の青果は一般消費者の食卓にはほとんど乗らないという事態になるかも知れない」、そこまで見通したうえでのファーム事業なのだと前田氏は言う。「だから我々はなにより若い担い手の育成に力を注いでいるのです」。

若手が志せる農業を目指して

生産地の高齢化による加速度的な先細りが必至な今、若い営農家が育ってくれないことには未来はない。しかし若者が就農しようと考えるには、農業の現実はあまりに厳しい。たとえば現在、専業農家の年間総所得は六〇〇万円前後とされているが、これは農業以外の副業による収入も含んだもので、純粋な農業所得は四五〇万円と推測される。しかもこの金額には肥料や農薬、人件費などあらゆる経費が含まれている。国民の平均所得が約五五〇万円だから、実際にはそれを大幅に下回っていると言えるだろう。これは、就農者の大多数が家族による個人経営体で、組織的な経営ではないことも大きく影響しているのだが、このような状況では、たとえ農業に興味を感じたとしても志すだけの魅力ある仕事にはなり難い。それを企業の資本と機動力によって魅力を感じられるかたちに変え、若い担い手たちの参画を促そうというのがローソンの思惑だった。

「ここにくれば若い人たちにとってメリットがある。そういう仕組みになっています。ちゃんと稼げる、社長として経営に携われる、人生勉強もできる。五〇年先も現役でいられる彼らが参画しなければ、日本の農業に未来はありません」と前田氏は言う。

若い担い手を育てることは同時に、長期にわたる青果物の安定調達を確保することでもある。第一に、ローソンファームによるローソンブランドの農産物の確保がある。第二に、彼ら担い手たちを手塩にかけて育成することにより、将来的には彼らを中心に地域との連携が可能になる。地元営農家と独自のネットワークを持つことは今後、農産物の獲得競争が激化した際に大きな強みとなる。ある意味、五年先、一〇年先を見越した緩やかな〝囲い込み〟でもある。若い担い手の育成、地域産業の活性化、日本の農業への貢献という三つの連環こそがローソンの描くファーム事業の軸だったのだ。

表１　ローソンファームの主な特徴（2015年5月現在）

総ファーム数	23
総面積	圃場　約180ヘクタール　　工場　約5806㎡
第1号設立年	2010年6月
パートナーの種類	農業生産法人14，企業7，個人2
ファーム代表者の属性	営農家後継者18，母体法人社員5，平均年齢36歳（最年少者25歳）
施設種類	圃場（露地，施設水田）20，植物工場１，菌茸工場１
ローソンファーム出資施設	１（香取プロセスセンター／カット野菜の製造・販売）
主な栽培品目	＜野菜＞ダイコン，ニンジン，コマツナ，ホウレンソウ，キャベツ，ゴボウ，サツマイモ，ナガイモ，ジャガイモ，トマト，ハクサイ，白ネギ，ピーマン，ケール，ナス，ミニトマト，キュウリ，ブロッコリー，タマネギ，レタス，オクラ，トウモロコシ，ベビーリーフ，グリーンリーフ，サトイモ ＜果実＞柑橘類（日向夏，はるか，温州ミカン不知火），モモ，ブドウ，カキ，イチゴ ＜穀類＞コメ，コムギ，アズキ ＜菌茸類＞ブナシメジ

2　営農基準と管理システム

小所帯で始まったファーム事業

二〇一五年四月現在、ローソンファームは全国で計二三ファームを数える。二〇一〇年六月にローソンファーム千葉を設立してからわずか五年、今では鹿児島から北海道まで全国に点在するまでになった。

二〇〇九年、ファーム事業はスタートした。まずはとにかく条件にあうパートナーを探さなければならない。実働部隊三名とデスク一名、計四名の農業推進部が発足し、目星をつけた農家を訪ね歩く日々が始まった。東京近郊なら車で、遠方なら空港や主要駅からレンタカーや高速バスを使い、全員が一日に五軒、一〇軒と訪ね歩いた。

しかし条件を満たす営農家がそうやすやすと見つかるはずもない。条件に合致してもパートナーとしてやっていくにはお互いの条件も相性もある。しかもターゲットとしたのはすでに安定した経営を営んでいる営農家だ。そう簡単に首を縦に振ってくれるわけもなく、農業へ参入しようという企業に振り回された経験を持つ者が多かったことも少なからず影響していた。最初はおいしいことばかり言っていても所詮は余所者、いったん旗色が悪くなれば途端に撤退する、それが企業というものだという認識が根強かったのだ。

「知らないやつが突然、背広を着てカバンさげてやってくる。『こんにちは、話を聞いてください』と言ったって聞く耳持たないのは当然ですよ。帰ってほしいと思っているのもわかります。でも懲りずに何度も足を運ぶ。目をつけたら向こうが『やる』というまで絶対にあきらめません」と前田氏。四回、五回と訪ね、酒を酌み交わせるようになるまで粘った。

図2　ローソンファームの看板

短期間にこれだけの数を立ち上げたことから「手あたり次第にローソンの名を冠して良しとしているのではないか」と揶揄されることも多い。前田氏は言う。「面談を重ね、徹底的に話しあった結果の二三ファームです。それぞれにストーリーがあり、思いがあります。そのすべてに、我々は絶対の自信を持っています」。

二〇一五年度末までに全国三〇カ所に拡大するのが目標で、一〇名となった農業推進部の面々が今日も新たなパートナーを求めて奔走している。ヒット率はせいぜい一～二パーセント、県庁や取引先の伝手をたどって訪ねた農家は五年間で約一〇〇〇軒となった。

ローソンが求めるパートナー像とは

ローソンファームの特徴をもっとも端的に表しているのがパートナーとなる営農家に求める営農基準だ。とくに開発当初に設けた基準のなかにはその意図するところがはっきりと読みとれる。主な項目は「二〇ヘクタール以上を持つ大営農家であること」「農業に従事する子息が二人以上、うち一人が社長になれること」「独自の販路を確保していること」「農業技術開発に積極的で現在の事業が黒字であること」「法人開設資金を現金で用意できること」。母体となる営農家が盤石で、出荷の手立てまで整っているということは、即ちローソンファームを設立した際に速やかに操業できるということでもある。就農している子息が二人以上ということは、母体の跡継ぎも確保されているということになり、母体との緊密な連携を期待してのことである。

ただし、この五年間で当初の基準は少々手直しされてきた。全条件を満たしてはいないものの、やる価値があると認められる案件がいくつも浮上してきたからだ。現在では基準の主な項目は以下の三点となっている。

① 若い次世代を担う営農家であること。
② 独自の販路を持っていること。
③ 農業技術開発に積極的かつ、それを受け入れられること。

もちろん徹底したリサーチと話しあいを重ねたうえで、現状に則して判断をしている。ローソンの方針は、とにかく徹底して農家との連携体制を貫くことにある。母体はあくまで地域の営農家で、独立運営を旨とする。農業生産法人を設立するにあたっての出資比率は一律で、母体となる農場を持つ農家が七五パーセント、流通関連会社（主としてローソンと取引のある仲卸）が一〇パーセント、ローソンが一五パーセントと設定、あえて出資率を抑えることで営農家が主体であることを明確にしている。母体となる農場の子息（母体が企業の場合はその社員）が代表に就任し、ローソンからは社員一名が取締役に就く。ローソンから出向く社員はいずれも農学などを学んできている。マーチャンダイザーとして流通や経営のプロであるだけでなく、作付けから肥料に至るまで農業に関するあらゆることに精通した実戦部隊が担当、ファームで必要とされるあらゆるサポートに奔走する。

ファームにおいてローソンが担うのが主として出荷方法などの流通関連と経営にかかわる支援である。定期的かつ頻繁に農業推進部の担当マーチャンダイザーが現場を訪れる。たとえば若いファーム代表にとってかなり困難な作業となるのが補助金や交付金、金融機関の融資関連の書類作成だ。申請書や計画書はもちろんのこと、交渉の際の服装や立ち居振る舞いまで徹底的に指導することもある。毎週でもファームを訪れて相談に乗り、深夜でも休日でも電話がくれば相手が納得するまでとことん話に耳を傾ける。本社の経理担当から「なぜこんなに長電話ばかりしているのか」と怒られたことがあるという。

トラブルに遭遇した際の支援も欠かせない。とくに台風、ゲリラ豪雨、そして震災。自然災害は営農家たちを打ちのめす。ローソンファームにも悲惨な目に遭ったところもあれば、心が折れる寸前まで追い詰められた人もいるという。たとえば二〇一一年の東日本大震災の際にローソンファーム千葉では緊急措置で一〇〇〇万円近い出荷が差しとめられた。二〇一二年、一三年と二年続けてゲリラ豪雨で露地圃場の一部が流された。

「どんな事態に陥ってもローソンが出来る限り支援する。だから大丈夫だ、一緒に乗り越えて行く、というのが我々のスタンスです」と前田氏。つねに最大の支援を惜しまないという姿勢を貫いてきた。たとえば災害等で支援金が必要なとき、新規事業で補助金を申請したいときなどは、ＪＡや地方自治体が仕切っている補助金や交付金に熟知しているスタッフが馳せ参じてフォローする。申請すればもらえるものであっても、煩雑な手続きをこなすにはかなりの労力と忍耐力がいる。そもそも補助金や交付金の体系自体が複雑なため、申請以前にあきらめてしまう農家も多いようだ。そうした状況を回避することもまた、農業から離脱する人を出さないためには必要だ。

徹底した管理システムで背後を固めて

一方でファーム管理も統一基準を設けて強化しているのもローソンの特徴である。一部を除く全ファームにクラウドコンピューティングによる会計と営農管理のシステムを導入することにより、ローソン本社で財務状態から栽培状況の管理までをリアルタイムで実施できるようになっている。会計システムはファーム立ち上げ時からアグリビジネス・ソリューションズ株式会社（代表：森剛一氏）のコンサルティングによる「クラウド会計システムSaaS（富士通）」を導入し、四半期ごとにローソン本部の財務経理本部でローソンのグローバル会計基準に基づいて監査を行っている。営農支援システム「neoAgri」はＮ

ＥＣの開発に協力したもので、栽培スケジュール、使用肥料、農薬などをローソンで一元管理するためのものだ。畑や圃場など現場で簡単に入力できる専用端末「ライフタッチ」はローソンファームでも約一年かけてモニタリング調査を行って改良を重ねたものだ。

システムを導入するということは、同時にファーム側はその運用を義務づけられることでもある。会計監査に至っては財務経理本部の管轄になるため、一日たりとも遅れることは許されない。ローソン側は「これだけ徹底した本部による集中管理を行っているところは他にないだろう」と言う。適切な生産（作業管理）と品質管理が実現できる半面、徹底した中央集権が敷かれているわけだ。そこにプレッシャーを感じている人もいるだろうが、結局はそれが自分たちの負担の軽減になることは確かだ。しっかりした経営ができていれば、融資や補助金申請の際にも作業は楽になり、栽培管理のデータが蓄積すれば生産管理もしやすくなる。システムをうまく運用できるまでにはかなりの手間がかかったようだが、現在では順調に運用されるようになっている。

いつか全店舗への周年供給を

ところで、ローソンファームが鹿児島から北海道まで全国に点在するように配置されているのには大きな理由があるという。それが「周年供給」だ。

気候や風土によって生産地域や収穫時期が限定される青果物を、一年を通して安定供給することは至難の業である。たとえば現在、関東エリアの店舗においてローソンファームでほぼ周年展開が実現できている青果は、ダイコンとニンジンの二品目だけである。ダイコンの場合は春先は九州から、春から夏にかけては千葉から、盛夏期は北海道、そして秋から初冬までは千葉と産地リレーをしながら供給している。ニンジンも同様だ。

加工用ではおでん用のダイコンが産地リレーを実現している。ローソンファーム立ち上げ前から、全国のローソンのおでん用ダイコンの生産から販売までをほぼ一手に引き受けていた営農家とパートナーシップを組み、現在はローソンファーム鳥取として近隣の耕作放棄地を開墾し、総ファーム面積五六ヘクタール、大山山麓の丘陵地帯で高度差を利用しながら一〇カ月にわたって栽培し、真夏の二カ月を除いてほぼ周年に近い供給を実現している（二カ月のみ北海道産を利用）。

実際のところ、周年供給を主要品目すべてで行うには現在の五倍のファームが必要だそうだ。作期の異なる農場を全国に作り、リレー栽培によって青果物を周年で調達するために、今日もどこかでローソンファームの開発は進行しているはずだ。

ファームとの関係に現れるローソンの独自性

全国で青果の周年供給を目指すために産地リレーができるよう全国にまんべんなくファームを設置しているのはローソンの大きな特徴だ。だからこそ独立販路を確立している営農家をパートナーに選んで各地からの農産物の集荷ラインを確保している。その結果、立地を問わない農地開発が実現した。大手小売業による農業参入では、その代表格のイオンファームやセブン&アイ・ホールディングスが農場の立地を首都圏などの大消費地近隣に求める傾向があるのとは対照的と言えるだろう。

ここであらためて上記二社とローソンの農業戦略を簡単に比較してみたいと思う。

イオングループは二〇〇九年、一〇〇パーセント子会社のイオンアグリ創造を設立、牛久農場（茨城県）を皮切りに直営農場を開設し、その数は二〇一四年には全国一五カ所、二〇一五年度末までにはその数を倍増するとされている。直接農業にかかわり、大規模・高生産性農業のビジネスモデル確立を目指すのが特徴だ。農地はほとんどが自治体を通じてリースを受けた耕作放棄地だという。各農場でGLOBAL GAP（GLOBAL Good Agricultural Practice／国際適性農業規範）を取得し、安全と品質向上とコスト削減に取り組み、雇用創出や農業体験会、収量体験会などを実施して地域貢献にも努めている。自社の店舗で販売する農産物の一部を自ら生産し、「トップバリュ・グリーンアイ」としてプライベートブランドを展開している。

一方、ローソンと同様に生産者と合弁で農業生産法人を立ち上げて展開するのがセブン&アイ・ホールディングス傘下のイトーヨーカ堂である。二〇〇八年にイトーヨーカ堂とJA富里《とみさと》市およびその組合員との協同出資によりセブンファーム富里を設立、さらに二〇一〇年にはその管理統轄のためイトーヨーカ堂の一〇〇パーセント子会社のセブンファームを設立した。二〇一四年一〇月時点でファーム数は一〇にのぼる。目的はCSR（企業の社会貢献）の一環として、店舗から出る食品残渣を堆肥化して利用する循環型農業の実現と地域農業の活性化である。

ところで、セブンファームはローソンと同じく各地で農業生産法人を設立する方式だが、どうやらその違いはファームの位置づけとかかわり方にあるようだ。運営はパートナーである農協に委ね、企業姿勢を象徴するフラッグシップとして農場を運営している傾向が見て取れるセブンファームに対し、ローソンは青果商品の主軸を自社ファームで賄うという実益を目指している。そのため、ローソンではファームの現場は生産者に任せるとしながらも、担当者がかなり深く現場に入り込んでいく。そのスタンスは企業から派遣されたお

表2　全国のローソンファーム一覧

	ファーム名		稼働日
1	㈱ローソンファーム千葉	千葉県香取市	2010.6
2	㈱ローソンファーム鹿児島	鹿児島県肝属郡	2011.9
3	㈱ローソンファーム十勝	北海道中川郡	2011.7
4	㈱ローソンファーム大分	大分県宇佐市	2011.11
5	㈱ローソンファーム大分豊後大野	大分県豊後大野市	2012.6
6	㈱ローソンファーム鳥取	鳥取県米子市	2012.8
7	㈱ローソンファーム広島神石高原町	広島県神石郡	2012.8
8	㈱ローソンファーム宮崎	宮崎県宮崎市	2013.1
9	㈱ローソンファーム愛媛	愛媛県愛南町	2013.3
10	㈱ローソンファーム山梨	山梨県山梨市	2013.9
11	㈱ローソンファーム秋田	秋田県羽後町	2014.1
12	㈱ローソンファーム石巻	宮城県東松島市	2014.1
13	㈱ローソンファーム熊本	熊本県熊本市	2014.2
14	㈱ローソンファーム北海道岩内	北海道岩内郡	2014.2
15	㈱ローソンファーム茨城	茨城県鉾田市	2014.2
16	㈱ローソンファーム薩摩	鹿児島県出水市	2014.4
17	㈱ローソンファーム兵庫	兵庫県南あわじ市	2014.5
18	㈱ローソンファーム北海道本別	北海道中川郡	2014.5
19	㈱ローソンファームいちき串木野	鹿児島県いちき串木野市	2014.5
20	㈱ローソンファーム愛知	愛知県豊川市	2014.9
21	㈱ローソンファーム愛知豊橋	愛知県豊橋市	2014.11
22	㈱ローソンファーム長崎	長崎件諫早市	2015.2
23	㈱ローソンファーム新潟	新潟県新潟市	2015.3

目付け役という外部者ではなく、なにかといえば訪ねてくる心配性の叔父か従兄のようだ。ローソン側からファームの取締役に就く者も皆、設立から運営までに携わった担当者であり、ある種の現場主義的発想がローソンとファームの独特な関係性を生み出している。

3　実例(1)　ローソンファーム千葉・初の六次産業化へ

ファームを背負う若き担い手たち

前述の営農基準にあるように、ファームの大多数は地元で大規模に農園を営む営農家を母体とし、その子息が経営している。その代表例がローソンファーム第一号のローソンファーム千葉だろう。代表取締役は芝山農園の四男、篠塚利彦氏だ。二〇一四年のファーム規模は一五ヘクタールで、露地栽培のほか、三三棟のビニールハウスでコマツナ、ダイコン、ニンジンなどの栽培を行っている。

母体は二〇ヘクタールの農場を保有し年商二億五〇〇〇万円を誇る芝山農園だ。千葉はもとより、関東一円で広く知られる千葉有数の農業生産法人である。ローソンとは二〇〇六年、契約農家としてローソンストア１００で販売するミニダイコンの開発を手掛けたことがきっかけだった。ちなみにそのとき、交渉に出向いたのが前田氏だったことから、ファーム事業を始めるにあたっては真っ先に候補に挙がった。四人の息子がいて長男が芝山農園の後継者となることがわかっていたことも、白羽の矢を立てた大きな理由だった。

もちろん、話は最初からすんなり進んだわけではなかった。前田氏は何度も足を運んで父親を説得し、そのうえでファームの担い手となる息子の説得にかかった。

図３　圃場で作業中の篠塚利彦氏

実はこのとき、当の篠塚氏は父と兄のもとで農業を学びながら自分の道を模索している最中だった。高校卒業後、一旦は故郷を離れて別の道を模索していたが、農業をやろうと決心して二〇歳で故郷に戻って数年、先々のことに思いを巡らしていたという。

「地元にいる時は正直、農業についてはマイナスのイメージしかなかったのですが、東京でいろいろな人に出会い、さまざまな意見を聞くなかで見方が変わってきたのだと思います。将来は自分でなにかやりたいと思っていたこともあり、ならば実家で資本も整った農業をベースにスタートしたいと考えるようになったのです。時代の流れとして農業が注目されはじめた時期だったことも影響していたと思います」という篠塚氏は、まさにローソンが一緒にやりたいと思い描く人材そのものだったに違いない。組織的な農業をやってみたいと考えていた篠塚氏にとっても、ゼロから株式組織で資本金を募り、新規で農業に参入して組織的農業をパートナーとしてともに構築していこうというローソンからの申し出は強く興味を惹くものだった。それから半年をかけ、じっくりとお互いの意思を確認しあい、さらに半年を経た二〇一〇年六月、ローソンファーム千葉が誕生した。

ファーム運営のメリットと課題

ローソンファームと通常の営農とのもっとも大きな違いは、ローソンファームではあらかじめ収穫量と出荷スケジュールが細かく計画されていることだ。農協出荷ならその日に収穫できた分を農家の都合で持ち込めばよいが、小売業との取引の場合は発注された分を過不足なく出荷することが求められる。

しかし、畑のスケジュールは天気次第である。そのときによって成長が遅れたり収穫時期が早まったりするのが常で、それを調整して販売スケジュールにあわせていくのがファームの仕事だ。「最初の一、二年はその調整に本当に苦労しました」と篠塚氏は振り返る。ただし、事前に中長期にわたる計画として出荷量も価格もローソン側からあらかじめ提示されていることは、ファーム経営にとって大きなメリットになる。しかも店頭からの発注に変動があって余剰が出ればローソンの担当が売り先確保に動いてくれるし、東日本大震災時の緊急措置のように出荷が止められれば全量の補填を引き受けてもくれる。生産調整のコツを会得するまでは苦労もあったようだが、最近ではコントロールするノウハウもかなり蓄積されてきた。

ローソン側から見れば負担となる部分も大きいが、その一方ではファーム経営のメリットは自社ブランドの農産物を持つことだけではない。周辺地域の営農家とのネットワークの拠点としてファームは大きな役割を果たしてくれるのだ。たとえば現在、秋冬に販売するローソンストア１００のＦＦ（ファストフード）商品である焼きイモの原料は、ローソンファーム千葉を通じて千葉と茨城から仕入れる約一〇〇〇万本の「紅あずま」である。ファームのある香取一帯からはキュウリや、小ネギなどローソンファーム千葉では手掛けていない品目を仕入れてローソンへ供給もするようになった。芝山農園や篠塚氏自身のネットワークが、そのままローソンの大きな財産になってくるというわけだ。

ローソンファーム初の六次産業化に向けて

さらにローソンファーム千葉では、ローソンファーム初の六次産業化への取り組みを始動した。農林漁業成長産業化支援機構（Ａ－ＦＩＶＥ）で六次産業化事業として認可を受け、二〇一五年五月に本格稼働した香取プロセスセンターである。農林漁業成長産業化ファンドを活用して建設した野菜の加工場で、一次産業者のローソンファーム千葉とその母体である芝山農園と三次産業者の漬物工房彩が共同出資者となって設立した。ちなみに漬物工房彩は芝山農園を介して取引が始まった地元の加工業者で、現在では規模も拡大し、ローソンストア１００の関東地区全店に漬物を供給している。

強い生産者となるためには規模拡大は不可欠だが、一方で生産量が増えればそれだけ店頭販売が難しい規格外品や余剰生産物も増える。それを有効活用できれば収益向上につながり、経営の安定化を図ることができる。地域の雇用創出や所得向上、地域の活性化も実現できる。ローソンから六次産業化を持ちかけられた篠塚氏自身も就農当初から「これからは規模を大きくするだけではなく質を変えないと展望は開けない」と考えていたこともあり、話は一気に具体化した。

業務内容はダイコン、ニンジン、ハクサイ、キャベツなどのカット野菜の製造・販売で、共同出資者の漬物工房彩をはじめ、ローソングループ店舗向けの中食工場に原材料として販売する。製造物の受け皿としてローソングループが存在することで、六次産業化でネックとなる流通経路や販売先が確保でき、ベースとなる収益が確保できることが最大の強みだ。事業として成立する地盤があるからこそ、六次産業化の本来の目的である地域への還元も実現する。設立当初は九割強がローソングループへの販売となるが、地元スーパーや道の駅、児童養護施設や公共福祉施設などとの取引の話も進行しており、地域との取引を今後積極的に行っていく予定だ。

「香取プロセスセンターがこの地域の農産物の港の役割を果たせるようにしたい」と篠塚氏は言う。すでにプロセスセンターと隣接して漬物工房彩の漬物工場や、刺身用ダイコンのツマなどの加工工場建設が決定し、農業と連動した工業団地へと向かいはじめた。今はローソンファーム内にある野菜の選別や梱包のための作業場を先々移転させることで、地元青果の出荷拠点も目指すつもりだ。

ローソンファーム千葉は設立から五年が経った。スタート時は三ヘクタールだった農地は、毎年ほぼ三ヘクタールずつ拡大し続け、二〇一五年もまた三ヘクタールを新たに借り受け、一六ヘクタールになる。そのほとんどが農業からリタイアする農家の土地だ。直接

「借り受けてほしい」と持ちかけられることもあれば、市の農政課から紹介されることも多いという。

「たぶん個人営農はどんどん減っていって、自分たちのような組織的な業態が増えていくと思います。規模もどんどん大きくなり、自社で六次産業化を手掛けるところも出てくるでしょうね」と篠塚氏。「問題は資本です。規制が緩和されたとはいえ、農業はあくまで農家が主軸。資本も経営感覚も足りず手が届きません。まして若手ががんばろうとしても力が及ばないのが現実」だとしながら、その解決策の一つとなるのがローソンファームのようなパートナーシステムではないかと考えている。変わり目を迎えようとする今を生き抜き、この香取地域一帯の農業を活性化させることを目指す。高齢化で引退する人も急増しているが、がんばろうとしている若い仲間も集まってきているという手応えもある。ローソンファーム千葉を発信拠点に、千葉の生産物をさらに押し出していくのが目標だ。

4　実例(2)　ローソンファーム茨城・新展開へ目標が一致

お互いのニーズ一致でファーム設立へ

千葉の事例とは少々異なるかたちでスタートしたのがローソンファーム茨城だ。新しい展開を図っていた両者が、まさに絶妙のタイミングで巡りあったことがファーム設立につながることになった例である。

農業推進部のメンバーが鬼澤食菌センターを見出したのは、付加価値のある弁当を作るために良質な国内産原料を探して奔走してのことだった。原料が見えにくい中食で国内産の原料を、しかもローソンファームの農産物と謳うことができれば大きな商品価値になる。鬼澤食菌センターと言えば知る人ぞ知るブナシメジでは日本有数の菌茸《きんたけ》工場で、高級指向のスーパーやホテル、生協などを中心にその品質が高い評価を得ている。ぜひファームのパートナーになってほしいと話を持ちかけた。

ちょうどそのころ、鬼澤食菌センター専務の鬼澤宏氏はＡ－ＦＩＶＥ（農林漁業成長産業化支援機構）の認可を受け、六次産業化を目指していた。菌茸の需要は夏場になると減少するために生産量を三分の一近くまで減らさざるを得ない。本来、完全密閉型施設で栽培するブナシメジは季節を問わずに収穫できるにもかかわらず、夏には売り上げを伸ばすことができないでいた。そこで出荷が落ち込むこの時期を活用して冷凍・乾燥などの加工品を製造しようと加工場建設の計画を立てていたのだ。

しかし、製造しても安定した出荷先がなければ事業を軌道に乗せることはできない。新たな販路を開拓しなければと考えていたところに、ローソンから声がかかった。ローソンとしてはブナシメジ栽培のローソンファームと考えていたところが、加工場までほぼ同時進行で実現するという。しかも中食用にうってつけの乾燥品や冷凍品が供給できるというのだから、まさに絶妙のタイミングだった。

図４　菌茸工場で作業中の鬼澤宏氏

こうして話は一気に進み、二〇一四年にローソンファーム茨城を設立、数カ月後には母体の鬼澤食菌センターによって六次産業化による乾燥・冷凍の加工場が建設された。

二社併存でバランスの良い経営を

「うちの商品の良さを知ってくれている、というのがなにより嬉しかったですね。これまでもいろいろ企業からお話を頂くことはあっても、ここまで農業のことをしっかり理解している専門の部署があるところはありませんでした。しかも中まで入ってきて考えながら一緒にやっていこうとする、その気持ちに動かされました」と鬼澤氏。家業のかたわら、ローソンファーム茨城代表も務めている。次世代の担い手の育成まで考えたファーム作りをしているというローソンの姿勢にも感銘を受けたという。

現在は鬼澤食菌センターの一区画をローソンファームが借り受けて生産を委託するというかたちで共存させている。すでに鬼澤食菌センターとして経営管理システムなども導入済みだったことから、二社の経営を一手に担うことになっても、それほど過剰な負担にならなかったという。ブナシメジ一品目であったこと、そもそも菌茸工場という形態であることも煩雑になる状況を避けられた大きな要因だったと分析する。また、鬼澤食菌センターとローソンファームの二社体制となることで、お互いを活用しながら栽培や出荷のバランスをとれることも思わぬ利点となっているという。

今後、軌道に乗って見通しが立てばローソンファームの自社工場建設も検討したいと思うが、まだ設立から一年あまり、加工場も稼働して間もない。「ただやみくもに建てればいいというわけではない、ファームと鬼澤食菌センターのバランスを見ながら計画を立てていくことになると思います」とのことだ。

六次化の設備と立地を生かして新たなステップへ

ローソンファーム茨城が位置する鉾田《ほこた》市一帯は関東でも有数の農業地帯である。収入の安定した大規模農家も多いせいか、生産者の中心は四〇～五〇代と比較的若く、耕作放棄地もまだそれほど多くはない。しかも幸いなことに鬼澤氏の子息は菌茸工場の後継者となるべく、東京の大学で農業を学んでおり、自身の後継者問題は解決済みだ。それでも先々のことを考えると地域の生産者にとって後継者問題は深刻だ。現在、近隣では外国人研修生の労働力に頼っているところも多いが、コストの問題などを考えるとこのままの状況が先々まで続くとは限らない。もちろん高齢化も人ごとではない。だからこそできるだけ早い段階で地域の農業にテコ入れして若い世代が「農業をやりたい」と思うような状況を作らなければと思っている。

それがローソンファームの看板を掲げたことで徐々にいろいろな情報が集まるように

なってきた。近隣から「この土地を使いませんか」と問いあわせがくることも、市町村から「うちの土地があまっているのですが」と情報が寄せられることもある。「この野菜、ローソンファームで売れないかな」と聞きにくる人もいる。今はまだ動き出してはいないが、近いうちにここを茨城の農産物の拠点としても育てていきたいと考えている。「地域に根づいて長くやっていくには、地域とどうかかわっていくかが大切だと思います。茨城県のものだったら窓口になれるというところまで広げられればと思います」と鬼澤氏は言う。鉾田は水菜やメロン、サツマイモの大産地である。既存の販路と共存できるようなかたちで地域特産品や他生産者の加工品などを広く他地域に発信できる場所にしたいという。そのために冷凍、冷蔵の加工場も活用したいと、地元の商工会議所と相談しているところだ。

他のローソンファームとの連携も模索している。現在でもローソンストア100向け青果出荷はローソンファーム千葉経由で行っているが、今後はお互いの加工場を活用してそれぞれの産物をやりとりしたいと話しあっているという。各ファームがその地域のハブになり、お互いに利用しあおうというのだ。たとえば茨城の生産物を千葉の加工場でカット野菜の原料に使う、果物の栽培をしているローソンファームのものを茨城でドライフルーツにするなど、ローソンファームのネットワークを利用したいろいろな展開が近いうちに実現するかもしれない。

5　実例(3)　ローソンファーム秋田・行政との協同による植物工場

地域活性化の起爆剤として

他のローソンファームとは違い、ローソンファーム初の植物工場で、農業振興を強く推し進める町や県との協同によって実現したのがローソンファーム秋田である。ローソンファームの多くが母体との連携で立ち上げているのに対し、土地、施設・設備すべてが一からのスタートとなった。

きっかけは当初から地域経済の活性化や安定した雇用の促進をファーム事業の目的として掲げていたローソンが、豪雪地帯の秋田県県南地方で周年農業ができる植物工場を建設したいと、県庁の農林水産部に候補地・候補者の紹介と補助事業実施の協力を依頼したことである。条件は農事組合法人もしくは会社経営体であること、若い担い手がいることだった。

ローソンが羽後町《うごまち》を立地として選び、羽後フラワーファームを基盤にすることを決意した最大の理由は、町の協力体制だった。人口の減少を食い止め、外部の力を借りて雇用創出したいという切実な思いに駆られていた町は、廃校になった小学校の跡地を五年間無償で提供する、施設の除雪費用を町が負担するなど、いち早く具体的な補助内容を提示した。羽後フラワーファームの若い後継者二名が経営を担うとしたことも、若手営農家の育成を標榜するローソンと合致した。

しかし、植物工場は初期投資額も半端ではない。そこで補助金を有効活用しようと、「強い農業づくり交付金」獲得を目指した。この交付金は農林水産省が所轄する国の補助事業の一つで、高付加価値化等による販売価格の向上や、加工業務用需要への対応による販売量の拡大等の取り組みに必要な施設整備に対する助成金である。その他、除雪機や施設の一部機材は県の「未来にアタック　農業夢プラン応援事業」で、雇用者の研修費用と一年間の人件費は厚生労働省の「地域人づくり事業」の各補助金を活用した。

町、県、国の手厚い支援によって、ローソンファーム秋田は実現した。建設にかかる事業費約一億八〇〇〇万円を「強い農業づくり交付金」で賄い、残りの費用はローソンファーム秋田にて社債発行により資金調達した。

はじめてのベビーリーフ栽培に挑む

代表の一人は野菜農家の後継者である柴田尚紀《しばたなおき》氏、県庁の地域振興局での従事経験もあり、プリザーブドフラワー（生花を特殊な液に漬け脱水乾燥させた製品）技術者として国内外の工場で指導にあたるなど六次産業の経験もあり、従業員の采配や運営・営業など工場の経営全般の軸となる。もう一人は花卉農家の後継者、佐藤裕人《さとうゆうと》氏、温室栽培のキャリアを生かして工場内の環境制御などのシステム管理を担う。これまで扱ってきた品目もキャリアも異なる二人が、それぞれの長所を生かして二人三脚でファームを運営している。

実は柴田氏はこの事業以前からプリザーブドフラワーで六次産業化の事業者として認定を受けており、羽後町で実現できないかと模索していた。しかし補助金申請などが遅々として進まずやむなく中断していたところにローソンファーム設立の話が持ちあがった。「町でなにか事業を興さなければという思いがずっとあった」という思いからこれに賭けてみようと決心した。一方の佐藤氏は、近年の灯油価格高騰により深刻な状況に直面していた。「ハウス栽培になる冬場を乗りきるために稼働させるハウスの数を減らしたり、寒さに強い品種を選んだりして省エネに努めていましたが、それでも間にあわなくなっていたとき、この植物工場の話がありました」。一年中、同じように出荷できる農業に魅力を感じ、

図５　柴田尚紀氏（左）と佐藤裕人氏（右）

参加を決めた。こうして始まったローソンファーム秋田では、もう一つ他と大きく違う点があった。それはまったく新しい栽培品目だったベビーリーフを手掛けたことである。「このあたりではたまにスーパーで見かけるだけ」、自分たちも研修ではじめて食べたベビーリーフの出荷先が順調に見つかるのか、かなり心配だったようだ。

しかし法人設立がかなり地元で話題になったこともあり、秋田県内ではどこに行っても話を聞いてもらえた。ローソン以外の外販先を探して県内や東北近県を訪ねたときも、水耕栽培ならではのエグミのなさも好評ですんなりと契約に進むことが多い。機材や資材に関する業者もこちらから動く前に関連業者が向こうから進んで訪ねてきてくれるのも助かった。補助金の相談などで県庁を訪ねても「今話題のところだね」とすぐにわかってもらえるのは、かなりの強みだ。しかも情報は逐一ローソンの担当者が提供してくれ、重要な交渉では同席してサポートしてくれる。名前の信用の大きさと、サポートのありがたさを感じるたびに、ローソンファームとして事業を始められたからこそ実現できたことだと感じているという。

自立できるファーム運営に向けて

ローソンファーム秋田はベビーリーフの植物工場としては日本でも最大規模を誇る。従業員一三名は全員がこの地域在住で、九割が羽後町、あとは隣の湯沢市から通っている。就職先となると誘致工場など、選択肢が少ないこのあたりでは、地元の農業生産法人による植物工場の設立は願ってもないことで、求人に苦労することはない。自治体の支援によって全員があらかじめ四泊五日の研修に参加しているため、仕事内容をしっかり把握したうえで雇用に至ることができた。嬉しいのは近隣の人々から「工場ができて明るくなった」と言われることだ。小学校が廃校になってからは人通りが途絶えてさびしくなっていた通りに人の流れが戻ってきたと喜んでくれている。稼働して以後は噂を聞いて見学に訪れる農業関係者も多くローソンファーム秋田は今や羽後町の観光名所となっている。町の人々が応援してくれていることを肌で感じながら、柴田氏も佐藤氏も「やってよかった」

図6　ローソンファーム秋田工場（外観と工場内部）

とつくづく思う。

秋田のように雪の多い地域で周年農業を実現するには植物工場はたいへん有効である。チャレンジする営農家も企業も多いが、補助金ありきでスタートしたものの採算がとれずに頓挫するケースも多い。行き詰まった生産者から「うちの作物をローソンで売ってもらえないか」と相談を持ちかけられると、柴田氏は「まずは既存のシステムを見直して回転率を上げること」だと話すことにしている。農業アドバイザーのなかには「珍しい品目を栽培するように」と助言する人も多いが、最初は良くても結局は消費者に飽きられて身動きできなくなる。まずは少しでもランニングコストの負担を減らそうと、システム担当業者と相談しながら技術的な改善を続けている。初出荷から半年が過ぎて当初の慌ただしさも収まった今、まずはこの工場を安定した採算ベースに乗せることが目下の課題だ。

一方で、事業内容での展開も模索しはじめた。一つは地域との連携である。取引先のホテルからの要望を受け、マイクロリーフの出荷も計画中だ。主力のベビーリーフでもミックスパックの内容品目やパッケージの改良にも着手した。

二〇一五年春、ベビーリーフのミックスパックをローソン店舗（東北近県が六〇パーセント、残りは関東）に供給している他、秋田県内のホテルや飲食店への出荷も順調に伸びてきている。だが、東北だけでもまだまだ未開拓の販売地域も多く、関東への出荷もごく一部にとどまっている。年間約三〇トンを見込んでいる出荷量をどこまで伸ばして順調な運営を図れるか、地域を元気づけるためにもこれからがほんとうの正念場になってくる。

6　パートナーの多様な背景

地元企業体とパートナーを組んで

「ローソンが本気で農業をやるらしい」との情報が広まるとともに、さまざまなところから情報が集まるようになった。県庁の農林水産部などにはローソン側から相談することも多いが、逆に「こんな話があるのですが」と持ちかけられることも増えてきた。実際にファームが誕生しはじめてマスコミなどでも紹介されるようになると、取引先や知人を介しての打診や相談話も舞い込むようになった。

そのなかには当初設けていた営農基準と合致しない案件も多々あったが、違うかたちでの新しいパートナーシップのあり方や、新たなチャレンジにつながりそうなものは積極的に検討の対象にしている。

その一つが企業とパートナーシップを組むという形態だ。二〇一一年設立のローソンファーム大分の母体であるアクト玄々堂は、大分で一四の会社と二つの医療法人、一つの社会福祉法人を抱える地元の一大企業だ。グループ内にも、イチゴを栽培する「アクトいちごファーム」とネギを栽培する「アクトグリーン」という二つの農業生産法人を有している。グループ代表と当時の新浪ＣＥＯが知己だったことから、トマトを栽培するローソンファームを立ち上げることになった。ローソンファームの代表を務めるのは、アクトグループの社員で、もとは教師を志していたという三〇代の若手である。農家出身者ではないが学生時代に出会った自然環境に心を奪われ、アクト玄々堂で農業を一から学んだ。数年後にはアクトいちごファームの設立から運営までを任されるまでに成長し、現在では九州大学と大分県農林水産研究指導センターの協力によって環境モニタリングシステムを導入するなど、ＩＴ農業に積極的に取り組んでいる。

二〇一四年設立のローソンファーム薩摩は、南九州一帯で事業を展開する商社でローソンのエリアフランチャイジーでもある南国殖産グループ傘下の南国ファームを母体としてローソンファーム事業を展開している。

危機に瀕した人々とともに

窮した農場の復活をローソンファームというかたちで支援、復活の道筋をつけたものも多い。二〇一一年の東日本大震災で壊滅的な打撃を受けた宮城県石巻では、被災した若い営農家たちを全面的に支援し続けてきた。実は、その前から「近いうちにローソンファームを立ち上げよう」という話をしていた直後、震災に見舞われたという。震災直後、前田氏はじめ農業推進部のメンバーは圃場だけでなく家も妻子も失った彼らのもとに駆けつけたという。その後、彼らは同じように被災した仲間とともにイグナルファームを立ち上げ、そこを母体に二〇一四年、ローソンファーム石巻を立ち上げた。

ローソンファーム北海道本別《ほんべつ》は、人を介して相談を受けた。北海道随一の小麦農場としてコンバイン、乾燥機、播種機など大型機器を導入してその名を馳せていた農場が温暖化によって不作が続き、廃業の危機に瀕しているという。左前になった途端、地元の農業関連団体からの支援も少なくなり、途方に暮れている状態だった。しかし、ジャガイモは良質だし国産の小麦粉は食パンの原料としてブランド化できる。すぐさま「ローソンが行くぞ、心配するな」と乗り込み、ローソンファーム設立を持ちかけた。現在では順調に復活の道を歩み始めている。

限界集落だった広島県神石高原町《じんせきこうげん》では町の再生プロジェクトからローソンの店舗がオープンし、その縁からローソンファーム広島神石高原町の設立に至った。その代表を軸に、現在では有機ＪＡＳ認定を受けた日本屈指の有機農法の団体が設立されている。

また、ローソンファームではないが、ローソンファーム秋田の立地選定の段階で出会った湯沢市では、地熱温水利用栽培に協力している。湯沢市は昭和後期に地熱利用の融雪施設でミツバ栽培を始めていた。その後高齢化に伴い遊休化していた施設を市が資金を投入してリノベーションを行い、無加温でトマトの周年栽培に取り組んでいる。相談を受けたローソンでは、現在、トマト栽培の実証実験を共同で実施している。

特定事業者として地域とともに

二〇一五年三月に設立したローソンファーム新潟は、国家戦略特別区域の特定事業者としての認定を受けて農業参入を開始した。地域行政とがっぷり四つに組んだ体制で臨む事業が開始された。

スタートは二〇一四年、大規模農業の改革拠点として国家戦略特区に指定されている新潟市において特定事業者の選定を受けたことによる。参入が認められた二社のうち県外からの誘致はローソンのみだったことは、ファーム事業での実績が認められたなによりの証しだろう。新潟市は、経済団体（新潟経済同友会）と国家戦略特別区域を協同提案するという全国初の試みからも、地域経済との緊密な協力関係を前提にしていることが伺える。

ちなみに国家戦略特別区域の規制緩和制度を活用しての特例農業法人設立は、全国初となる。通常、農業生産法人は役員の過半数が原則年間一五〇日以上農業に従事していなければならないが、ローソンファーム新潟では業務執行役員の一名が農業従事者であれば良いという特区の規制緩和を活用している。企業にとっていちばんの壁となる設立要件が緩和されれば、企業の農業参入は格段にやりやすくなる。ただそれが広まっていくかどうかは、認定第一号のローソンファーム新潟が成功するかどうかで大きく左右されるのは間違いない。

ローソンファーム新潟の代表は、パートナーである地元農業生産法人アグリライフの代表取締役の後藤氏の三男、後藤竜佑氏である。大規模農業を学ぶためにアメリカ留学も経験したという青年で、四月二十三日に新潟市役所で行われたファーム設立報告の記者会見では、新潟を元気にするには農業者の収入アップが必要だと語った。年々コメの販売価格が下落している今、それを果たすには生産コストを下げる必要があるという。そのためにも農地を集約化し、生産技術を向上させ、効率的に生産性を向上させようと考えている。まずは五ヘクタールからスタートし、新潟市や農地中間管理機構と連携しながら、農地を集約し、数年かけて一〇〇ヘクタール規模を目指す。青果生産に着手する予定もある。

ローソンファーム新潟で特筆すべきもう一つの点は、六次化計画としてプロセスセンターの建設計画も進めていることだ。青果物の集荷、選果・選別・包装、一次加工、加工品製造などを集約し生産品の付加価値をあげるとともに、地域の雇用促進を図る。

記者会見の席で篠田昭新潟市長はこう語った。

「越後平野を有する新潟市は、全国市町村で水田面積が第一位であるにもかかわらず、農業産出額は全国第三位です。新潟市がこれからも大農業市として生きていくためには一ヘクタールから得られる付加価値を多くしていかなければなりません」「企業が参入していくことが農家にとって大きな価値を生むんだ、新潟の農地に大きな付加価値がつくんだということを実証していきたいと思います」。

企業の農業参入に対する期待は大きい。

7　これからの展望

「中嶋農法」と「ＪＧＡＰ」の認証で差別化を図る

こうしてファームを一気に拡大するなかで、ローソンがつねに大前提としていたことがある。それが「安心・安全な野菜を届ける」ことだ。しかし「ローソン＝健康」というイメージを訴求できる自社ブランドを確立するには、たんに自社農場で栽培しているだけでは説得力に欠けると考えた。そこで取り入れたのが「中嶋《なかしま》農法」である。

中嶋農法とは、創始者の中嶋常允《とどむ》氏が長年の研究により辿りついた土壌の栄養（ミネラル）バランスや作物の生育状態に対して適切な栄養を供給することを目的とした栽培方法だ。一般的に肥料には窒素・リン酸・カリの三大要素だけが用いられているが、中嶋氏は

図７　中嶋農法認定マーク

それが結果的に土壌のミネラル不足を引き起こし収量や農作物の味に影響を及ぼすことを発見、土壌のバランスを整えることの重要性を提唱・実践するために株式会社生科研を創設（後にエーザイ株式会社傘下となりエーザイ生科研株式会社に名称変更）、中嶋農法の認証制度を実施している。中嶋農法は土壌診断に基づく健全な土作りの技術と、作物の健全な生育を維持するための生育コントロール技術という二つの基本技術によって成り立っている農法で、安全でおいしい高品質な農作物を作ることを目的としている。

日本では他に農作物栽培基準として農林水産省が企画・認証する有機ＪＡＳ農産物や特別栽培農産物などがあり、農薬使用量や化学肥料使用量などに関して具体的に定められた基準があるが、土壌の栄養バランスや収穫した農作物のミネラル成分にまで言及したものは中嶋農法だけである。土壌を守るという観点からも、健康に貢献する作物という意味からも、中嶋農法は健康を標榜するには格好の認証と言えた。

二〇一三年、ローソンは中嶋農法の特許を持つエーザイ生科研を買収し、ローソンファームへの中嶋農法導入を本格的に開始した。ただし、中嶋農法は土作りから認定まで少なくとも三年の月日を必要とする。そこでローソンでは中嶋農法の認定を目指す生産者を生科研の審査によって「ミネラル栽培友の会」に認定するという方策をとることで認定取得を推進することにした。現在、多くのファームの生産物が中嶋農法認定となるよう取り組んでいるという。

さらに二〇一五年春、ローソンは二年以内を目標に全ファームでＪＧＡＰ（Japan Good Agricultural Practice／日本適性農業規範）認証取得を目指すことを決定し、取り組みを開始した（ただし有機ＪＡＳ認定の広島神石高原町は除く）。今後は農林水産省が導入を推奨する農業生産工程管理手法の一つであるＪＧＡＰと、土壌改善を基盤とした栽培方法である中嶋農法の二つを全ファームの軸とすることで、自社ファーム生産物の価値向上を図っていくことになる。

同時に、こうした認証を課すことはファームそのものの意識変革にも大きな貢献を果たすことになりそうだ。たとえば、前出のローソンファーム千葉の篠塚氏は「基準や指針が定まることは、従業員がスムーズに動ける環境作りとして有効」だと話してくれた。ローソンファーム茨城の鬼澤氏は「新たなスタンダードを持つことは従業員の意識向上につながる」と考えている。規模が大きくなればなるほど、経営者がすべてに目を配ることは難しくなる。そのとき、よりどころとなる基準があれば情報共有にも運営管理にも大いに役に立つ。組織的な農業に欠かせない基盤作りとしては非常に有効な導入になりそうだ。

篠塚氏は言う。「建物は減価償却までせいぜい三〇年、不具合が出てきたら壊して建てなおせばいい。でも圃場はそうはいきません。農業はそこでずっと作り続けるのが前提ですから、土を大切に扱っていかなければならない。その面からも環境に配慮した農法を選択し、それを前提に動くのは重要だと思います」。

ローソンファームは若い担い手たちとともに

二〇〇九年から始まったローソンのファーム事業は、二〇一五年四月末には二三のファームを設立、ファーム規模は一七〇ヘクタールに迫る。基本の営農基準を掲げながらも状況を柔軟に見極めながら作りあげてきたファームは、どこも担い手が若いという共通点はありながら、それぞれ個性豊かな様相を呈している。当初は野菜から始まった品目も菌茸、果樹と広がり、形態も露地栽培、ハウス栽培、菌茸工場、植物工場と実に多様だ。また、ローソンファーム以外にも、栽培方法から規格までローソンファームと同様の契約を結んでいる準ローソンファームが一〇カ所ある。こちらも栽培では中嶋農法を推進しており、先々はローソンファームのパートナーとなる可能性も高い。いずれは全国各県でファームを展開し、栽培品目も拡充するのが目標だ。

スタート以来、ローソン本社ではローソンファーム社長会が半年に一回、定期的に開催されている。社長研修に意見交換会、それぞれの取り組み発表など、かなりハードなスケジュールをこなした後は懇親会が開かれる。若い経営者たちと担当マーチャンダイザーたち、そしてローソン幹部まで加わった会はいつもかなりの盛りあがりを見せるという。「自分はローソンファームの看板を背負っているのだ」という意識で結びついた彼らの成長が、すなわちローソンファームの未来となる。

この取材で、強く印象に残ったのが、ローソンのファーム事業を牽引してきた前田氏がなにげなく口にした一言だった。

「我々農業推進部は皆、今も日々ファームを駆けまわっています。農家から文句を言われ、農協から敬遠され、社内では厳しく言われる毎日です。では、なにが楽しくてやっているのか。ローソンファームの皆の笑顔が見たいからです。すべてはそれに尽きますね」。ファーム事業にかける熱意が伝わってくる。事業として確立させるべく奔走する熱意の裏には、確かに農業に本気で向きあおうとする姿勢があった。

【参考文献】（ＵＲＬは二〇一五年五月一日閲覧）

池田信太朗『個を動かす――新浪剛史ローソン作り直しの一〇年』日経ＢＰ社、二〇一二年。

株式会社ローソンホームページ http://www.lawson.co.jp/。

菅聖子『農業で輝け――ローソンファームの挑戦』オレンジページ、二〇一三年。

新潟市国家戦略特別区域会議「新潟市　国家戦略特別区域計画（素案）」二〇一四年七月一八日。

農林水産省「強い農業づくり交付金」http://www.maff.go.jp/j/seisan/suisin/tuyoi_nougyou/t_tuti/h27/pdf/tuyo_pamph.pdf。

吉岡秀子『ローソン再生、そしてサントリーへ――プロ経営者新浪剛史』朝日新聞出版、二〇一四年。

第6章　人工光型植物工場の現状と課題

――コスト面からみた光の最適制御――

高辻正基

高辻正基
（たかつじ　まさもと）

1940年，東京都生まれ。
一般財団法人社会開発研究センター理事。

1962年，東京大学工学部卒業，同年日立中央研究所入所。中央研究所，基礎研究所を経て東海大学開発工学部教授，東京農業大学客員教授等を歴任。日立中央研究所時代に植物工場の研究を始める。我が国における「完全制御型植物工場」研究のパイオニア。一般財団法人社会開発研究センターのなかに植物工場・農商工専門委員会を設置し，植物工場の研究，普及，実用化を推進。『完全制御型植物工場のコストダウン手法』（日刊工業新聞社，2012年）他著書・論文多数。

1　植物工場とは何か

問題の所在

植物工場は二〇〇九年に始まるいわゆる第三次ブームの到来で、企業を中心ににぎわいをみせてきた。また、研究も大幅に強化された。農水省の委託を受けて、三菱総合研究所が二〇一二年三月時点における全国の植物工場の実態調査を行った結果によると、完全制御型（完全人工光型）、太陽光人工光併用型、太陽光のみ利用型の三つのタイプが調査され、それぞれ一〇六カ所、二一カ所、八三カ所となっている。以前の同調査に比べて一年間にかなり増え、最近の一年でもさらに増えて二〇一三年三月時点では完全人工光型植物工場が一二五カ所となった（表1）。これは実際に操業している植物工場で、研究施設などは除く。

この背景には天候不順や異常気象、輸入野菜の急増と、消費者の安全・安心への志向が大きい。さらに原発事故によって放射能に汚染された地域や塩害の地域における安全・安心な農業の創出が注目された。人工光型工場野菜の利点は安定供給、無農薬栽培、きわめ

表1　植物工場の施設数

	完全人工光型	太陽光人工光 併用型	太陽光のみ利用 （参考）
2011年3月	64	16	13
2012年3月	106	21	83
2013年3月	125	28	151
2014年3月	165	33	185

て清潔といった、ほぼ完璧に安全・安心な点にある。いま東日本大震災の被災地では植物工場の整備による地域復興、新産業の創出を図る試みがなされている。

また企業の農業参入への道が急速に開かれつつある。二〇〇九年には農地の貸借を原則自由化する改正農地法が成立した。これまで農地リース方式で農地を借りられるのは市町村が指定した場所に限られ、土壌改良にコストと時間がかかる場合が多かった。改正後は土地の所有者と合意できれば、どの農地でも借りられるようになる。貸借期間も五〇年に延長され、農業生産法人への出資比率の上限が五〇パーセント未満に引き上げられた。

これらの規制緩和のおかげで、これまで中小企業がほとんどだった農業参入に、近年は大企業の参入が目立ってきた（たとえばイトーヨーカ堂、豊田通商、イオンなど）。また近年、植物工場に代表される農業のハイテク化、ＩＴ化はかなりの速度で進展している。一般の露地農業においてもＩＴ化を筆頭とするイノベーションが現在進行中であり、ＩＴ系大企業や異分野の企業の参入も進んできている。三井不動産の参入はその一例であるといえよう。

さらに現在、日本ではＴＰＰ（環太平洋経済連携協定）への参加や、関係国とのＥＰＡ（経済連携協定）について議論がなされているが、とくにＴＰＰは自由化率や例外品目などで農業分野への多大な影響が懸念されている。ＴＰＰへの参加は最終的には完全自由化を目指すわけだが、そうすると価格競争になり、日本の農業は勝てない。世界で勝つためには大規模化が難しい限り、狭い土地での質の勝負、つまり付加価値向上という意味の高度化で対抗するしかないだろう。植物工場はこの意味でも有力候補である。

最近は韓国、台湾、中国など東南アジア諸国における植物工場への関心の高まりが著しいが、オランダやアメリカなど農業先進国でも商機を狙っているようだ。

しかし植物工場、なかんずく人工光型植物工場（完全制御型植物工場ともいう）の実用化のためには、いくつかの問題が残されていることも事実である。まず生産コストがかなり高くつくので、さまざまな面での「コストダウン」が基本的な課題になる。次にうまみなどの「品質」の問題がある。無農薬・清潔というだけでは市場性がそれほど高くない。

そしてこれらの問題とからんでもう一つ、「流通」という問題がある。

工場野菜はスーパーでもあまりみかけないし、一般野菜とはっきり区別されて売られていないケースが多い。数年前のある調査によると、工場レタスの流通量は全レタスの〇・六パーセントにすぎなかったというデータがある。一般的にいえば、製品（工場野菜）が売れないような産業（植物工場）は成立しない。いまのところ、工場野菜の流通量は少なく、植物工場は天候異変や災害時にしか注目されないというのが実情である。この状況を打破するには基本的に以下に掲げる課題の解決が必要である。

① コストダウン。一般野菜とほぼ同価格で売ってそれなりの利益が出ること。
② 味を一般野菜よりも平均的に良くすること。
③ 流通量の確保と調整。植物工場は安定供給ということがうたわれるが、一般野菜と連動するので「不安定需要」になっていることが忘れられている。買いたいときに買えず、売りたいときに売れないということが生じる。
④ 差別化（ブランド化）による明確な区別。まずは無農薬栽培、生菌数極少、大腸菌ゼロ、虫（異物）なしといった安全面を強調していくことが大切だろう。一般財団法人

社会開発研究センター植物工場・農商工専門委員会は二〇一二年一二月、会員数社の工場野菜を「植物工場やさい」の名称で共通ブランド化すると発表した（『東京新聞』二〇一二年一二月一六日ほか）。露地栽培の野菜と差別化を図るのが狙いであるが、そのロゴマークを図1に示す。これで消費者の認知度が多少は高まった。

⑤生産者と実需者とのマッチングのみならず生産者同士の情報交換と相互融通を推進するための第三者組織。これについては全国の植物工場の生産者を集め、新たな一般社団法人「生産者のための人工光型植物工場協議会」が設立された。

図1　「植物工場やさい」のロゴマーク

とくに①のコストダウンに関して、最近の節電意識が人工光型植物工場には大きなマイナス要因となっている。植物は基本的に光合成によって成育する。その光を節電によって少なくしてしまったら、成育が遅くなるだけではすまない。光の性質により蛍光灯型植物工場では栄養価や味も落ちるだろう。一番の問題は償却費など電力代以外のコストの割合が相対的に増大し、生産コストを引き上げてしまうことにある。大切なのは電力の「倹約」ではなくて、「省エネ」を前提としたうえでの必要十分な光の使用なのである。

以上の諸点を考慮すると、これからはＬＥＤ植物工場に期待するところが大きい。ＬＥＤ（発光ダイオード）には植物の好む特定の赤色と青色、そして白色を発光するものがあるので、これらを使うと植物が効率よく成育するのみならず、野菜の品質が高まる。つまり味や栄養価の高いものができやすいのである。またＬＥＤは寿命が長く、熱線を含まないので野菜に近接でき、照明効率が高まるとともに空間の節約になる。問題は初期コストが高くなることで、そのため現状では、実用化された大型のＬＥＤ植物工場というのは、世界でも北海道岩見沢にあるコスモファーム関連工場と昭和電工のＳＨＩＧＹＯシステムしかない。しかしＬＥＤは研究には盛んに使われている。半導体素子の技術進歩は早いので将来、ＬＥＤのコストダウンによってＬＥＤ植物工場が普及することは間違いないと思われる。

人工光型植物工場と太陽光利用型植物工場

植物工場とは野菜や苗を中心とした作物を施設内で光、温湿度、二酸化炭素濃度、培養液などの環境条件を人為的にコントロールし、季節・場所にあまりとらわれずに安定生産

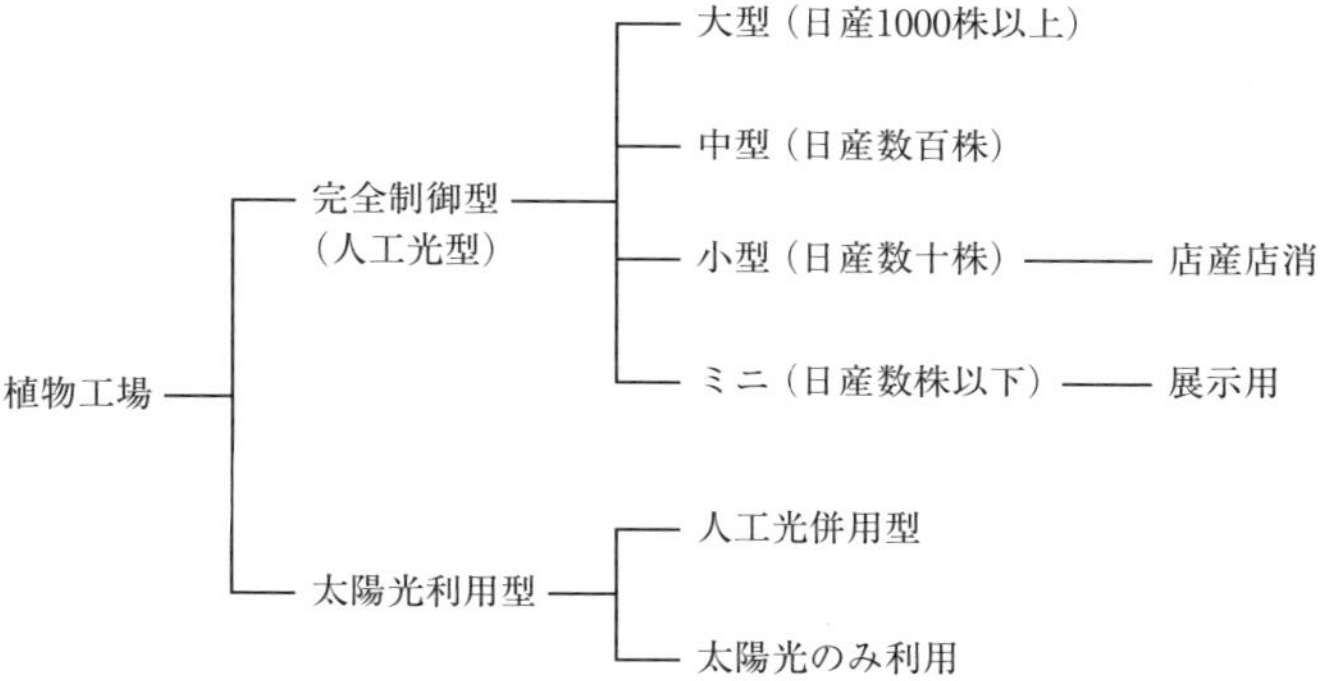

図２　植物工場のタイプと広がり

するシステムをいう。ほとんどの植物工場では制御しやすい水耕栽培を使う（例外的に有機栽培による植物工場の試みもある）。

植物工場には大きく分けて、完全制御型植物工場と太陽光利用型植物工場の二種類がある（図２）。制御型は太陽光をいっさい使わずに人工光のみを利用し、温度、二酸化炭素、培養液環境など他の環境条件を含めて、完全に人工的にコントロールしようとするシステムの総称である。

筆者が最初に「完全制御型」と表現して「人工光型」としなかった理由は、歴史的な経緯を考慮したものであり、また論理的なことでもある。まず人工光型としてしまうと、当初の植物工場を牽引したモヤシやキノコなどの光を使わない植物工場をどう呼ぶのか。これらも立派な「植物工場」

であり、少なくとも過去にキノコ工場は盛んに議論された。これらを植物工場に含めるためには、完全に人工的な植物工場を「完全制御型」と呼ぶほうが適切である。人工光型とか完全人工光型と呼ぶのは植物工場の外延を狭めることで、少なくとも過去には論理的ではなかった。また太陽光と人工光を併用する植物工場はどう呼ぶのか。いまは人工光併用型と呼ぶ場合が多いが、当初はハイブリッド型ともいわれ、分類がすっきり二分されないきらいがあった。しかし言葉の問題であるから、本質的な問題ではない。最近は人工光型と呼ばれる方が一般的になっているので、本章でも以後は人工光型という呼称を使う。

さて農業の歴史からいえば、施設園芸から発展してきた太陽光利用型植物工場が、植物工場の発生としては自然であった。事実、植物工場の元祖ともいわれるデンマークのクリステンセン農場は太陽光利用型であった。土耕からハウス栽培へ、さらに水耕栽培（養液栽培ともいう）へと環境制御が高度化してきた延長上に太陽光利用型植物工場が存在する。したがって太陽光利用型植物工場と通常の水耕栽培との区別がつきにくい場合がある。

一般には大型かつ環境制御がより高度で、ある程度の自動化が施されており、その結果、周年生産と省力化を実現しているシステムを、とくに「植物工場」と呼んでいることが多い。人工光併用型は植物工場と呼んでよいが、太陽光利用型はケースバイケースである。

太陽光利用型植物工場は、太陽光という不確定要因が決定的な環境要因になっており、この意味で従来の農業生産の本質的な問題を引きずっている。すなわち多かれ少なかれ天候次第の生産にならざるをえず、収量の正確な予測と制御が難しい。したがって栽培者の勘と経験が植物工場においてさえ、かなりものをいう。人工光併用型の植物工場ではこの点はかなり改善される。また太陽光利用型では一般的には無農薬栽培が難しい。せいぜい可能なのは低農薬栽培である。それに太陽光があたらないと栽培できないわけで、平面(一段)栽培のみが可能で、設置面積が大きくならざるをえない。

とはいえ太陽光利用型植物工場が有利な点も明らかである。なんといっても太陽光が無料ということが大きい。太陽光利用型が、完全人工光型がもっぱら栽培の対象にする葉菜類のみならず、果菜類全般や、コストさえ合えば穀物やイモ類など何でも栽培可能であるのはこの理由による。ただ水耕栽培を使っているため、根菜類の栽培は限られる。

一方、人工光型植物工場は太陽光をいっさい使わず、蛍光灯やＬＥＤなどの人工光のみによって栽培するシステムである。天候に影響されず周年安定生産が可能で、しかも完全無農薬栽培が実現される。果菜類には向かないかわりに、レタス類やハーブを中心とする葉菜類、および各種苗生産の未来の本命になる可能性を秘めている。果菜類や穀類などは捨てる部分が多く可食部分が少ない。そのため人工光型で栽培すると電力代の無駄が多くなり、ほとんどの場合コストに合わなくなる。将来、非可食部分をエネルギーとして再利用する道が開かれれば、この限りではないかもしれない。

人工光型植物工場の利点も明らかである。天候に左右されず、場所を問わない。企業においてはとくに人工光型が関心を集めているが、それは空いた工業団地やシャッター街化した商店街、飲食店内など、空きスペースに設置できる点、また容易にビル農業の形にできるので、狭い土地でも大量生産できる点などが注目されている。工場野菜は年中、品質が安定しており、また生菌数が少ない。ある調査によると、いくつかの人工光型植物工場で生産された工場野菜（レタス）の生菌数は、平均してグラムあたり三万個であった。一方、露地レタスのそれは五〇倍以上あった。三万個というのは意外に多い数字であり、厳密に管理された工場野菜ならグラムあたり数百個とか数千個が普通であろう。

現在、人工光型植物工場は日産株数によって大型からミニまで、さまざまな規模のシステムが開発されている。大型といわれるのは普通、レタス換算で一日あたり一〇〇〇株以上のもので、中型は一日あたり数百株が目安になる。小型植物工場の多くはレストランなどに設置されて「店産店消」（飲食店などで野菜を作って店で消費する）を実現している。

ミニ植物工場はもっぱら展示用あるいは家庭用である。

人工光型植物工場の歴史

人工光型植物工場は現時点では世界的にみても我が国がもっとも進んでいる。我が国の研究開発は一九七四年に日立製作所中央研究所で筆者らによって開始された。オーストリアのルスナー社やアメリカのジェネラルエレクトリック社など、欧米では開発こそ先行したものの、植物工場としての基礎的データは必ずしも作られていなかった。

我々はその基礎づけをするために、レタスの一種であるサラダナを実験資料に選び（果菜類ではピーマンを選んだ）、工場生産に必要と思われる環境条件と成長の関係について定量的で精密な成長データを蓄積した。こうして工場生産の原理である大量生産と規格化を実証した。つまり環境制御による成長促進と栽培データの定量化である。実現したのが一九七七〜七八年のころだったと思うが、これは世界でもはじめてだったようで、その後の植物工場の基礎データとなった。アメリカのゼネラルフーズ社は実際の植物工場でこのデータの追試を行い、またルスナー社も我々の研究に関心を持ち、議論を重ねたことがある。

最近はアジア、とくに韓国や台湾、中国からの関心が高まっている。韓国ではスーパーのロッテマートが店内に植物工場を作り工場野菜を販売するなど、店産店消の試みがいくつか行われ、アジアや中近東への輸出の可能性も検討されているという。ただ注意すべきは、韓国のように電気料金が日本よりずっと安い国でも、採算に乗る人工光型植物工場はまだ現れていないという点である。

これまで植物工場には大きく三つのブームがあった。第一次ブームはダイエーのバイオファームや筑波科学万博に回転式レタス生産工場が展示された一九八〇年代なかごろから後半にかけてのことだった。日立の研究をきっかけにして、いくつかの企業が取り組み始めた。バイオファーム（一九八五年）はダイエーの店内に小型の植物工場を設置して、工場野菜を毎日一定量販売した試みである。いま注目されている店産店消型植物工場のほぼ三〇年前の先駆けとして歴史的な意味を持っている。

第二次ブームは農水省の補助金が導入され、キユーピーがこれを受けていくつかの植物工場を作り、工場野菜を販売し始めた一九九〇年代である。光源に高圧ナトリウムランプを使用するキユーピーの植物工場は現在も一〇カ所ほどで稼動している。しかしこの二つのブームは結局、コストと品質といういまだに残る二つの問題を解決できずに、しばらくすると下火になっていった。

二〇〇九年に始まる植物工場の第三次ブームは、産官学一体になったにぎわいをみせている。そのきっかけを作ったのは経産省と農水省による国の支援だった。二〇〇八年度に農商工連携研究会植物工場ワーキンググループが設置され、二〇〇九年四月に報告書が出された。ほどなく植物工場の振興のために、百数十億円にものぼる補正予算が組まれた。いまこれらの資金がいくつかの研究コンソーシアム（大学と企業の共同体）に配分され、人工光型と太陽光利用型を合わせて植物工場の研究開発が盛り上がっている。

2　さまざまな課題

システム構成

安全性という点で工場野菜は理想的であるが、実用化という点ではまだ根本的な問題が残されている。コストダウンや味など品質の問題、流通の問題、そしてこれらに関係する技術的問題である。まず人工光型植物工場システムの構成から入ろう。

植物工場は施設、環境制御機器、栽培装置、各種のセンサー、栽培ノウハウなどを含め

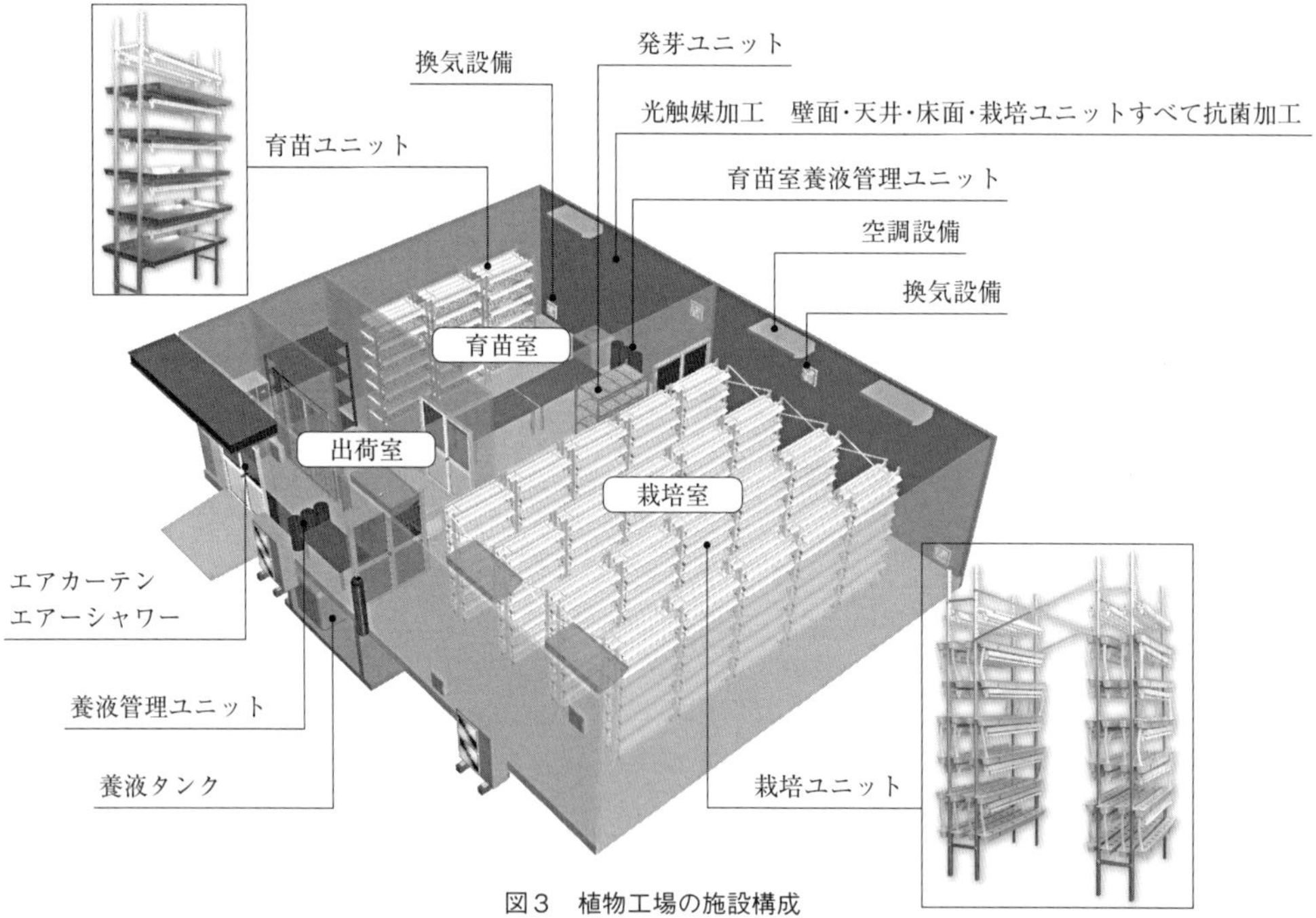

図３　植物工場の施設構成

た総合的なシステム技術である。その施設構成をみると播種育苗室、栽培室、出荷室を中心に、機械室、作業室、管理室、倉庫、通路などに分かれている（図３）。

人工光型植物工場では外界の光と熱を遮断するために、天井や壁を断熱性の高い材料で作る。たとえば硬質ウレタンフォームやポリスチレンフォームなどを複合的に使った断熱パネルである。さらに病害虫の侵入を防ぐために出入り口を二重扉にして、エアシャワーを備えるなどの注意を要する。エアシャワーだけでは不十分と考える場合、入室者に温水シャワーを要求するよう徹底している所もある。

人工光型植物工場では普通、天井の高さに応じて栽培装置は四～一〇段の多段栽培を採用している。普通の天井の高さでよく採用される四段栽培の模式図を図４に示す。ここは昇降式照明枠によって、ランプと植物の間隔を保っている。また育苗室や栽培室のように環境制御によるランニングコストがかかる部屋では、栽培部分以外の面積（通路など）をできるだけ少なくする必要がある。

栽培装置の天井や側面は、ランプの光をよく反射させるための白色反射板や、アルミホイルで囲うような試みが必須である。栽培面に鏡を貼りつけて反射率を高めるような試みすらある。工場の内面も白色に塗装するなどして、全体を明るくすることが望ましい。外

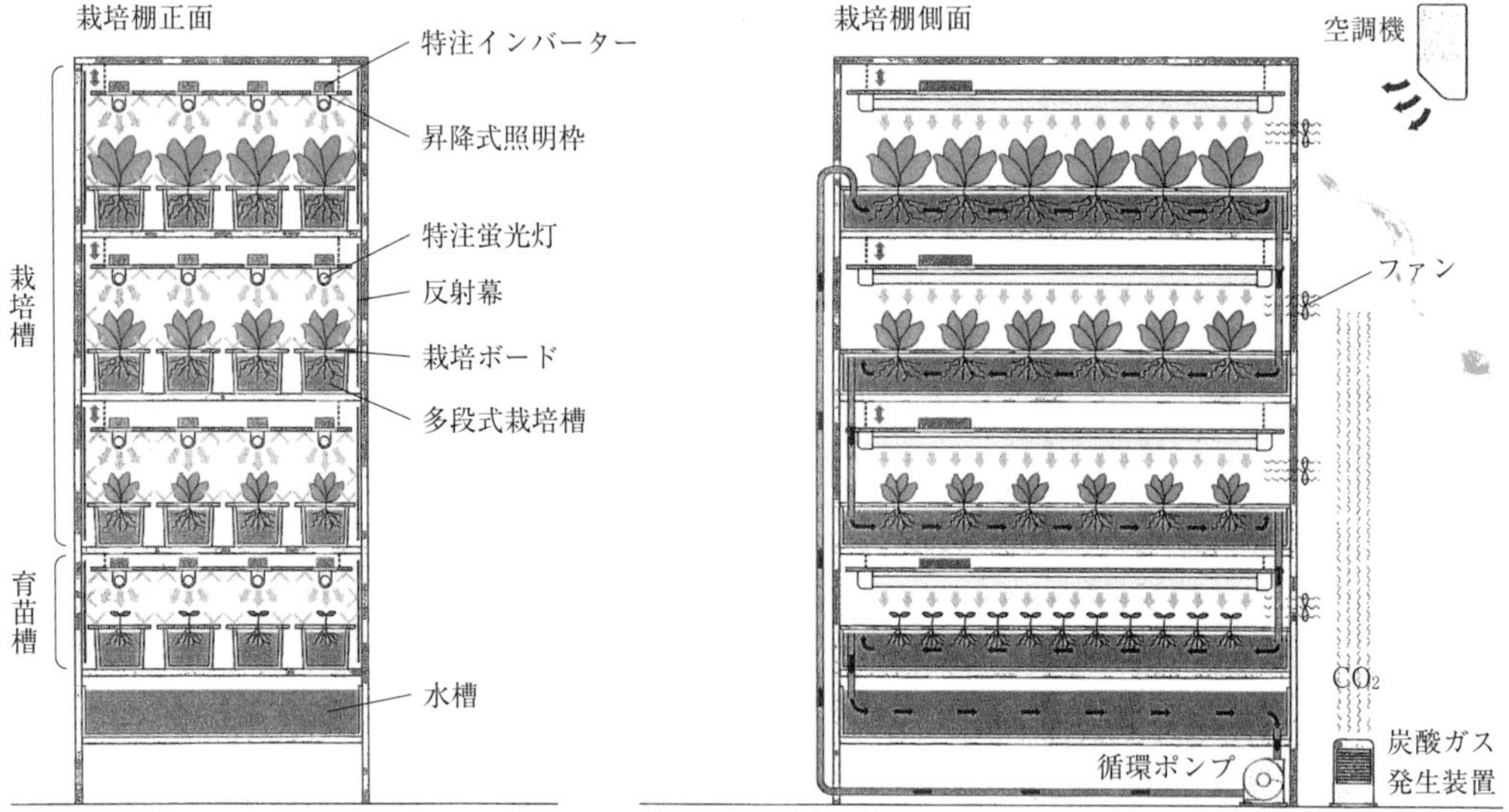

図４　４段栽培の人工光型植物工場

界からの熱の浸入を軽減するために、建屋の外面も白色塗装することがある。

コストの問題

現時点で採算に乗せている大型の人工光型植物工場は、筆者の知る限り数えるほどしかない（それでも現実に存在するとはいえる）。まず生産コストの問題であるが、現実にうまくいくためにはレタス一株の生産原価を七〇〜八〇円以下に抑える必要がある。そうすると一〇〇円以上で売れれば何とか採算が取れる。基本的な課題はもちろん、さまざまな面でのコストダウンが必要であるが、まず償却費低減のために施設全体をできるだけ安価に作ることが要求される。この点、空き工場などを利用することによって建設コストの低減が期待できる。小学校の廃校舎を利用したアルミスの植物工場などが代表例である。そのほか、照明効率向上のために反射板を工夫するとか、植物工場のモジュール化・規格化によるコストダウンなども重要な技術課題であろう。

将来はＬＥＤ植物工場が有望であるが、現状では照明設備コストが高く、その大幅な低減が求められている。しかし先述のコスモファームは一三年間、連続稼動によって完全に償却を終え、現在は利益が出ている。このコスモファームでは札幌生協と契約するなどして販売先を確保している点が強い。

品質の問題

次の問題として、おいしく栄養価の高い野菜の栽培技術が要求される。工場野菜の特徴は完全無農薬、細菌数が非常に少なく清潔で洗わずにそのまま食べられる、またそのために長持ちする、ロスが少ない、製品のバラツキが少ない、独特のシャキシャキ感があって食べやすい、などである。つまりきわめて安全・安心なのであるが、残念ながらその良さが消費者に広くは知られていない。無農薬・清潔というだけでは、現状の市場性はそれほど高くない。安全・安心だけでは消費者は高く買ってくれない。消費者は安いかおいしいかで食品を選ぶから、価格の高い工場野菜は異常気象でも来ない限り不利になる。

工場野菜のメリットを把握しようと、施設園芸協会が植物工場関連事業の一環として二〇一〇年度より「メリット情報専門委員会」を開催してきた。我が国のいくつかの人工光型植物工場と太陽光利用型植物工場で生産されたレタス類（グリーンリーフ、フリルアイス、ロメインレタスなど）を中心にして、同じ品種の同時期の土耕レタス類とともに糖度、抗酸化力、ビタミンC、硝酸イオン、ミネラル類、味を定量的に測定して比較するという画期的な試みである。二カ月に一度程度測定し、現在三年ほど経過している。なお測定に使われた人工光型植物工場はすべて光源に蛍光灯を使用したものである。

測定結果の大雑把な傾向を紹介すると、まず確実にいえることは土耕よりも工場野菜の方が品質のバラツキが少ない、また生菌数がずっと少ないということである。しかし工場野菜は水耕栽培を採用しているので硝酸イオン濃度がかなり高かった。そのほかの成分や味は「バラツキの範囲内」で、明確な優劣はつけがたい。つまり現時点では工場野菜の方がはっきり栄養価が高いとかおいしいとはいえない。しかし劣っているともいえない。これだと工場野菜の価格が高いときはあまり売れず、逆に天候不順で露地物が高いときは売れることになるだろう。つまり天候に左右されて需要が不安定になる。

品質とコストの問題に関連して、植物工場生産の課題を列挙すると次のようになる。

① カット野菜、加工用野菜の生産（大型化）。
② 機能性野菜、薬草の可能性（高付加価値化）。
③ ある種の果菜類（イチゴなど）の苗栽培への展開。
④ 高成長、密植性、チップバーン（縁腐れ症）抵抗性など、植物工場向き品種の開発。

照明の問題

味と栄養価の問題は栽培光源の問題とも関わっている。現状の植物工場の大部分で使われている蛍光灯には、植物が好む独特の赤色と青色、つまりクロロフィル（葉緑素）による光の吸収ピークに相当する赤色（波長六六〇ナノメートル近辺）と青色（波長四五〇ナノメートル近辺）があまり含まれていない。そのため必ずしもおいしくて栄養価の高い野菜ができていない。

工場野菜はなぜコスト高で必ずしもおいしくないかについてのもう一つの理由は、最近の節電ムードにあおられ、光の量が十分でないためだと思われる。これは原発事故以来とくにはなはだしい。植物は光によって育つのであり、この点は動物の飼育や養殖とまるで違うのである。植物栽培で光を節約してしまったら、生産量が減る分だけ電力代以外のコストの相対的比率が高まり、生産コストを引き上げてしまうだろう。味の点からみても、光が弱いので硝酸態窒素（硝酸イオン）も多くなって苦味を増すことが考えられる。

人工光型植物工場実用化の一つのポイントは、光の無駄をなくしつつ、しかも必要十分に使い、光強度と日長の最適制御を施すことである。このことは非常に重要だと思うのだが、生産者にあまり理解されていないし、実際にもあまり実現されていない。そのため、この問題に紙数を割いた。

流通の問題

人工光型植物工場で作った野菜はもともとコスト高になりがちなので、売れ残ったら損害が大きい。もっとも基本的なことは全株を売り切る努力である。したがって植物工場をやる場合には、工場野菜の流通経路を確保しておくことが必須になる。

作ったものが一定価格で（生産コスト以上で）すべて売れれば、植物工場には何の問題もないわけである。値段を安く叩かれた場合でも、損益分岐点に達する量を売り切れれば、これも何ら問題はない。ところが現状の工場野菜は露地物と値段的に区別されない。消費者や流通業者に付加価値を認められていない。だから露地物と同じ値段で売らなければならない。卸売市場を通すよりも業者に直接売り込む方が得策だが、この売り込みは大変である。天候異変によって野菜が高いときは楽だろう。といっても工場野菜にあまり需要が増えても生産が追いつかなくなる。急に増設というわけにはいかないからである。

一方、野菜価格の安いときも多いので、下手に増設もできない。野菜価格の安いときも何とか売り切らなければならない。在庫調節のためには、どこの植物工場で何をどのくらい作っているか、どのくらい余っているか、あるいは足りないかなどのトータルな情報化と、お互いの融通が必要であろう。この全面的な実現はかなり先になるかもしれないが、ローカルにでも進める必要があると思われる。ほかにネットを通して販売する手もあるだろう。やはり最終的には、工場野菜を差別化するための認定が望ましい。それが叶わない間は、せめて工場野菜に対する何らかのブランディングが必要である。

工場野菜はまだ主婦層や外食産業者にその良さがあまり知られていない。最近はマスコミへの露出度も増えているので、多少は改善されているが、いまでも主婦を中心に「ランプと水で育てた野菜は不安だ」「工場という言葉に違和感がある」「太陽と土で育った野菜を食べたい」といった声がときどき聞かれる。工場野菜の特徴を消費者や流通業者に理解してもらう努力が必須であろう。

また工場野菜のコストを吸収するためにレストランなどの店舗に小型の植物工場を設置して、サラダなどにして客に提供する試みが盛んになっている（店産店消）。これには集客力のみならず、生産物のトレーサビリティーがはっきりするというメリットもある。

たとえば電通ファシリティマネジメント（電通ワークス）がカレッタ汐留のレストラン内にサラダ用植物工場を設置した例や、日本サブウェイが丸の内店のサンドイッチ売場に作った小型システム、ニュートーキョーが経営する田町ビル店などが話題になった。また九州屋は東京池袋の東武百貨店の野菜売場で住田野菜工房の工場野菜を販売しているが、展示用ミニ植物工場を併設したことがある。その期間の売り上げは五割増しだったという。

3　植物の光反応と照明技術

フィトクロームとクロロフィル

人工光型植物工場でもっとも重要なのが照明である。植物は照明がなければまったく育たないし、電力代のなかで照明の占める割合が圧倒的に多い。全生産コストに占める電力代の割合は二五〜三〇パーセントである。しかし電力代に関しては植物工場生産者のなかにも多くの誤解がある。このもっとも重要な問題について述べていこう。

植物の光反応のスペクトル（光の成分を波長順に並べたもの）は、植物工場においていかなる光源を選択すべきかを教えてくれる基本的な指針となる。植物は基本的には光合成《こうごうせい》（光を使って二酸化炭素から有機物を作ること）によって成長するが、そのほかに重要な光反応として光形態形成《ひかりけいたいけいせい》（光によって成長や分化が影響されること）がある。これには弱

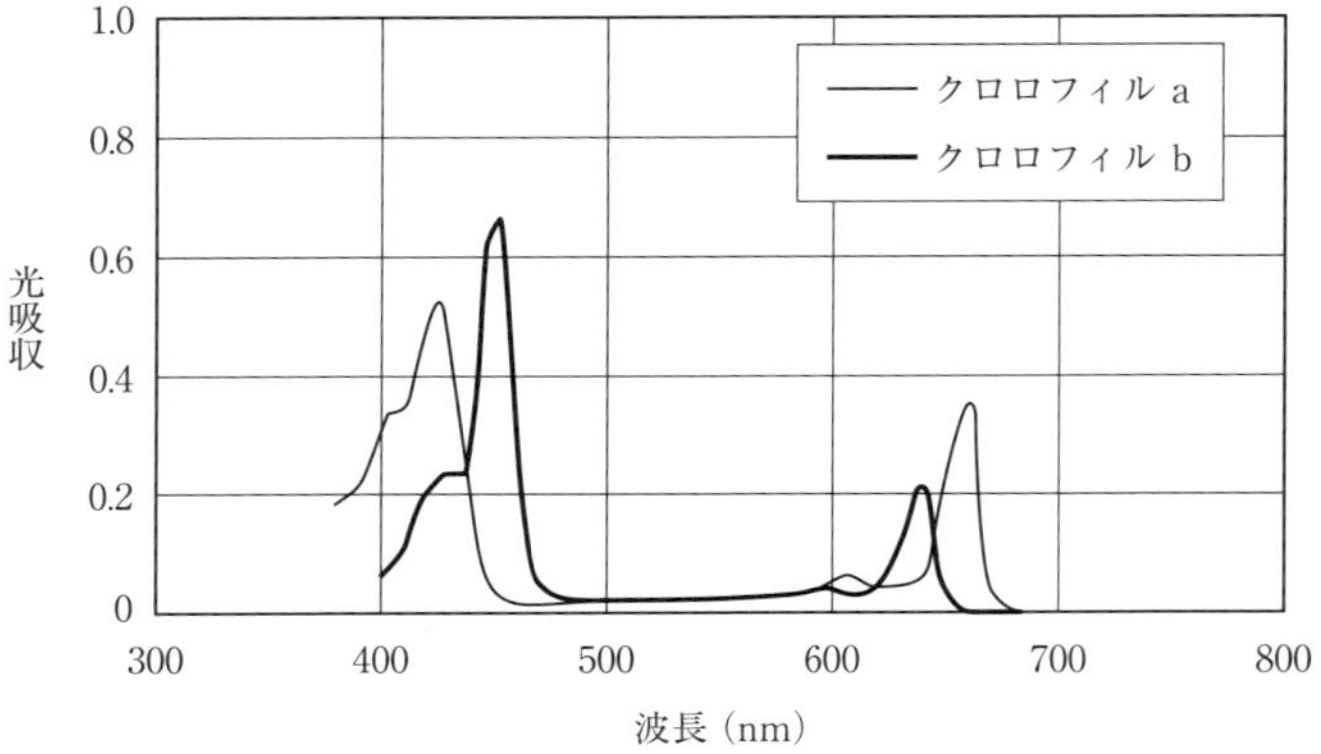

図5　クロロフィルの吸収スペクトル

光反応と強光反応があり、フィトクローム（後述）の働きを介して種子発芽、花芽分化、開花、子葉の展開、葉緑素合成、節間伸張などの植物の質的変化に関与する。

光合成はクロロフィルという色素が関わるが、これは図5に示す吸収スペクトルを持っている。これをみると赤色（六六〇ナノメートル近辺）と青色（四五〇ナノメートル近辺）に二つの吸収ピークがあり、この波長が光合成にとくに有効であるということを示している。筆者らの初期のLEDを使った実験によると、植物の健全な生育にはこの赤色光と青色光がバランスよく配合されていることが大切で、いくつかの葉菜類に対して、光量《こうりょう》子《し》束密《そくみつ》度《ど》という光の単位（後述）でR／B比（赤と青の比率）が一〇対一あるいは五対一程度が適切であった。

一方、光形態形成に関わる光受容体（特定の波長を感知して成長・分化に関係する色素タンパク質）であるフィトクロームは、弱い光条件での反応では六六〇ナノメートル近辺の赤色光により活性化され、七三〇ナノメートル近辺の遠赤色光により不活性化されるという性質を持っている。強い光条件での反応では四二〇ナノメートル周辺の青色光が有効である。

また、光周性《ひかりしゅうせい》（光周期に反応する性質）にもフィトクロームが関わっている。植物には日長が一定時間より短くなると花芽を形成する短日《たんじつ》植物と、その逆の長日《ちょうじつ》植物、そして日長の長短にかかわらず花芽を形成するトマトのような中性植物がある。この光周性は人工光型植物工場では無視できない重要な問題である。結論からいえば人工光型植物工場では「極端な長日条件がコストダウンにつながる」といえる。有力な生産対象として考えられていたレタス、ホウレンソウ、シュンギクなどは長日植物であるものの、一般には、はなはだしい長日条件は好ましくない。しかしレタスなどに対しては、花芽形成の遅い品種を選ぶことによって極端な長日条件下でも花芽形成前の収穫は可能となる。ただ、ホウレンソウは一二時間以上の日長は無理なので、実用化植物工場で生産されることはなかった。

ＬＥＤの特徴

ＬＥＤ植物工場は将来の人工光型植物工場の本命になる可能性がある。ＬＥＤの特徴をここでまとめておこう。

人工光型植物工場にとって最大の特徴は、発光波長がクロロフィルの吸収ピークにほぼ合致するＬＥＤを選択できるという点である。偶然ではあるが、赤色（六六〇ナノメートル）と青色（四七〇ナノメートル近辺、実際には四五〇ナノメートル付近が最適）のＬＥＤが存在する。いまはほとんど植物工場やその研究にしか用途がないので、需要が少なく高価なことが欠点である。またＬＥＤ基盤には何らかの結露防止対策が必要である。利点としては、省エネ、長寿命、熱放射がない、小型軽量、低電圧駆動、光合成に有利なパルス照射が可能といったことが挙げられる。この植物工場用ＬＥＤを使うと、植物による光の吸収効率が高くなり、赤と青を揃えることで比較的弱い光でも健全に成育させることができる。

実際、筆者らの実験によると、植物は一般に赤色をとくに好むためか、ＬＥＤで育てた野菜は蛍光灯で育てた野菜に比べて甘みがあり、太陽光で育てた野菜と比べてもビタミンＣの含有量はまさっていた。

光源の種類と比較

現在、植物工場の栽培用光源には表２に示すような、さまざまな光源が考えられている。植物工場用光源として導入する場合に検討すべき必須項目を選んで比較してみる。ここではキーポイントになる初期導入コスト、寿命、消費電力に限って簡単に説明しよう。植物工場でもっとも重要なコストは初期導入コストと電力代である。とくに光源に関するコストは現状では全体の三〇～五〇パーセントと大きな割合を占める。五〇パーセントというのはＬＥＤの場合である。

まず初期導入コストのみで比較すると、現状の植物工場で多く採用されている蛍光灯がいちばん低価格である。ＬＥＤは一桁も高くなる。

次に寿命だが、赤色ＬＥＤが最長で、次いで白色ＬＥＤ、ＣＣＦＬ（白色冷陰極管）と続く。同じＬＥＤでも白色と赤色で寿命が異なるのは蛍光体のためである。白色ＬＥＤは青色ＬＥＤに黄色の蛍光体を塗布して作られるが、この蛍光体の寿命が短い。

最後の消費電力は、光源から二五センチ照射下の栽培面（一平方メートル）を光合成有効光量子束密度（ＰＰＦＤ／注９、10参照）が一〇〇マイクロモル毎平方メートル秒で均一に照射するために必要な消費電力の目安である。これは植物工場一平方メートルの栽培

表2　光源の種類と比較

照明装置価格（円/W）	寿　命（hrs）	光束効率（lm/W）	コストパフォーマンス（円/lm）	消費電力（W）
1,000	60,000	100	3.0	200
1,000	100,000	30	20	100
150	12,000	80	0.19	200
400	24,000	140	0.64	180
500	10,000	100	0.6	300
300	50,000	65	0.23	200

立ち上げ方・進め方』日刊工業新聞社，2013年。

面で八五〜九〇株収穫することを想定している。苗の状態では株数が多く、収穫直前には六〇株程度になるので平均した株数を表している。この消費電力が低いほど植物工場用光源に適している。

これをみると、一般的に低消費電力といわれている白色ＬＥＤは蛍光灯やＣＣＦＬと変わらず、逆に赤色ＬＥＤの消費電力が驚くほど低くなっている。昭和電工製ＬＥＤのような効率の高い製品を使用すれば、蛍光灯の五分の一の電力ですむ。消費電力のみで考えると、赤色ＬＥＤ植物工場がもっとも有力である。青色や白色ＬＥＤの電力消費は赤色ＬＥＤより大きい。青色は栽培光源としては現状

光　源	ランプ価格（円/W）
白色LED（YAG系）	300
赤色LED（660nm）	600
白色蛍光灯FL（40W）	15
高圧ナトリウムランプ（180W）	89
メタルハライドランプ（150W）	60
白色冷陰極管CCFL（10W）	15

出典：森康裕・高辻正基『LED植物工場の

では使えないが、白色はコストダウンが著しいことと栽培品目を増やせるので有力である。

ただし赤色ＬＥＤには初期導入コストが高いことと、適切な形態形成に必要な青色の波長がないため特定の品種しか成育できない、という短所がある。赤色ＬＥＤだけで栽培可能な特定の品種を量産する植物工場にするか、あるいは蛍光灯を使用して多品種出荷できる植物工場にするかは生産者の戦略になる。

光束法

光束法は照明設計に必須の方法である。植物工場における照明設計では、まず与えられた植物を健全に、あるいは効率的に育てるために必要な「光強度」を決める。そしてその植物の「栽培面積」に応じて、「保守率」と「照明率」を考慮に入れ、どの程度の「光量（光束）」を要するのか、具体的にいえば何ワットの蛍光灯が何本いるかとか、何ルーメンのＬＥＤが何個必要かを求める。

保守率とはランプの寿命や汚れを考慮に入れた係数で、普通は〇・五五～〇・八五の値を取る。この量はつねにランプの掃除が行われているとすれば、光束維持率（交換直前の光束／初光束）に等しい。

照明率は全光束に対して栽培面に入射する光束の割合で、光源の反射笠、高さ、天井や壁の反射率で決定される重要な因子である。理論的には最大値は一だが、人工光型植物工場ではできるだけ光を無駄なく植物に集める必要がある。

これを計算すると、レタス一個を育てるのに一ワット程度の光電力があればよいということになる。(1) よく使われる消費電力四〇ワットの蛍光灯の光電力は八ワット程度だから、この蛍光灯一本で理論的にはレタス八個が栽培できるということになる。ただ多くの植物工場では、保守率×照明率の値がもっと低くなっているようで、これでは必要となる光量が多くなってしまう。植物工場実用化のためにいっそうの工夫が求められる。

4　光制御によるコストダウンの考え方

光がないと植物は成育しない

あたりまえのことだが、植物は動物と違って光によって成長する。光がなければ葉を形成することもできないが、十分な光があればよく成長する。したがって人工光型植物工場においても光が十分でない場合、電力代は減るかもしれないが生産量も減り、償却費などそれ以外のコストの割合が相対的に増え、生産コスト自体を上昇させてしまうだろう。植物は光によって成長するのであって、建物や装置や人によって成長するのではない。つまり植物は光と二酸化炭素と根から吸収した水とから炭水化物を作り、それによって植物体を構成する。その際、肥料成分は植物体を作る生合成に、また植物の呼吸はエネルギーに寄与する。

ある人工光型植物工場がコスト面でうまくいっているかどうかの判断は、生産コストに占める電力代の割合からある程度わかる。この割合が高いほど、生産コストは低減しやすい。ただしもちろん、光を無駄なく効率的に利用するという前提のもとでの話である。このようなあたりまえの話が、植物工場の生産者や関係者にあまり理解されていない。この分野の学者も例外ではない。繰り返すが植物工場にとっての問題は安易な節電ではなく、必要十分な光のもとでの省エネなのだ。

与えられた命題は、植物工場をコスト面からみた場合の光の最適制御である。人工光型植物工場は人工光のみを利用するから、光の制御がもっとも重要であることは誰にもわかる。しかし実際にやっていることといえば右にならえ方式で、多少の勘と経験は含まれているが、特別の考えもなく光強度と日長を適当に決めている。たとえばレタスの場合、皆がそうやっているから光強度を一二〇マイクロモル毎平方メートル秒程度にしよう、節電を口うるさくいわれた場合はそれを一〇〇程度に落とそう、といった具合である。日長はといえば一四時間程度に設定しているところがほとんどで、多くてもせいぜい一六時間である。なかには安い夜間電力を主に使いたいということで、日長を一〇時間前後に限定しているところもある。もちろん安い夜間電力を使うこと自体は合理的で、推奨すべきことではあるのだが。

上記のような設定でも現実に悪くはないケースもある。どうしても夜間電力を使いたいという事情がある場合もあるからだ。しかし植物工場を構成するさまざまな要素によって、生産コストをミニマムにするという意味での最適な光強度と日長の組みあわせは、かなり異なってくる。おおまかにいえば、光強度は比較的弱くても日長をできるだけ長くすることがコストダウンにつながる。そのうえでチップバーン（縁腐れ症）が起こらない範囲で光強度を強くすることが望ましい。

生産コストの概略

以下の各項はかなり専門的な説明部分が増える。しかし植物工場に参入する可能性をもつ読者の存在を想定し、章末資料と合わせて具体的に解説する。

これは数式を使った説明も入るので、まず概略を述べておこう。基本となる概念は「一株あたりの生産コスト」であり、これをミニマムにすることが問題になる。「重量あたりの生産コスト」という概念もあるが、基本的には同じことである。

一株あたりの生産コストは、その植物工場にかかる一日あたりのコストが安いほど低減することはいうまでもない。また植物の成長率が高いほど、コストあたりの生産性が高まるから低減する。植物工場のコストは電力代に依存しない部分（償却費、人件費、材料費、出荷費など）と電力代に依存する部分（照明費、空調費など）との和である（ただし後述するように基本電力と従量電力は分けて考える必要がある)。

ここで制御対象となるのは照明費、空調費にかかる電力代で、照明費は光強度と日長の積に比例する。空調費も照明熱を除去するためにかかるわけだから同様である。この電力代はもちろん電力代金が安いほど、また光の利用効率が高いほど、さらに省エネになっているほど低減する。一方、植物の成長率は、植物は基本的に光合成によって成育するから、光合成速度にほぼ比例すると考えてよい。ところで光合成の光強度および日長依存性は、ここではサラダナ(レタス)に対して測定されているデータなので、このレタス生産工場の生産コストは植物工場のコストとあわせて、光強度と日長の関数として表すことができる(2)。

コスト低減のためには当然のことながら、生産コストを最小にするような光強度と日長の組みあわせを求めることになる。以下の分析で、その最適な組みあわせが一般的に存在することがわかって頂けると思う。ただし現実の植物工場でつねに実現されるわけではない。なぜなら数値的に求めた光強度と日長は現実的に到達可能な数値でなければならないが(たとえば日長は二四時間という制限がある)、植物工場の諸要素(規模など)によって実現不可能なケースが出てくるからである。その場合は実現可能な範囲で最善の値を選ぶということになる。

一般的にいえば光合成には飽和効果があるので、あまり強い光強度は飽和領域に入って利用効率が落ちる。しかし光を十分に利用して植物の成長を旺盛にして、非電力代の部分を相対的に低減しようという立場からすると、光飽和ギリギリの光強度のところと長日条件下に最適値があると考えるのが合理的であろう。ここがポイントなのである。だから光強度をほどほどに保ちながら日長を長くすることが、生産コスト低減のポイントになる。レタスの場合でいえば、適度な光強度を保ちながら夜なしの二四時間照明の場合にもっともコストダウンになる。

先に説明した基本的な考え方に沿って、最適条件では全生産コストに占める電力代の比率が高いほど生産コストは安くなり、最適の光強度が弱くてすむことがわかる。なお弱いといっても、少なくとも一二〇マイクロモル毎平方メートル秒程度は必要になろう。したがって人工光型植物工場においては、償却費や人件費などをできるだけ低く抑え、照明効率をできるだけ高めつつ最適光条件、あるいはこれに近い条件を求めることが大切になる。

データのわかっている過去の人工光型植物工場で実際に分析してみると、節電的環境条件に比べて日長を最長にしたり光強度を強めたりすると、一株あたりの生産コストが数十円も安くなる可能性があることがわかる。これは決定的に重要なことである。(3)

成長率あるいは光合成速度の環境依存性

成長率の環境依存性のデータを紹介しておく。二酸化炭素濃度依存性と光強度依存性の場合は、成長率のデータを光合成速度のデータで代替する。成長率はほぼ光合成速度（正確には一日の積算光合成速度）に比例すると考えられるからである。以下のデータは、グロースキャビネット（生育室）内で主要な環境条件を変えて測定した。光源には主に蛍光灯を使った。

① 二酸化炭素濃度依存性

植物の成育に対する二酸化炭素施肥の顕著な効果はよく知られている。サラダナの光合成速度の二酸化炭素濃度依存性をみてみる。光源を二〇キロルクス（蛍光灯なので二七〇マイクロモル毎平方メートル秒程度に相当する）に固定した場合、一二〇〇～一三〇〇ｐｐｍの濃度まで光合成速度は直線的に増大する。人工光型植物工場では普通一〇〇〇ｐｐｍ程度の二酸化炭素施肥をすることが多い。ただし工場の密閉度が高くないと二酸化炭素がもれ、材料費を高騰させるので注意を要する。

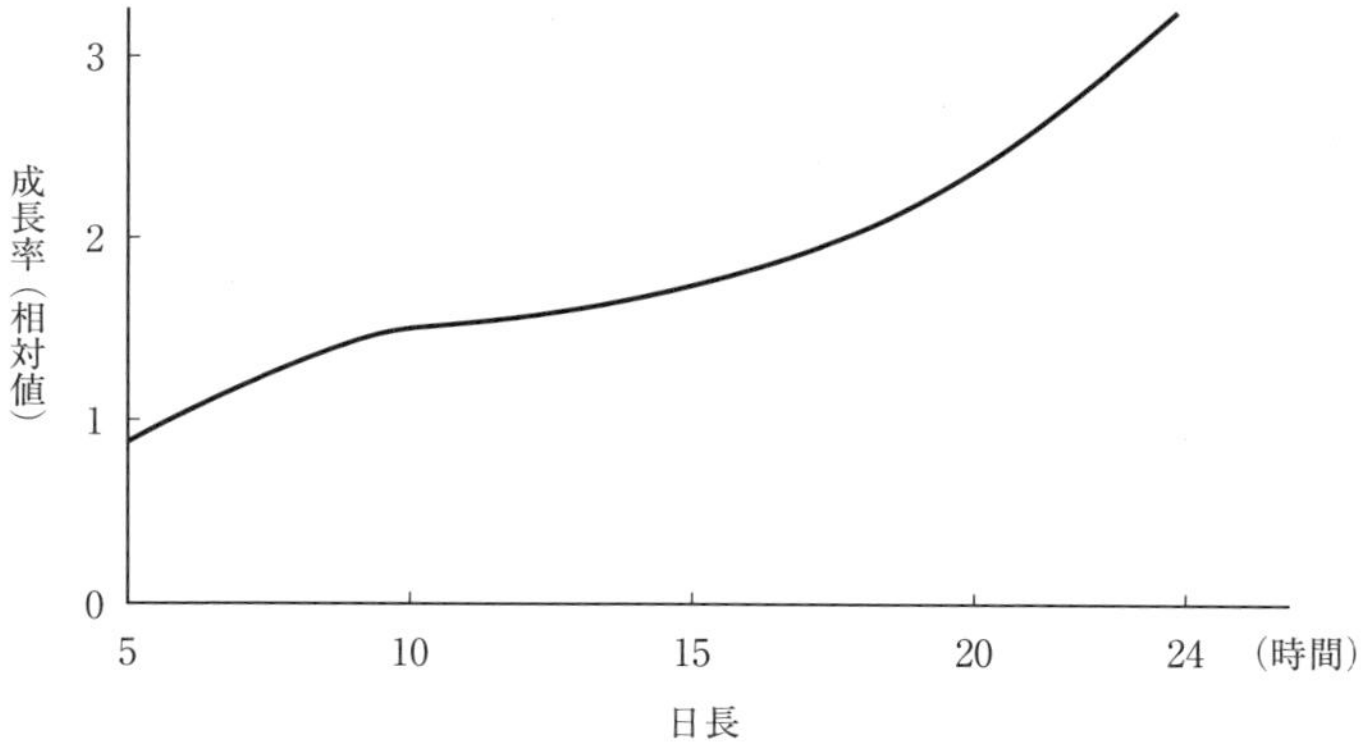

図６　成長率と日長の関係

② 光強度依存性

サラダナの光合成速度の光強度依存性をみてみよう。温度を二二度、二酸化炭素濃度を四〇〇ｐｐｍに固定した場合、サラダナの光合成速度は光強度二〇〇マイクロモル毎平方メートル秒程度から飽和傾向をみせる。飽和領域に入ると光の利用効率が落ちるので、通常の植物工場の考え方では、できるだけ光合成曲線の直線部分を利用することが望ましいとされる。そうすると光強度は二〇〇以下、たとえば一五〇マイクロモル毎平方メートル秒前後に抑えるのが望ましいということになる。

ところが節電ムードで実際には一〇〇～一二〇マイクロモル毎平方メートル秒にしているところが多いようだ。日長にもよるが、これでは

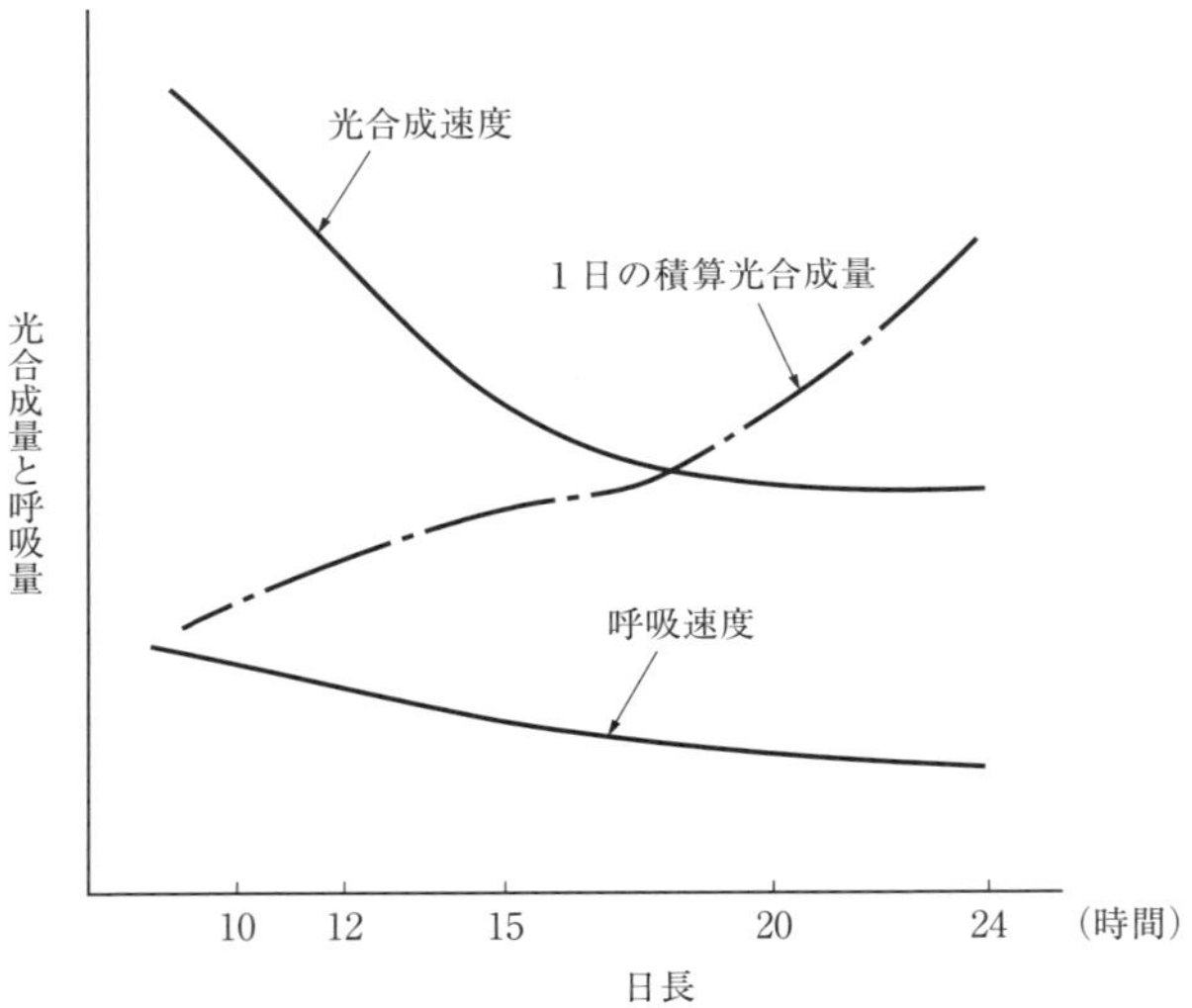

図7　光合成速度・呼吸速度と日長の関係

光の最適条件にはなりにくい。

③　成長率の日長依存性

成長率の日長依存性をみてみよう（図6）。これは緩やかな増加曲線であり、成長率が日長に単純に比例すると考えるのが、大雑把な近似になるだろう。もう少し正確には、何らかの双曲線関数によっても近似できる。日長についても節電ムードによって普通は十数時間に抑えられているが、それでは最適日長にはならない（光強度との関係にもよる）。多くの場合日長は、二四時間が適正なので

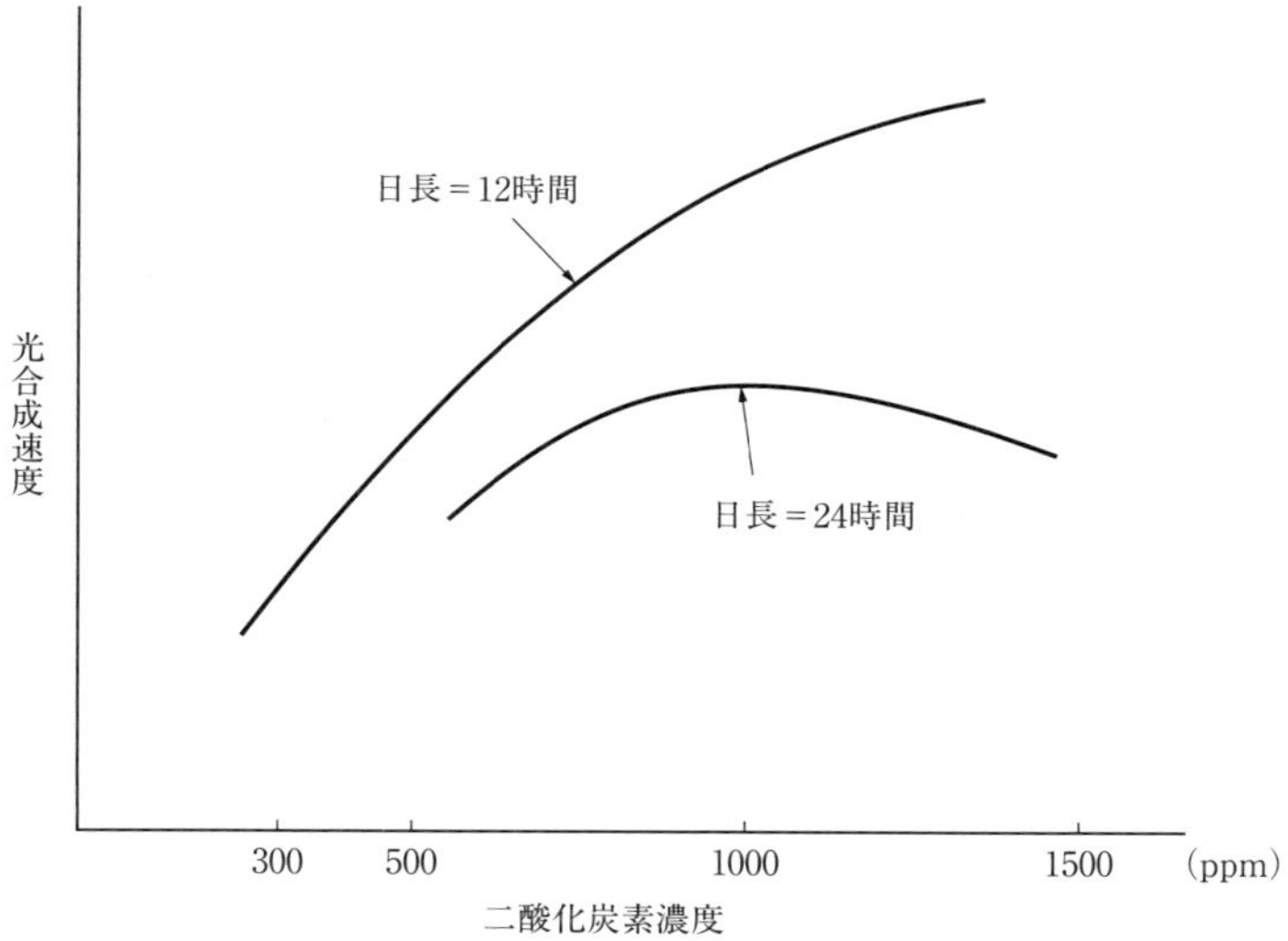

図８　日長による光合成速度と二酸化炭素濃度の関係

ある。

一方、図７に光合成速度、呼吸速度、および一日の積算光合成量の日長依存性を示す。光合成、呼吸とも日長が増加するにつれて減少する。しかし一日の積算光合成量は増加している。そして日長二四時間の場合に光合成の積算がもっとも大きい。この積算光合成曲線と図６が似ていることに注意されたい。成長率と積算光合成量とはパラレルなのである。よく使われる日長一四〜一六時間は有利とはとてもいえない。

環境条件の複合効果

人工光型植物工場でしばしば遭遇する極端な条件下では、複数の環境条件の複合効果が現れるはずである。それがどのあたりから顕著になるかは品目や品種にもよるが、植物工場にとって重要な環境条件である日長と二酸化炭素濃度については、かつて我々が取ったデータが存在する。

図8は日長一二時間と二四時間の場合に、光合成速度の二酸化炭素濃度依存性を調べた結果である。これをみると日長一二時間の場合には、二酸化炭素濃度を一五〇〇ｐｐｍ近くまで施肥しても光合成促進効果が存在している。ここに複合効果は存在しないとみなせる。ところが日長二四時間の場合には、二酸化炭素の効果は一〇〇〇ｐｐｍでピークに達し、その促進効果も日長一二時間の場合に比べてかなり低く、光合成速度で七割程度である。これほど顕著な複合効果があると、日長二四時間では大きな二酸化炭素施肥効果が期待できないことになる。

ということは、極端な環境条件下のコストダウンの効果も、複合効果を無視した計算値よりも、その七割程度に減少することが予想される。たとえば計算上で三〇円のコストダウンの場合、実際には二〇円程度のコストダウンにとどまるかもしれない。さらに光合成に対する光強度と日長の複合効果もあるだろう。データはないが十分に考えられることなので、長日条件の場合は光強度を抑える方が得策と考えられる。かなり極端な条件のもとでのコストダウン効果は、単純な仮定のもとでの計算結果より割り引いて考えるべきであろう。

結局、日長を長くできる作物に対しては、やはり二四時間が望ましい。長日条件のコストダウンの効果が大きいからである。そのときの光強度は、チップバーンや顕著な複合効果が起こらない範囲で設定すべきである。実際、日長二四時間で健全に成育する野菜はレタスのほかにもミズナ、バジル、小松菜など少なくない。

そう考えると、これまでの考察とあわせて、長日条件下ではやはり一二〇～一五〇マイクロモル毎平方メートル秒程度が妥当で、二酸化炭素濃度も七〇〇～八〇〇ｐｐｍ程度でよいのではないかと思われる。それでも相当なコストダウンになるはずである。

最適光制御の定式化

成長率の定式化は重要ではあるが、専門的内容となるので巻末資料とする。

ここからわかることは、おおまかではあるが電力代の割合が大きいほど、また電力の利用効率が高いほど生産コストが安くなるということである。また光強度を一定とすれば、一般に日長を長くするほど生産コストが安い。このことは端的に、安易な節電がいかに人工光型植物工場の理念からはずれているかを示しているといえよう。

5　実際の植物工場による検証とまとめ

アルミスの蛍光灯植物工場

人工光型植物工場のうち、採算に乗るLED植物工場は現時点では世界に数件しかない。一方、初期コストの安い蛍光灯植物工場は、採算に乗っているケースがいくつかあるようだ。というよりも、採算に乗る・乗らないにかかわらず現状の植物工場はほぼ蛍光灯を使っている。採算性を公表しているところはないが、幸い株式会社アルミス（本社：佐賀県鳥栖市）の厚意で、同社の植物工場のコスト試算例を掲載させて頂くことができた。

アルミスはアルミニウム合金押し型などの製造販売を手掛けるアルミ事業を中心に、農業資材事業やホテル事業を主力事業とする。近年、植物工場ビジネスを手掛けるアグリ事業を立ち上げ、佐賀市郊外の山中の廃校になった木造小学校の一角に「元気村ファーム

表３　「野菜のKIMOCHI」のコスト概算

設備費用（税別）

設備名	金　額（円）
野菜のKIMOCHI-360	50,000,000
建屋（プレハブ）	20,000,000
受電設備	3,000,000
消防設備	2,000,000
合　計	75,000,000

年間経費

項　目	年間予想金額（円）	備　考
材料費・消耗品費	1,850,000	種子・培地・養液
水道光熱費	6,000,000	
労務費	6,000,000	パート３名
出荷材料費・諸経費	2,000,000	
小　計	15,850,000	
設備減価償却費	7,400,000	７年定額償却
受電設備減価償却費	200,000	15年定額償却
建物減価償却費	1,200,000	17年定額償却
合　計	24,650,000	

栽培ユニット（６段）の仕様

	ユニット数	１ユニットあたりポット数	総ポット数
野菜のKIMOCHI	80	192	15360

レタス（約70〜80g）換算。秀品率85％。
播種・育苗期間：約30日，栽培期間：約15日。
年間生産量：15360×2×12×0.85＝313,344株。
よって，１株あたりのコストはおよそ78.7円となる。

出典：株式会社アルミス提供の資料をもとに作成。

ヴィレッジ」を構え、同社開発の多段式植物工場システム「野菜のＫＩＭＯＣＨＩ」実証工場で実験を重ねつつ、植物工場システムの販売を手がけてきた。

図９　６段の栽培ユニット

この蛍光灯植物工場の特徴は、同社オリジナルの多段式栽培・育苗ユニットの採用にある。ユニット構成部材の多くを自社にて調達し、棚の骨組みは主力事業である錆に強いアルミ押出型材で構成する。またポリ塩化ビニール製の栽培トレーも同社の中国工場で生産している。全体に低価格化の努力を払っており、販売実績もかなり多いようだ。

表３に示すのは日産約一〇〇〇株の「野菜のＫＩＭＯＣＨＩ」のコスト概算例である。これは図９に示すような栽培装置を有し、六段の栽培ユニットを八〇個並べてある。他に育苗室と作業室がある。レタス（七〇～八〇グラム）を一日一〇〇〇株程度、生産可能である。播種・育苗期間が約一カ月、栽培期間が一五日程度である。環境条件は光強度が平

均して一五〇マイクロモル毎平方メートル秒、日長一二時間、二酸化炭素施肥は行われていない。

この試算値をみると、秀品率が八五パーセント、九〇パーセントいずれの場合でも、一株あたりの生産コストは七〇円台になっており、全体的にコストダウンがよく行き届いていることがわかる。日長一二時間というのは短い感じがしてもったいないが、光の最適制御によりさらなるコストダウンが可能なはずである。

これだけコストに関するデータが揃っているので、本章で示した手法を適用するとアルミス植物工場の生産コストの日長および光強度依存性を示すことができる[4]。

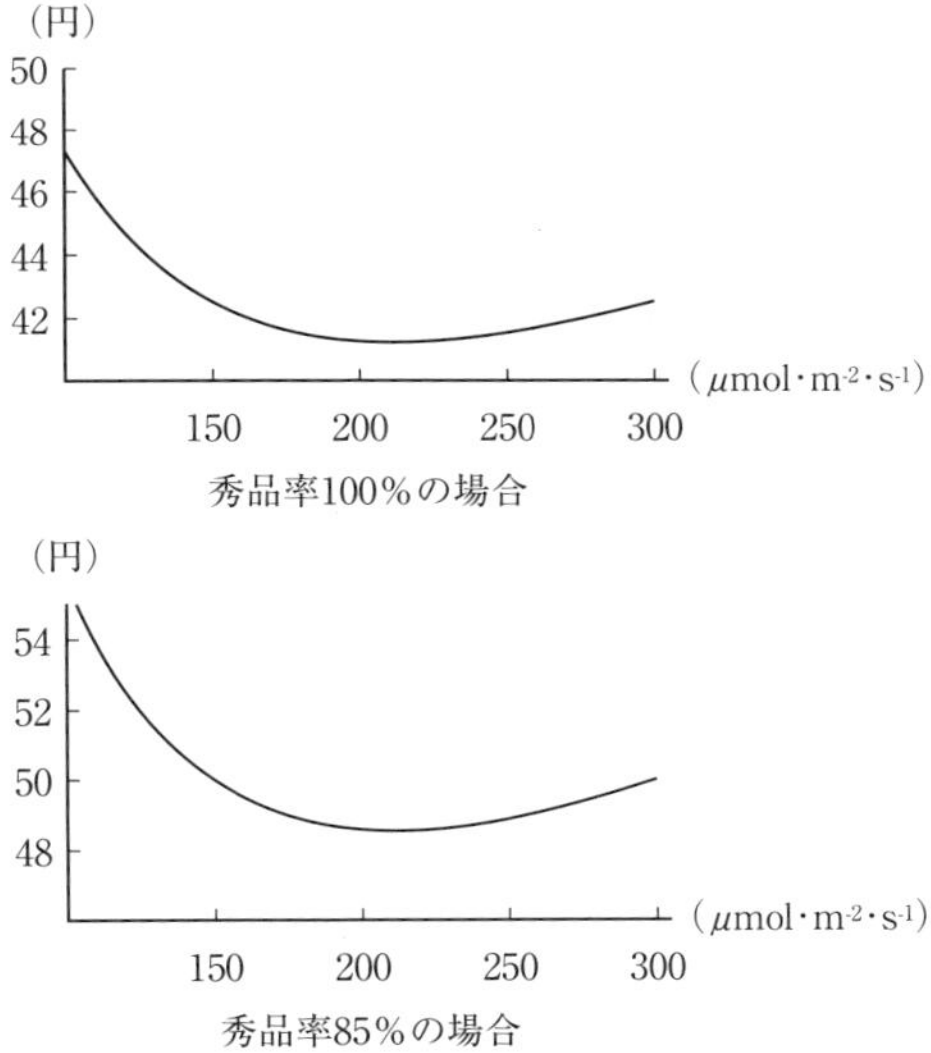

図10　アルミスにおいて日長24時間の場合の生産コストの光強度依存性

ここで日長二四時間に設定して生産コストの光強度依存性を示したのが図10である。秀品率一〇〇パーセントの場合には光強度二〇〇マイクロモル毎平方メートル秒付近で、生産コストは実に四二円を切っている。また秀品率八五パーセントの場合にも同じく四九円を切っている。これは現状の七八・七円に比べると大幅なコストダウンの達成である。しかもアルミスでは二酸化炭素施肥を行っていないので、これによる複合効果も考えなくてすむはずである。

なぜ二四時間照明なのか

以上、章末の資料と注も含めてくわしく定式化してきたように、人工光型植物工場のコストダウンのためには光の最適制御がもっとも重要である。もちろん省エネは重要だが、光の「倹約」は致命傷になりかねない。再三述べるが、植物は光によってはじめて育つのであり、その光を倹約してしまったら電力代以外の償却費などのコストが相対的に上昇し、結局、生産コストの上昇につながってしまうからである。

具体的にいえば、日長二四時間にできる野菜については夜を作らないことだ。葉菜類であれば、ホウレンソウなどを除くたいていの工場野菜に対して、品種を選びさえすればこれは可能である。あとはチップバーンや顕著な前歴効果が出ない範囲で光強度と二酸化炭素濃度を調整すればよい。日長二四時間でＬＥＤ照明の場合は、光強度は一〇〇マイクロモル毎平方メートル秒もあれば十分だろう。二酸化炭素濃度は七〇〇～八〇〇ｐｐｍ程度にするのが無難である。

安価な夜間電力のみを使ってコストダウンを図るという考えがあるが、一般的にいえばこれは落とし穴になりそうだ。なぜなら夜間電力がたとえ昼間電力の半額だとしても、通常は八時間程度しかない。これは二四時間の三分の一である。生産コストはほぼ（厳密にではない）日長に反比例するから、この戦略はかえって損になるだろう。

以上のことは明らかな事実と思われるが、残念ながら理解していない関係者が少なくない。現実には日長一四～一六時間程度にしているところが多いようだが、これはかなり分の悪い選択といえる。いまいちど図６をみて頂きたい。これは成長率の日長依存性であるが、日長一二～一六時間のところはむしろ横ばいに近い。一方、日長二四時間の場合は増大しきったところにある。ちなみに日長二四時間の成長率を一としたとき、日長一六時間で〇・五六、日長一四時間で〇・五一、日長一二時間で〇・四九となり、いずれも日長の比率よりも低い。なかんずく日長一四～一六時間は不利である。

このことは一日の実効的積算光合成量を測定しても証明された。図8に成長率とともに実効的積算光合成量の日長依存性を示している。実効的積算光合成量も成長率と同様の日長依存性を示すことがわかる。日長二四時間にすると含水率がやや低下したが、植物の形態上の問題はなかった。

さらに電力料金自体の問題を考えてみても二四時間照明の正しさは明らかである。業務用電力には基本電力と従量電力とがある。基本電力は契約により発生するので、たとえまったく使用しなくても払わなければならない。一キロワットあたりの値段が決まっていて九州電力、北海道電力、沖縄電力などが高い。一キロワット時あたりのコストにすると数時間分に相当する。一方、従量電力は使った分を払うわけで、一キロワット時あたりの値段が各電力会社で決まっている。かなり高額の基本料金を払わなければならないのだから、従量電力の割合をできるだけ高くしないとコスト的に損になることは明らかだろう。この意味でも二四時間照明がもっともコスト的に有利になるわけだ。

二四時間照明にすると過大の電力代がかかるのではないかと考える人もいるようだが、これはまったくの誤解である。(5)

電力代に関するよくある誤解

最後に、人工光型植物工場の生産者が電力代について誤解していると思われることをまとめると次のようになる。

①　光強度を弱め日長を短くするとコストダウンになる

これはまったく逆で大幅な生産コストの上昇をもたらす。

②　①と同じにすると一株あたりの電気代が安くなる

これは先に述べたように光強度と日長にほとんど関係がない。

③　電力代の割合（通常三〇パーセント前後）を小さくしたい

電力代の減少は必ずしもコストダウンにつながらない。むしろ逆のケースが多い（章末資料内の注17参照）。

④　電力料金を低減してほしい

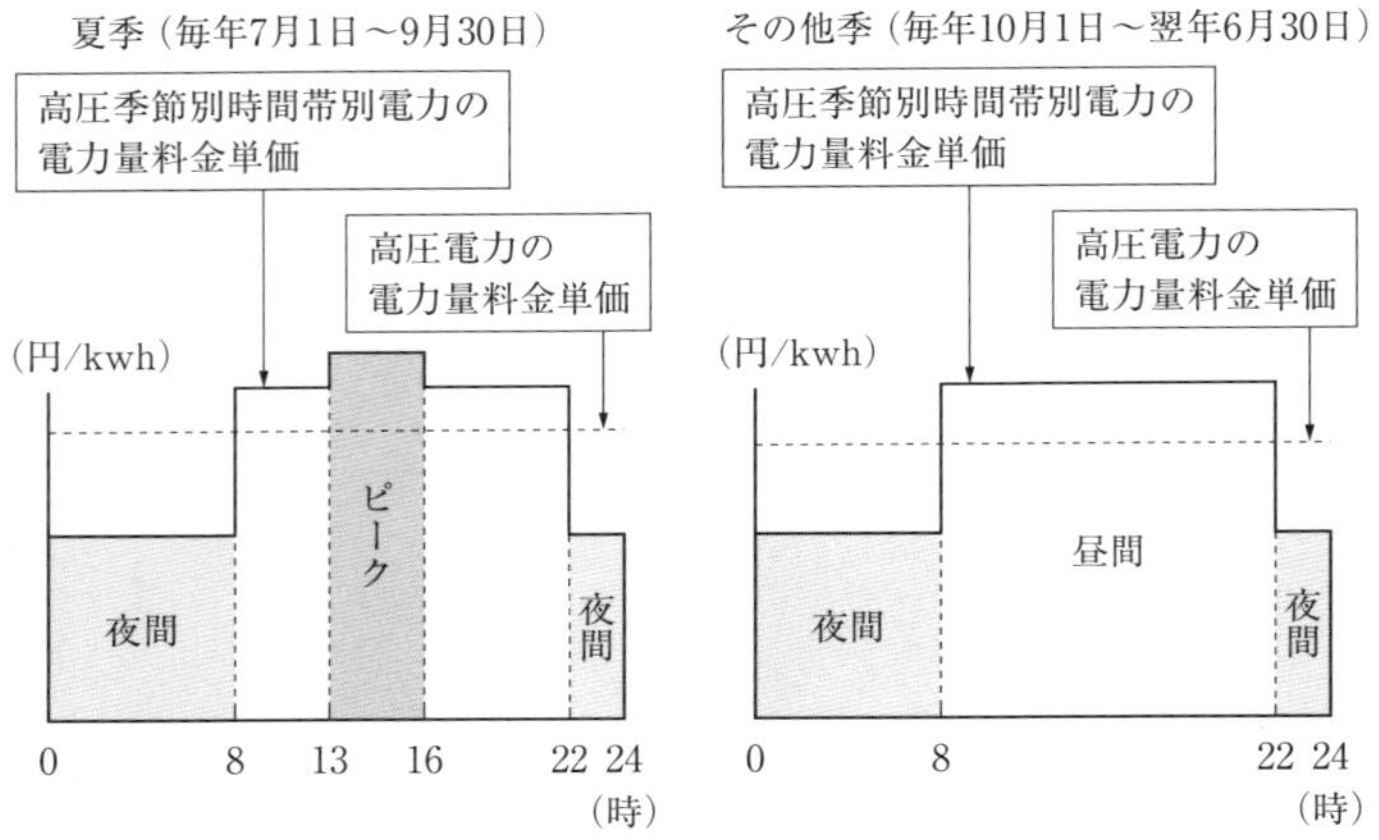

図11　東京電力の電力料金「高圧電力Ａ（甲）」

確かに望ましいことだが、これをいくら安くしてもコストダウンはつねに電力料金の割合（gとする）以下である（たとえば三分の一に減らしても二〇パーセントのコストダウン）。電力料金値上げの場合も同じで、たとえば一〇パーセントの増大によるコスト上昇は三パーセント。これは電力料金（fとする）の変化によって植物工場のコストcがどう変化するかをみればわかる。[6]

⑤　夜間電力は安いので夜間電力だけを使いたい

植物工場で使われることが多い「高圧電力A（甲）」については、季節別・時間帯別の電力料金が電力会社ごとに決められている。

東京電力の例を図11に示すが、いずれにしても夜間電力は昼間電力より料金が安い。ただ半額よりもいくぶん高くなりつつある。

ここで注意しなければならないことは、夜間電力代がたとえ昼間の半額でも日長が一〇時間だとしたら、それだけを使う場合には二四時間の一二分の五で、かえって生産コストの上昇をもたらすだろうということである。[7]

つまり電力代の割合が五四パーセント以下ならば、夜間電力のみを使う戦略はコスト的に不利になる。ところがよほどのことがない限り電力代の割合が五四パーセントを超えることは考えにくいので、ほとんどのケースで昼間電力を二四時間使う方が有利であろう。

もう一つ、「基本電力は完全な捨金なので従量電力を最大限に使用すべきである」という意見がある。基本電力代は契約料金で電力を使わなくても取られる。したがってこの意見はまったく正しい。

以上、「光の最適制御」を核として、植物工場稼働時の具体的問題をみてきた。植物工場システムに関心のある読者、これから植物工場に挑もうという読者の参考になれば幸いである。

【資料】

①光強度の単位と換算係数

光強度の単位や各種光源同士の換算係数は、植物工場においては必須の基本事項なので、概略をまとめる。

①ルーメン　一秒間に放射される光のエネルギー・ワット（W）を視感度で割ったものを「光束」といい、ルーメン（lm）で表す。これは視感度、すなわち人間の目が明るさを感じる度合いで測った光の量である。

②ルクス　一平方メートルの面積に照射される光束を「照度」といい、ルクス（lx）で表す。これも人間の視感度で測った光の強さ、つまり人間が感じる明るさである。

③カンデラ　光源の特性は単位立体角[8]あたりの光束で表現され、これを「光度」といい、カンデラ（cd）で表す。一カンデラは五五五ナノメートルの単色光が単位立体角に放射する電力（放射束）一・四六ミリワットと定義される。

光合成をはじめとする光化学反応は、基本的には電子の働きによる。この電子を励起《れいき》する（安定した状態からよりエネルギーの高い状態へ移ること）のは光量子であり、光量子のエネルギー単位で光強度を表さないと、光合成に対する光の効果を正しく評価できない[9]。

表４　光源の換算係数

光源（400～700nm）	μmol・m^{-2}・s^{-1}/W・m^{-2}（光量子束密度／ワットの換算）	lx/μmol・m^{-2}・s^{-1}（ルクス／光量子束密度の換算）	mW・m^{-2}/lx（ワット／ルクスの換算）
太陽および空の昼光	4.57	54	4.05
青色の空だけ	4.24	52	4.53
高圧ナトリウムランプ	4.98	82	2.45
メタルハライドランプ	4.59	71	3.06
水銀ランプ	4.52	84	2.63
温白色蛍光ランプ	4.67	76	2.81
白色蛍光ランプ	4.59	74	2.94
植物育成用蛍光ランプA	4.8	33	6.31
植物育成用蛍光ランプB	4.69	54	3.95
白熱電球	5	50	4
低圧ナトリウムランプ	4.92	106	1.92

出典：R.W. Thimijan and R.D. Heins（1983）のデータをもとに作成。

表５　比視感度の表

波長λ（nm）	比視感度Ｖ（λ）
450	0.038
455	0.048
460	0.06
465	0.0379
470	0.09098
475	0.1126
480	0.13902
485	0.1693
490	0.20802
495	0.2586
500	0.323
505	0.4073
510	0.503
515	0.6082
520	0.71
525	0.7932
530	0.862
（中略）	
650	0.107
655	0.0816
660	0.061
665	0.04458
670	0.032
675	0.0232
680	0.017

したがって植物に対する光量（エネルギー）や光強度の単位は、それぞれ「光量子束」（μmol·s^{-1}：マイクロモル毎秒）と「光量子束密度」（μmol·m^{-2}·s^{-1}：マイクロモル毎平方メートル秒）で表すのを基本とする。光量子数は普通、このマイクロモル（μmol／光を粒子の個数で表した単位）を単位として表現される。[10] とくに光合成に有効な可視領域四〇〇～七〇〇ナノメートルの光の単位時間、単位面積あたりの光量子数を表す場合は「光合成有効光量子束密度（ＰＰＦＤ）」という。

光強度の単位としては、日常的にはルーメンやワット、ルクスがよく使われている。蛍光灯や高圧ナトリウムランプの電力表示はワットだし、ＬＥＤもルーメン単位で表示されることがある。したがって種々の光源に対するこれら相互の換算係数が必要となり、植物工場の照明設計の場合は、光量子束や光量子束密度に換算しているのである。

表４に代表的な光源に対する換算係数を示す。分子の単位の数値を求めるためには、分母の単位の数値に換算係数を掛ければよい。逆の場合は割ればよい。たとえば植物工場によく使われる白色蛍光灯の照度が一万ルクスの場合、これに相当する光量子束密度は七四で割って一三五マイクロモル毎平方メートル秒と求められる。[11]

一方、ＬＥＤなどの単色光の換算係数に対しては、光量子束の公式と比視感度の表５を使って直接、求めることができる。[12]

②　最適光制御の定式化

成長率ｒを光強度Ｉと日長Ｌの関数として表してみると、次の式が与えられる。[13]

$$r = bIL/(1+0.0052I)$$

光強度はマイクロモル毎平方メートル秒の単位で、日長は時間の単位で測るものとする。かつて実際に三浦農園において、光強度が二四四マイクロモル毎平方メートル秒、日長一二時間、二酸化炭素濃度一〇〇〇ｐｐｍという環境条件のもとで、成長率が〇・二六と測定された。この式にそれぞれの値を代入すると、$b=0.0002$と求められる。こうして得られた成長率の式は、温度二二度、二酸化炭素濃度一〇〇〇ｐｐｍという条件下で、サラダナあるいはリーフレタス類に対して近似的に成立すると考えてよいだろう。$b=0.0002$という数字は実験室ではなく、植物工場という実際の群落状態で得られたものである。この式は光合成や成長に対して光強度、日長、二酸化炭素濃度などの環境条件が独立に作用するという仮定のもとで近似的に正しい。ただし複合効果には十分に注意する必要がある。

③　生産コストの定式化

一方、一株あたりの生産コストkの式には、一日あたりの植物工場のコストcが入っている。いまこれを電力代に依存しない部分dと、電力代に依存する部分fILの和として表そう。

$$c = d + fIL$$

電力代に依存しない部分ｄはほぼ償却費と人件費、および材料費や出荷経費の和と考えてよい。ｆは電力の有効利用係数で照明率が高いほど、電力代が安いほど、また光源の省エネが進んでいるほど小さな値になる。さらにこれには空調の効率、省エネの度合いも含まれる。[14]

一株あたりの生産コストｋは結局、次式で表される。

$$k = hf\,(1 + 0.0052I)\,/\,gIL$$

生産コストを極小にするという意味での最適制御のノウハウが求められる。そこで生産コストｋを光強度Ｉの関数として、ｋの値を極小にする条件を求めることができる。[15]

以上からコストを低くするための光強度と日長の最適な組みあわせが存在することがいえる。また〇・〇〇五二という光飽和に関係する係数の存在からわかるように、この最適条件は光飽和に密接にからんでいるということもいえる。つまりここでいう最適化とは、植物の成育を高めてコストダウンするためには光の十分な利用が必須であることから、厳密には光の飽和領域にまで踏みこんで最適化することを意味する。

④　チップバーンによる制限

しかしここで、実際的な観点からの大切な制限がある。上記の極小条件は、与えられた植物工場の諸元d、fによって、IとLが現実的な数字を満たさない限り成立しない。日長Lの上限はもちろん二四時間である。

一方、光強度Iの実質的上限は、光源の実際的能力およびチップバーンの可能性によって決められる。そうすると蛍光灯を使うにしろLEDを使うにしろ、長日条件下や二酸化炭素施肥下では、光強度の上限は現実には二〇〇～三〇〇マイクロモル毎平方メートル秒程度と考えられる。もう少し正確にいうと、赤色LEDの場合は発光波長がクロロフィルの吸収ピークに一致しているために吸収効率が高く、もっと低い一五〇マイクロモル毎平方メートル秒程度が上限になる可能性がある。

チップバーンとは、葉の成長速度が過大でカルシウムの吸収速度が追いつかないと、葉の先端や周縁部が焼けたようになる生理障害である。過大な光強度や日長は成長を過度に促進させる結果、レタスにチップバーンが起こりやすくなる。そのほかキャベツ、ハクサイ、イチゴ、トマトなどでも起こりやすく心腐れ、尻腐れなどともいわれる。チップバーンはなかなか複雑な現象のようで、植物の密植度が高まって適度な風速が得られない場合とか、培養液を一挙に更新するなどして根にストレスがかかった場合などにも起こりやすい。チップバーン抵抗性の品種があるので、植物工場ではもちろんこのような品種を導入する必要がある。

日長は一般に長いほうが有利なので、最大日長が可能なレタスの場合は二四時間に取りたい（ただし一定の夜間を必要とする葉菜類も多い）。二酸化炭素施肥もたいていの植物工場では実施されている。その場合はチップバーン発生の危険性を考慮して、光強度は現実には二〇〇マイクロモル毎平方メートル秒以下にせざるをえないだろう。

日長二四時間、二酸化炭素濃度一〇〇〇ｐｐｍとして、サラダナのチップバーン発生率と照度の関係をみてみよう。チップバーン対策として塩化カルシウム（$CaCl_2$）の溶液を三日に一回散布した場合としない場合の両方を調べてみると（塩化カルシウム溶液はチップバーン対策としてよく使われる）、チップバーンは照度の増大とともに増大するが、一六キロルクス（一九五マイクロモル毎平方メートル秒）以下では散布の有無にかかわらずほとんど発生しない。ただし一六キロルクス以上では、散布のチップバーン抑制効果は明らかである。[16]

⑤　最適最小コスト

最適コストについて、定式化をさらに進めよう。上記の最適条件が満たされる場合には、そのときの最適最小コストk（min）は次式で与えられる。

$$k\,(\min) = hf\,(1 + 0.0052I)^2$$

最適条件下で生産コストは表面上、償却費によらず電力有効利用係数fに比例する。利用効率が高くてこの値が小さいと、最適コストはさらに安くなるだろう。

一方、最適コストは光強度とともに増大するが、これは光が強くなって光合成の飽和領域に入り、コストダウンの効果が弱まるからである。このことも、光強度をある程度は抑えて日長を長くすることの有利さを示している。

計算してみると驚くべきことに、最適な光強度は電力代の割合のみに依存する。[17]これを

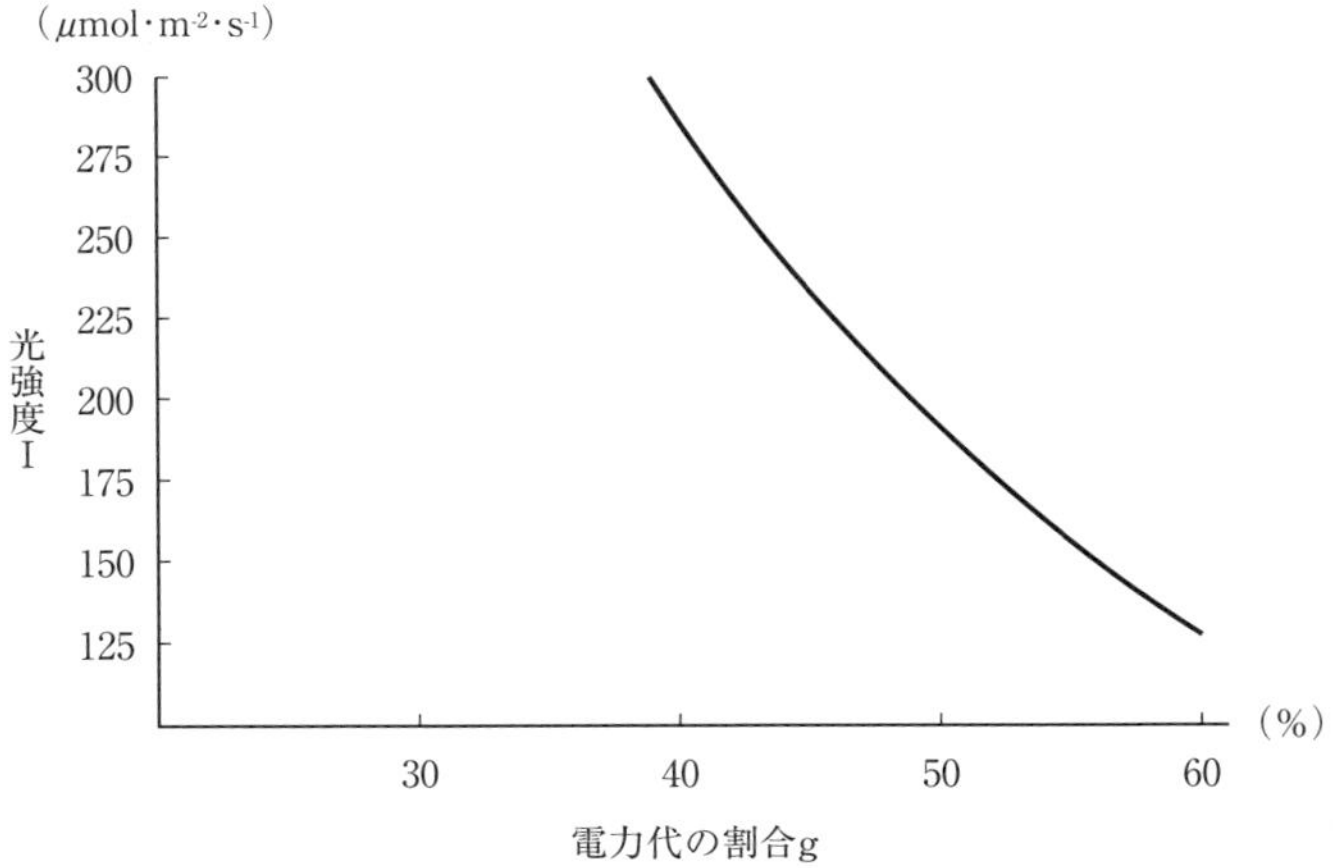

図12　最適条件下での電力代の割合と光強度の関係

現実的な光強度一〇〇～三〇〇の範囲で図示したのが図12である。これをみると、最適条件では電力代の割合はほぼ四〇パーセント以上でなければならないことがわかる。逆にいえば、電力代の割合が四〇パーセント以上ではじめて、最適な光強度が現実的な値として達成されるのである。このとき最適コストは次式のように簡略化される。

$$k\ (\min) = hf/g^2$$

図12はまた、電力代の割合が大きいほど最適な光強度は弱くてすむことを示している。たとえば電力代の割合が三三パーセントの場合の最適な光強度は三九〇マイクロ

モル毎平方メートル秒にもなる。これは少なくとも蛍光灯では現実的な値ではない。電力代の割合五〇パーセントの場合にやっと一九二マイクロモル毎平方メートル秒である。

さらに最適コストk（min）は電力代の割合の二乗に反比例している。植物工場においては電力代の割合を高めること、つまり償却費や人件費などをできるだけ低く抑えることが、いかにコストダウンにつながるかがわかる。

【注】

（1）要求される光強度Iに対して、全光量子束Fがいくら必要かという問題になる。光束法によれば、その光源がカバーする面積A（m^2）と光源の保守率Mおよび照明率Uによって、

$$F = AI/MU$$

と与えられる。MUをたとえばかなり良好な数字である〇・八に取ってみよう。レタス一株の占有面積を〇・〇二二五平方メートル（一五センチメートル四方）として、レタス栽培に必要な光量子束密度を、たとえば一五〇マイクロモル毎平方メートル秒（$\mu mol \cdot m^{-2} \cdot s^{-1}$）とすると、MU＝0.8の場合に一株あたり、

$$0.0225 \times 150/0.8 = 4.22 \mu mol \cdot s^{-1}$$

の光束が必要となる。これは蛍光灯の場合に〇・九二ワット（消費出力は四・六ワット）、赤色LEDの場合に三三ルーメンに相当する。ただし蛍光灯の発光効率を消費電力に対して二〇パーセントとした。

（2）いまレタス栽培に必要な光量子束密度を、

$$I = 150\mu mol \cdot m^{-2} \cdot s^{-1}$$

と考えると、照明効率がかなり良好なMU＝0.8の場合に全光量（光束）Fは、

$$F = 450 \times 150/0.8 = 84375\mu mol \cdot s^{-1}$$

と求められる。つまりこれだけの光量子束が必要になる。

使用するランプを蛍光灯として、この植物工場では何Wの蛍光灯が何本必要なのかを求めてみる。たとえば三六ワットの蛍光灯の光出力を七・二ワットだとすると、これは三三マイクロモル毎秒の光量子束に相当する。84375/33＝2557だから、三六ワットの蛍光灯が二五五七本必要だということになる。

（3）いま葉菜類全体の生重量をM、定植重量をM_0、生育日数（定植から収穫までの栽培期間）をtとすると、通常の指数関数的な成長曲線（ブラックマンのモデル）に従うとして、成長率rは次式によって与えられる。

$$r = (\ln M/M_0)/t$$（lnは対数関数）

たとえば二グラムのレタス苗を植えて二〇日間栽培し、一〇〇グラムで収穫したとすれば、

$$r = 0.2$$と計算される。

植物工場では全植付け株数をｍ、一日の収穫株数をｎとすると、ｍが栽培期間ｔの間に順繰りにすべて収穫されるという設計になっている。この連続生産の原理から重要な公式、

$$m = nt$$

が得られる。これと上式とから、一日の収穫株数は、

$$n = mr/(\ln M/M_0)$$

と求められる。たとえば植付け株数が一万株の場合には、生育期間を二〇日として、一日の収穫株数は五〇〇株となる。そして植物工場の一日にかかる全コストをｃ、一株あたりの生産コストｋとすると、ｋはｃを収穫株数ｎで割ればよい。

$$k = c(\ln M/M_0)/mr$$

（４）アルミスの場合、秀品率を一〇〇パーセントとすると一株あたりの生産コストは次式で与えられる。

$$k \fallingdotseq (52323 + 9.35IL)(1 + 0.0052I)/IL$$

（5）一株あたりの電力代を考えてみる。電力代の部分を一日の生産株数nで割ると、

$$fIL/n \sim fIL(1+0.0052I)/IL \sim f(1+0.0052I)$$

となって、日長Lにはまったく依存しない。一株あたりの電力代は光飽和係数を通して光強度Iにわずかに依存する程度で、日長をいくら長くしても関係ないのである。

（6）$\Delta c/c=(\Delta f/f)g$　$\Delta f=f-f\mathrm{new}$

（7）この点を数式によって説明しよう。一株あたりの生産コストは光強度を一定とすれば、

$$k=h(d/IL+f)(1+0.0052I)\sim(d/IL+f)$$

と書ける。いま仮に夜間電力料金が半額だとすると、対応するfは1/2になる。一方、日長は5/12だから、昼間電力を長時間利用するほうが有利（安価）になる条件は、

$$5d/12IL+f<d/IL+f/2,\ fIL/d<7/6$$

と書ける。ところが電力代の割合gを使うと$fIL/d=g/(1-g)$だから結局、上記条件は下記によって与えられる。

$$g<0.54$$

（8）平面上（二次元）の角（開いた大きさが「角度」である）を立体上（三次元）に拡大したもの。単位長さの半径の球の表面積に相当する。

（9）発光波長λナノメートルの単色光（たとえばＬＥＤの光）がｘミリワットの光エネルギーを出力する場合の光量子束は、次式で求められる。

光量子束＝$x \cdot \lambda / 119500$ [μmol・s^{-1}]

（10）μmol＝10^{-6}×（アボガドロ数）＝$10^{-6} \times 6.02 \times 10^{23}$

（11）蛍光灯植物工場では次の公式がよく使われる。白色蛍光灯について、

$$1W = 4.59\mu mol \cdot s^{-1},\ 1lm = 0.0135\mu mol \cdot s^{-1} = 2.94mW$$

となる。

（12）たとえば光束一ルーメンの赤色ＬＥＤ（六六〇ナノメートル）と青色ＬＥＤ（四七〇ナノメートル）の電力と光量子束を求めてみると、表3により両波長の比視感度をそれぞれ〇・〇六一、〇・〇九一として、一ルーメンは次の値になる。

$$660nm : 1.46mW/0.061 = 23.9mW = 0.132\mu mol \cdot s^{-1}$$

$$470nm : 1.46mW/0.091 = 16.0mW = 0.063\mu mol \cdot s^{-1}$$

（13）二酸化炭素濃度を含めて、これらの環境要因が独立に働くという仮定をおく。成長率ｒは一日の積算光合成速度Ｐの光強度Ｉおよび日長Ｌ依存性にほぼ比例すると考えると、図8からモデル計算をして、積算光合成速度に対して次式がよい近似になることがわかる。

$$P \sim IL/(1+0.0052I)$$

光合成曲線は光強度に対しては飽和曲線で近似し、日長に対してはたんに比例するとした。日長がゼロのときは成長もゼロと考えてよいからだ。〇・〇〇五二という数字は飽和の度合いを示すものである。この式から成長率はI、Lの関数としてほぼ次式で与えられるだろう。

$$r = bIL/(1+0.0052I)$$

(14)　kは次式で表される。

$$k = h(d + fIL)(1+0.0052I)/IL$$
$$= h(d/IL + f)(1+0.0052I)$$

ここで補正係数hは次式で与えられる。

$$h = (\ln M/M_0)/mb$$

生産コストにおける電力代の割合gは植物工場でよく話題になる。

$$g = fIL/(d + fIL)$$

これを導入すると上式は、

$$k = hf(1+0.0052I)/g$$

と書き表される。電力代の割合gが大きいほど、また電力の利用効率が高く電力の有効利用係数fが小さいほど、生産コストが低くなる。

（15）一株あたりの生産コストの式で、kをIの関数として極小にする条件を求めると、

$$\delta k/\delta I = 0$$

そうすると、ただちに次の極小条件が得られる。

$$I^2L = d/0.0052f$$

（16）ここでは、光強度の上限としては二〇〇マイクロモル毎平方メートル秒が妥当であると考えよう。いま$I = 200$、$L = 24$という上限を最適条件の式に代入すると、植物工場の諸元に対してだいたい、

$$d/f<5000$$

という制限が加わることがわかる。また最適条件にはならない場合は、最適に準じてコストダウンにつながる環境条件に設定する必要がある。

この制限は非電力代d（償却費、人件費など）が電力の有効利用係数fに関連して、ある一定値以下であることを要求している。つまり償却費や人件費、二酸化炭素などの材料費、出荷経費をできるだけ安くしろということである。この条件は一見すると植物工場の規模によらないようにみえるが、照明設備コストをはじめ設備費には明らかに規模の利益が存在す

る。一方、電力有効利用係数にも規模の利益がある。

いま、dとfに補正係数（$\ln M/M_0$）/mbをつけて考えると、これらは植付け一株あたりの量になる。スケールメリットは明らかにfよりもdに強く作用するから、一般的にいえば大規模植物工場の方が最適化しやすいと考えられる。中小規模の植物工場の最適化はなかなか難しいだろう。最適化はきわめて望ましいにしても、これはもちろん採算に乗る、乗らないの話ではない。

(17) 補正係数$(\ln M/M_0)/mb$においてb＝0.0002を代入し、たとえば四グラムで定植し($M_0=4$)、一〇〇グラムで収穫する場合（M＝100）に上式を書き改めると、植付け株数mの存在が明らかになる。

$$k(\min) = 16000f(1+0.0052I)^2/m$$

また先ほどの電力代の割合gを使うと、極小条件では最適の光強度が、

$$I = 192(1-g)/g$$

と単純な表現になる。

【参考文献】


高辻正基『完全制御型植物工場』オーム社、二〇〇七年。

高辻正基『図解よくわかる植物工場』日刊工業新聞社、二〇一〇年。

高辻正基『完全制御型植物工場のコストダウン手法』日刊工業新聞社、二〇一二年。

高辻正基・森康裕『ＬＥＤ植物工場』日刊工業新聞社、二〇一一年。

森康裕・高辻正基『ＬＥＤ植物工場の立ち上げ方・進め方』日刊工業新聞社、二〇一三年。

第7章　植物生産システムの開発と展開
――エスペックミックの事例――

中村謙治

中村謙治
（なかむら　けんじ）

1962年，大阪府生まれ。
エスペックミック株式会社環境モニタリング事業部長。

近畿大学農学部卒業。1985年，タバイエスペック株式会社（現エスペック株式会社）に入社，植物工場の開発・事業化に従事する。2001年よりエスペックミック株式会社。

1　植物工場の事業化に向けて

植物工場への企業からの参入

「植物工場」のシステムは高辻正基氏らによって一九七〇年代に研究が開始され、すでに長い年月が経過している。しかしこの言葉が一般に広く知られるようになってきたのはここ数年のことで、全国各地にでき始めた人工光型植物工場で蛍光灯やＬＥＤ（発光ダイオード）を使って野菜を育てる様子がテレビや新聞、雑誌などで取り上げられるようになってからだろう。

現在、植物工場は太陽光をまったく使用しない閉鎖空間で、蛍光灯やＬＥＤなどの人工光のみを使用して野菜を栽培する「人工光型植物工場（完全制御型植物工場）」と、ガラス温室など太陽光の下で野菜を栽培する「太陽光利用型植物工場」の二つに大きく分けられている。

後者の太陽光利用型植物工場は、見た目は従来の施設農業とあまり変わらないが、温室内の環境制御をこれまでより高度化することで収量を大幅に増加させ年間安定生産を目指しており、従来の施設園芸をより高度化したものといえる。とくに東日本大震災以降は国の後押しもあって、温室面積が一ヘクタールを超える大規模な太陽光利用型植物工場が全国各地に計画され、建設されている。

もう一方の人工光型植物工場も太陽光利用型植物工場と同様に、次世代の農業スタイルの一つとして注目され、全国各地に設置されている。その数は大小あわせると三〇〇カ所以上はあるのではないだろうか。とくに人工光型植物工場に参入するのは、これまで農業や野菜生産とは縁のない異業種であり、それもどちらかというと工業系の企業が単独で取り組むケースが多い。太陽光利用型植物工場の方も食品企業に加え異業種からの参入も進んではいる。しかしこの異業種からの参入ということが両者の間で大きく異なる点ではないかと思う。

人工光の下で野菜を育てる

私たちの会社が最初に植物工場に参入したのは一九八八年ごろで、足かけ二〇年以上ということになる。本業は環境試験装置を作っている会社で、それまで農業とはほとんど縁のなかったところからの参入だった。環境試験装置とは、温度や湿度あるいは気圧などを

「チャンバー」と呼ばれる装置のなかで作りだし、電子部品や半導体部品、時計や衣服、大きいものになると自動車などをここに入れて、熱帯地域の高温多湿の環境から、北極や南極のマイナス何十度の環境、あるいは大気圏の低圧環境などを再現し、あらゆる工業製品がそれらの環境で正常に動作するかという、工業製品の信頼性を試験するための装置である。一般にはあまり目にするものではないが、多くの企業の研究開発や品質検査、生産現場などで使用され、日本の工業製品の品質向上に一役かっている。

ちょっと変わったところでは、標高数千メートルの高地の低酸素環境をチャンバー内で再現した人工気象装置は、スポーツ選手などがよく行う高地トレーニングと同様の効果をあげることもできるそうだ。また、スキューバダイビングなどの事故で起こる減圧症や大きなやけどをした方などを治療する高気圧酸素チャンバーなど、スポーツや医療の現場で使用される装置も手掛けている。この他にも大学などの研究機関で使用されるバイオ関連の装置など工業製品からヒトの身体や細胞レベルまで、あらゆる生物環境の再現とその提供が企業のベースにある。

農業に関連したこのような環境試験装置の取り組みも、それまで以前にまったく行われていなかったわけではなく、植物や農業研究の場で使用されるファトトロンと呼ばれる植物育成のための試験装置も一部手掛けていた。しかし自ら野菜を育てることはそれまでは皆無であった。

最初のきっかけ

我々の植物工場への取り組みのきっかけは、一九八五年の国際科学技術博覧会（つくば科学万博'85）の会場で植物工場のモデルが展示され、それを契機に多くの企業が新規事業として植物工場の取り組みを開始していった時期にさかのぼる。当時はバブルの時代で、多くの企業が本業だけでなく新しい事業を模索し、立ち上げていた。植物工場はそのネーミングも手伝ってか、我々を含む工業系の企業が取り組む事業として魅力的に映っていたのかもしれない。

私が最初に見た人工光型植物工場は、京都の内陸部で個人が立ち上げた植物工場だった。ここは、本業の環境試験装置を製造している福知山の工場からさほど離れていない場所にあり、植物工場を新規事業で取り組むための提携先となった。

この植物工場の大きな事務所のような建物のなかに入ると（当時はクリーンスーツに身を包んで植物工場に入るようなことはしていなかった）、オレンジ色に光る高圧ナトリウ

図１　最初に関わった植物工場（1989年）

ムランプの下できれいな緑色をしたサラダナやリーフレタスがぎっしりと育っていた。それまで写真などでは見ていたが、実物を見るのははじめてのことであり、大きな衝撃と感動を受けたことを覚えている。私自身の大学での専攻は水産で、農業や野菜を育てた経験は皆無であり、野菜の名前すら知らなかった。そのため、感動の一方で「えらい世界に入ってきた」と、場違いな気がしていた。

この植物工場では野菜の栽培についていろいろと教えられた。高圧ナトリウムランプの下で適切な温度に制御された室内で栽培される野菜は、栽培方法や栽培環境は違っても、種をまいてから苗を作り、収穫サイズまで大きく育てるという点では従来の農業と同じであり、ただ単に装置のボタンを押せば野菜ができるものではないということを最初に教えられた。このことを最初に教えてもらったことは今でも大変有意義であったと思っている。農家にとってはあたりまえのことだろうが、全然農業を知らなかった私たちにとっては新鮮かつ重要なことだった。いまだに植物工場に参入する、とくに工業系企業のオーナーの一部には、種からまかないといけないことを知らなかったり（さすがに今は少ないだろうが）、お金をかけて環境さえ整えれば野菜が勝手に育ってくれると思っていたりする方がいることも事実なのだ。

事業化への取り組み

このように我々の植物工場の企業としての事業化の取り組みは始まった。当時、旧ソビエトと環境試験装置の関係から取引があって植物工場の話が出ていたり、関西国際空港がこれから開港に向かう時期でここに植物工場を作ろうといった大きな話があったりしたことも覚えている。これらが実現していたら状況は大きく違っていただろうと思う。

最初は、植物工場のハード環境作りの開発などを担当していたが、自分たちで野菜栽培も手掛けないとこれらの装置開発もなかなか思うように進まないと考えた。そうすると、

図２　コンテナ式植物工場１号機（1991年）

研究のために自社栽培するというようなニーズはかなりあるのではとの思いから、当時カラオケボックスなどでよく見かけるようになっていた海上輸送用のコンテナを使った植物工場ができないかと考え、コンテナ式植物工場というものを開発した。もともと環境試験装置を製造している企業なので、建築や設備工事に関わる大きなものよりも試験装置の延長のような工場で完成できるコンテナ式植物工場の方が我々には向いていた。

この開発したコンテナ式植物工場を工場内の一角に設置し、それから本格的な植物工場での野菜栽培を開始した。このころになると農学部出身の野菜栽培を担当するメンバーも入ってきて、いろいろな栽培試験を行っていった。コンテナでは一日に生産できる野菜の数量も少ないので、多くを流通させることはできなかったが、近隣の料理店に販売したりもしていった。このコンテナ式植物工場は、日本植物工場学会（現在の日本生物環境工学会）の開発賞も頂き、これまでに多くの装置を製造し、大学や企業などにおける植物工場の実証研究の場で使用されている。

2　集まる注目と販路開拓

植物工場の販売を始める

そうこうしているうちに、そろそろ植物工場を本格的に販売していこうということになった。しかしこれがまったくの異業種からの参入であったために販路もなく、手探り状態だった。手始めに植物工場関連の展示会が新しく開催されるということで、これに出展することが決まり、カタログなどもはじめて制作したうえで植物工場の販売を開始した。このころには日本植物工場学会や、企業の植物工場研究会なども立ち上げられており、多くの企業が植物工場への参入に向けて動き始めていた。

大学や企業向けの研究用の装置は少しずつ実績ができていったが、植物工場の導入は思うように進まなかった。そんななか、個人で植物工場をしたいという方が現れ、自己資金でコンテナ式植物工場を購入し野菜栽培を開始した。我々としてもこれが最初ということで、いろいろお手伝いしながら現在までこの方とはお付き合いさせて頂いている。今でこそ植物工場生産野菜はかなり認知されているが、当時、とくに地方では認知されることもほとんどなく、設置場所を探すのと手続きがまた大変であった。やっと野菜が栽培できて、植物工場の野菜は無農薬でおいしい安全な野菜といってもなかなか買ってもらえず、販売にも大変苦労していた。

一九九〇年代半ばになると、冷害などの異常気象が農業に与える影響が少しずつ顕在化してくるようになった。人工光型植物工場もクローズアップされてくるなかで、農水省の植物工場に対する補助事業が開始されると各地に植物工場が建設されていくようになった。そんななか日本の農協系ではじめてとなる、本格的な人工光型の植物工場を福島県の白河農協に設置するお手伝いをする機会を得て、植物工場を全国にいくつか作ることができた。

当時の植物工場は、高圧ナトリウムランプを太陽光に代わる光源として使用しているものが主流だったが、電気代がかかることや、発熱量が多いため野菜に近接して使用できないなどの弱点もあり、本格的に普及していくには至っていなかった。

この農水省の補助事業が二〇〇〇年代に入るとなくなり、大型の植物工場建設は影を潜め、植物工場そのものも取り上げられることが少なくなるなど、植物工場にとっては苦しい時期が二〇〇〇年代後半まで続いた。この間、企業は植物関連の試験研究用の装置を主体的に手掛けることで植物栽培の環境作りのノウハウ蓄積やお手伝いをしながら、身近な環境破壊からの自然環境の再生にも着目し、二〇〇一年に現在の会社（エスペックミック）が本業から独立して立ち上げられ、現在の活動に至っている。

植物工場に追い風が吹いてきた

二〇〇〇年代後半になると植物工場がいろいろな場面で再び注目され始めた。これには高辻氏らが精力的に各所で活動し、植物工場に対して農林水産省だけでなく、経済産業省が積極的に関わり始めたことが大きかったと思う。二〇〇九年には霞が関の経済産業省ロビーの一角に植物工場のモデルが設置され、これが大きくマスコミで取り上げられたことで、植物工場が広く知られる一つのきっかけとなった。このモデル施設作りに我々も関わ

図3　経済産業省でのモデル展示

ることができ、その後全国各地で同様のモデル展示が行われていった。

このモデル展示では、企業人から政治家、一般の主婦や学生、海外からもいろいろな方々が植物工場を見にきて、そのなかに実際に入って体験してもらう機会になった。非常に関心を持たれる方もいる一方で、植物工場で栽培される野菜に対して人工的だとか否定的な意見を持つ方も多くいた。そういうさまざまな生の声を聞く機会を得たことは、その後の我々の取り組みにも影響を与えてくれた。とくに大きかったのは、植物工場をはじめて知った、見たという方が非常に多かったことと、植物工場で栽培された野菜を実際に食べたことがないとい

図4　プラントセラー

う方が大半であったということだ。

それで植物工場が普及していくにはまず植物工場で栽培される野菜を食べてもらえる機会を増やすことが先決だと考え、展示栽培用のミニ植物工場「プラントセラー」を開発した。プラントセラーは、レストランや事務所のロビーなど身近なところで人工光の下で栽培される野菜を見てもらい、その場で新鮮な野菜を食べてもらうという植物工場の普及の一助になっている。

もう一つ、植物工場が脚光をあびるようになったのには、LEDの開発がある。それまでの植物工場は、使用される光源が高圧ナトリウムランプから蛍光灯に代わってきており、リーフレタスなどの葉野菜を栽培するための光源を野菜に近接できることから、栽培の多段化が進んできていた。そしてＬＥＤの植物工場への採用と性能向上が進むにつれて、省エネと生育促進効果が得られることがわかってきたため、多様な企業が植物工場に再び取り組むようになってきた。

植物工場の必要性と必然性

話を少し巻き戻して、そもそも植物工場は農業といえるかとか、これまでの農業にとってかわるものなのかについて触れてみたいと思う。

植物工場は、最近はリーフレタスなどを人工光源下で栽培する人工光型植物工場が植物工場の始まりと思われがちだが、植物工場の原点はモヤシやカイワレの栽培であり、エノキダケやマイタケなどのキノコ類の人工栽培も広義には植物工場になる。モヤシやカイワレは栽培に手間がかかり大量生産に向かなかったものを、工場的に生産することで大量生産と低コスト化が可能となった。かつてエノキダケやマイタケなどのキノコ類は、自然採取が中心で希少なものも多く高価で取引されていたが（今でも天然のキノコは高価である）、人工環境で大量生産できる技術が確立されたことで、一般の食卓に手軽にのぼるようになった。吸い物などに使われるミツバもその代表的なもので、今では流通量の九〇パーセント以上は水耕栽培の植物工場によるものだ。

これに対して、人工光型植物工場で栽培されているリーフレタスなどの葉野菜は、植物工場でなくても露地や施設栽培でより安価に流通しているものであり、これらの野菜と真っ向勝負を挑んでも、コスト面などから簡単に太刀打ちできるものではない。ここが前述のモヤシやカイワレやキノコ類と、人工光型植物工場で栽培されるリーフレタスなどの葉野菜との決定的に異なるところである。そしてここが一番大きな植物工場普及への勘違い、あるいは障害になっているのかもしれない。ただ、この点についても昨今の異常気象による自然災害が多発する状況においては、従来の露地に頼った農業、野菜生産では産地に大きな影響を与えるケースが頻発し、供給の不安定により価格の高騰をまねいているケースが増加している。人工光型植物工場は、年間を通して野菜の栽培・供給が行え、しかも基本的に無農薬で清浄であるという特徴を活かしての消費者の利用も増えてきている。水耕栽培の野菜は水っぽいとか野菜の味がしないといった感想を持つ方も多くいるが、違う見方をすれば苦みがなくて食べやすく、これまで野菜ぎらいだった子供たちが人工光型植物工場で栽培されたリーフレタスはよく食べるなど、新しい消費者層も生まれてきており、将来的には期待の持てる存在になるのではと思っている。

また、北海道など冬期には深い雪に閉ざされる地方や、沖縄など夏が暑過ぎて露地で野菜栽培ができない地方でも、人工光型植物工場ならそれが可能になるなど、立地条件によっては植物工場の存在意義は十分に出てくるといえる。

3　今後の取り組み

いざ海外へ

世界に目を向けてみると、新鮮な生野菜を求めている、必要としている国や地域はたくさんある。人工光型植物工場は日本がいち早く取り組み、技術的にも最先端といわれており、新たな輸出産業としても期待されている。

事実、日本の人工光型植物工場への海外各国からの関心は高く、我々のところへも日常的に多くの問い合わせが来る。二〇〇九年の経済産業省のモデル展示では、海外からも多くの方が見学に来ていた。とくに韓国と中国からの見学者が多く、熱心に写真を撮影したり質問をしたりしていた。二〇一〇年には、上海で開催された国際万国博覧会に大阪府のパビリオンが常設され、そのなかに大阪府立大学が植物工場のモデル施設を展示するということで、他社と共同で出展のお手伝いもした。このときは短期間に装置製作を間に合わせることや現地でいかにうまく設置するかということなど、難問を解決しながらなんとか装置の設置にこぎつけることができた。

この展示での一番の悩みは、野菜をいかにして半年間にわたり継続して展示していくかであった。日本から根のついた植物工場野菜を送ることは制度上できないので、上海市内にある我々のグループ会社の工場に小型の人工光型植物工場を作り、そこで野菜栽培を現地のスタッフに手伝ってもらいながら開始した。栽培を開始すると最初から思うように野菜が育たない状況が起きた。ある程度予想はしていたが、上海の水道水は日本のようにそのまま飲めるようなものではなく、それが根を褐変させて生育障害を起こしていたのである。水処理をする逆浸透膜や限外《げんがい》ろ過膜などを使用すればそれもほとんどが解決するが、スペースの関係からも展示会場でそれらを設置する余裕はなく、飲料用のボトルウォーターを贅沢にも使っての栽培に切り替えた。現地のスタッフには、日本と同様の栽培マニュアルを使って栽培をしてもらったが、水を変えてからは安定して栽培することができるようになり、万博の半年の期間、野菜を絶やすことなく展示装置から供給することができた。これはそれ以降、海外での植物工場を展開していくにあたっての良い経験になった

図５　上海万博での展示（左）と上海での野菜栽培の様子（右）

と思っている。私も会期中に何度も現地に足を運び、実際に展示された植物工場を熱心に見ている多くの中国の方などに接することができ、植物工場の可能性を肌で感じることができた。

このころから我々だけでなく、植物工場を手がけている多くの企業が海外に本格的に目を向け始め、少しずつだが海外各所に人工光型植物工場が建設され始めている。海外に行くとよくわかるのだが、外観がガラス温室の大規模な太陽光利用型植物工場は、そのほとんどがオランダからの技術で施設が建設され、栽培ノウハウもそこから導入されている。日本の大規模な太陽光利用型植物工場の施設と栽培ノウハウも、その多くがオランダから導入されている。これに対して人工光型植物工場は、日本が先頭を走っており、逆に海外に輸出する産業として成長させることができればという思いは強く、政府からの後押しもある。ただ、それ以上に韓国や中国の動きは早く、人工光型植物工場もどんどん設置されている。そして日本よりも安価に施設を建設できるメリットを生かして海外にも積極的に植物工場システムの輸出を図ろうとしている。

しかし人工光型植物工場の施設や技術がまだ発展途上にあることは事実であり、これらの国々との競争に勝ち残っていかないと、日本の植物工場の輸出が飛躍的に伸びていくことはない。国内企業が競いあうことに加え、ここは一致団結して日本の人工光型植物工場を海外へ積極的に売り込んでいかないといけないと思う。とくに栽培に関する技術・ノウハウは短期間では真似できないものなので、これらを武器にしていきたいところである。

これからの人工光型植物工場への期待

このように人工光型植物工場は、長い時間がかかりながらも発展を続けている新しい野菜生産のスタイルである。栽培に太陽や土を使わない（一部土を使う栽培方法もある）人工光型植物工場は、太陽と土、自然の恵みを最大限に生かして農産物を生産する従来の農業とはまったく相反する存在といえるのかもしれない。まだ日本国内の野菜生産の〇・一パーセント程度にしかすぎない存在だが、今後そのウエイトは、特定の野菜で増えていくことは間違いない。ただ、人工光型植物工場で栽培された野菜が、露地野菜にとって代わるようなことは、まずないだろうと思う。

これからの植物工場は、従来の露地で生産された野菜と正面から競いあうのではなく、その特長を活かした機能性や味・食味などを追求することが普及へのカギになってくるだろう。このような人工光型植物工場の特長を活かした野菜栽培は、すでに各所で始まっている。その一つは、漢方薬などの医薬品原料となる成分を含む野菜や植物を、人工光型植物工場で周年安定して栽培する取り組みである。また遺伝子組換え技術により野菜体内にワクチン成分を合成させる、食べるワクチンとなる野菜、最近注目されているところでは、糖尿病患者など、カリウムの摂取が制限されている方々に向け、カリウム成分を大幅に低減した低カリウムレタスや低カリウムメロンなども実際に栽培され、販売されている。これらは一般の野菜より高く取り引きされており、人工光型植物工場の特長を十分生かした取り組みとして成功が期待される。

植物工場は農業なのか、工業なのか、はたまた商業なのかなど、いろんな立場の方が多くの側面から議論をしているが、野菜を栽培していることからいえば立派な農業であると思う。いくら立派な栽培装置を作っても、そこで種から栽培される野菜はそれぞれが生きており、まったく同じように育ってくれることはない。植物工場の栽培に携わる人間が従来の農業と同様に愛情こめて栽培することで、品質の良い野菜ができることに変わりはない。ちょっと管理に手を抜いたり、ストレスを与えたりすると野菜は機嫌を損ねてしまう。ましてや、年間を通して毎日毎日播種、収穫を繰り返す人工光型植物工場ではこれらが大きく栽培や経営に影響を与える。「植物工場なんて簡単だ」などと甘く考えないでほしい。マニュアル通りに栽培すれば誰でも野菜を植物工場で栽培することはできるが、より品質の良い野菜、付加価値のある野菜作りには、植物工場であっても篤農家的な技術の蓄積が不可欠であり、これこそが生命線になるのだと思う。これにいち早く気づいて、他と違う野菜、付加価値のある野菜栽培を実現していったところが生き残っていくのではないだろうか。

我々は、それらを目指す植物工場農業者の方々に、これまで培ってきた経験とノウハウ・技術を提供しながら、そして自らも人工光型植物工場での野菜栽培を続けながら、日本や世界に広がる新しい農業としての植物工場の普及を応援していきたいと考えている。

第8章　植物工場の健康食品事業への展開

——日本アドバンストアグリの事例——

辻　昭久

辻　昭久

（つじ　あきひさ）

1956年，大阪府生まれ。
日本アドバンストアグリ株式会社
代表取締役。

1979年，同志社大学工学部卒業。日本アイ・ビー・エムに入社。主に開発畑を歩み，ノートブックPCやその中枢部品の開発に従事。先進製品開発課長職を最後に，1995年に退職する。95年ツジコー株式会社（照明器具メーカー）に入社。2004年，代表取締役となる。野菜の人工栽培を目的に06年，日本アドバンストアグリ株式会社を設立。植物工場向け照明としてHEFLや３波長ワイドバンドLEDを開発する。現在では植物工場の出口戦略に重点を置き，機能性野菜生産から健康食品事業を展開している。

1　照明を活用した栽培技術

独自ブランド「ツブリナ」

日本アドバンストアグリでは、ＨＥＦＬ（Hybrid Electrode Fluorescent Lamp：ハイブリッド電極蛍光管）や三波長ワイドバンドＬＥＤの光質制御（波長特性の制御）と独自の養液栽培によって、アイスプラントという作物を栽培している。

アイスプラントは、その栽培過程で人工的なストレスを与えることにより、本来持っている機能性成分の含有量を高めながら、おいしい塩味とシャキシャキした食感を持たせることが可能であり、これを我が社ではブランド新野菜「ツブリナ」と名付けて生産販売を事業化している。この「ツブリナ」については、機能性成分の予防医学的評価も行っている。また「ツブリナ」に含まれるピニトールという成分に着目し、高度な環境制御型ストレス栽培を行って加工し、健康食品「グラシトール」として製品化し事業化を進めている。

本章では植物工場の照明技術、栽培技術、生産装置技術から新野菜「ツブリナ」、さらに健康食品事業への展開事例を紹介する。

ＨＥＦＬ照明と三波長ワイドバンドＬＥＤ

栽培のための新しい光源として、大型液晶テレビに利用される省電力型長寿命バックライト（管径三・四ミリ）を利用し、「薄型ＨＥＦＬ照明システム」を開発した。これは放物柱状の反射板を用いることにより、効率的に光を直下に落とし、面として均一な光量を可能とした仕組みである。ＨＥＦＬには植物育成に必要な赤・青の波長と光量子束（ＰＰＦ：光を粒子の個数で表した単位）を備えている。

ＬＥＤ（発光ダイオード）は、図１に示すように「擬似白型」と呼ばれる青色ＬＥＤと黄色蛍光体で白色を出すものが一般照明として急速に出回り始めている。しかしこれには光合成を高める赤系の波長（六六〇ナノメートル近辺）が少なく、植物育成における課題であった。そのため、シングルチップという方式で太陽光に近い白系の光質制御を利用し、赤系六六〇ナノメートル近辺を含む三波長ワイドバンド型の植物照明の生産販売を行っている。製品はパネル型（四〇ワット）と蛍光管型（G13口金、二三ワット）、光質は白色系、赤白系、青白系があり、生産する植物体および栽培場所により選択する必要がある。

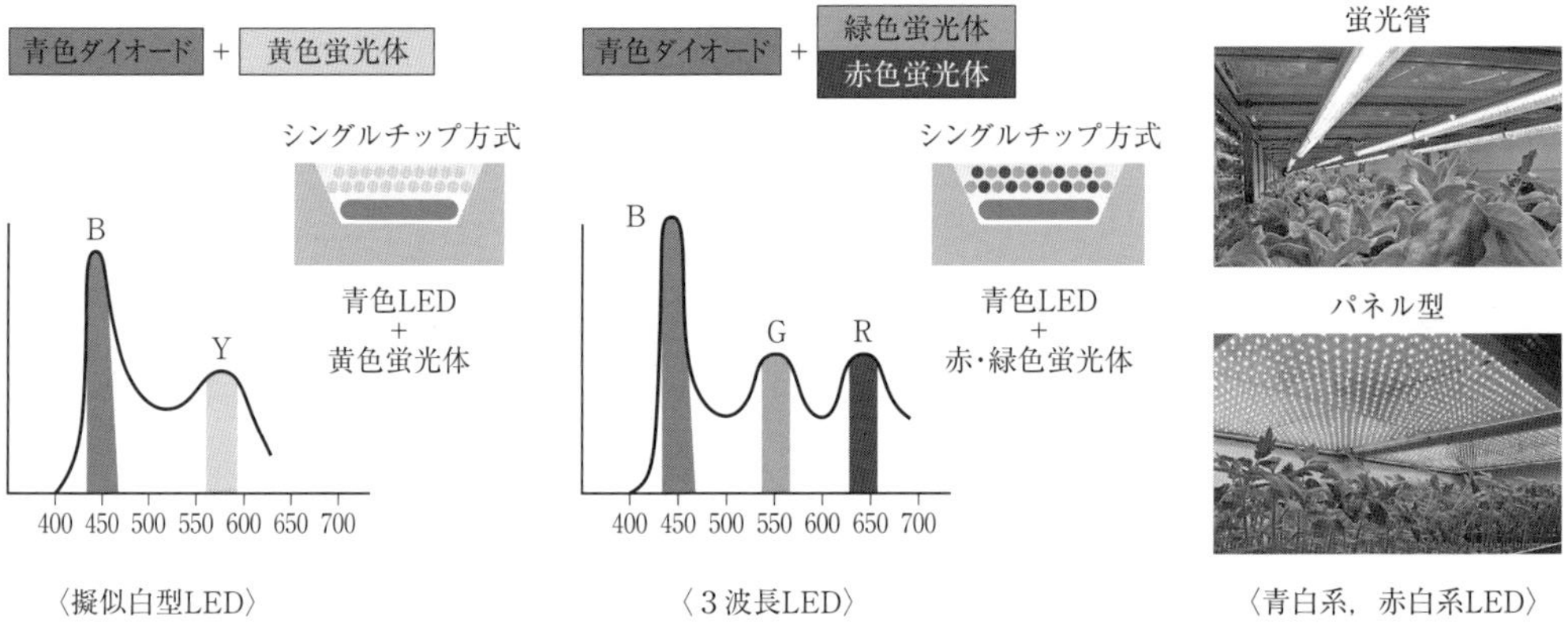

図１　擬似白型LEDと３波長型LEDの特徴，蛍光管とパネル型

2　アイスプラント（ツブリナ）の成分と評価

アイスプラントとは

アドバンストアグリではＨＥＦＬ照明の光質制御の特徴を活かし、アンチエイジング野菜の人工栽培ができないかと考え、二〇〇八年からアイスプラントに注目している。そして独自の養液栽培技術を確立し、二〇一〇年六月より「ツブリナ」というブランド名で販売を開始した。

アイスプラントはハナミズキ科（*Aizoaceae*）マツバギク属の植物（学名：*Mesembryanthemum crystallinum*）で、一年生草木。英名はCommon Ice Plantといい、原産地は南アフリカのナミブ砂漠などの乾燥地域である。

このアイスプラントは、生育する環境が一定レベル以上の塩分や乾燥条件になったとき自分の体質を切り替えて適応し、障害なく成長し続けることができるという性質を持つ。一般的な植物が行うＣ３型光合成と、乾燥地の植物が行うＣＡＭ型光合成を切り替えられるＣ３／ＣＡＭ変換ストレス誘導制御植物として、研究モデルにもなっている。ＣＡＭと

図２　「ツブリナ」栽培の様子（左）と「ツブリナ」にできたブラッター細胞（右）

は、ベンケイソウ型有機酸合成のことで Crassulacean Acid Metabolism の略である。ＣＡＭ植物はその特徴として涼しい夜に気孔を開けて二酸化炭素の取り込みを行い、昼は気孔を閉じることで水分の損失を最小限に抑えることができる。アイスプラントはＣＡＭ型に切り替わるとリンゴ酸やクエン酸を生成する特徴があり、味が非常に酸っぱくなることでそれがわかる。

図２は「ツブリナ」の栽培室と「ツブリナ」の特徴であるブラッター細胞である。ブラッター細胞とは、アイスプラントが根から吸収したミネラル（塩分など）が体内で濃くなりすぎて調整しきれなくなると、これらの成分を体外に隔離することで形成される塩嚢細胞である。[1] 長浜バイオ大学との共同研究では、人工的なストレス制御がブラッター細胞を増やし、ナトリウム・カリウム・カルシウムなどのミネラルを多く含ませ、[2] 天然のイノシトール類（ミオイノシトール・オノ

ニトール・ピニトールなど）・βカロテン・ビタミンK・プロリンなどの機能性成分が高くなることがわかってきている。

アイスプラントの機能性成分

老化防止や発ガン抑制、高血圧予防などに効果のある成分をとくに機能性成分という。アイスプラントの機能性成分としては、先に述べた種々の成分があげられる。ナトリウムは真夏の熱中症対策に必要な成分となり、体液の濃度の調整、血圧の維持に必要とされる。一方カリウムはナトリウム（塩）の排泄に役立ち、高血圧を抑制する。

アイスプラントはこの他、体内の活性酸素を抑える抗酸化作用やガンの予防効果の高いβカロテンも多く、老化防止や疲労回復の効果も期待されている。

また、イノシトール類も多く含まれる。イノシトール類は、糖アルコールの一種であり、細胞成長促進に不可欠なビタミンB群の一種である。脂質の流れをよくして身体に脂肪がたまらないようにする「抗脂質ビタミン」としての働きがあり、高脂血症、うつ病などに有効とされている。イノシトール類は、ヒドロキシ基という原子の集合体の位置により九種類の異性体が存在しており、代表的なものにミオイノシトールやピニトールがある。ミオイノシトールには中性脂肪の抑制効果が、ピニトールには血糖値の調整効果があり、米国では安全なサプリメント原料として認められている。このイノシトール類は、葉菜類のレタスやキャベツからは、ほとんど検出されないと報告されている。[3]

ツブリナ粉末の予防医学的評価

三重大学大学院医学系研究科での肥満ゼブラフィッシュへの「ツブリナ粉末」投与の研究では、生活習慣病予防に効果があることが判明している。[4] 実験後のゼブラフィッシュの体重増加、ＢＭＩ増加曲線を見てみると（図３）、脂肪抑制に大きな効果があることが示唆されている。

さらに、筑波大学大学院生命環境科学研究科では、予防医学的効果に関するマウス３Ｔ３Ｌ１脂肪細胞を用いた研究を実施しており、「ツブリナ粉末」の遺伝子発現レベルでの脂肪抑制効果を確認している[5]（図４）。

また、独立行政法人産業技術総合研究所では、老化に関わる体内時計の振幅とさまざまな老化現象の研究を行っている。ショウジョウバエに「ツブリナ」抽出物を与え、その成分が求愛活動リズムの振幅にどう影響するかを調べた研究では、「ツブリナ」に含まれる

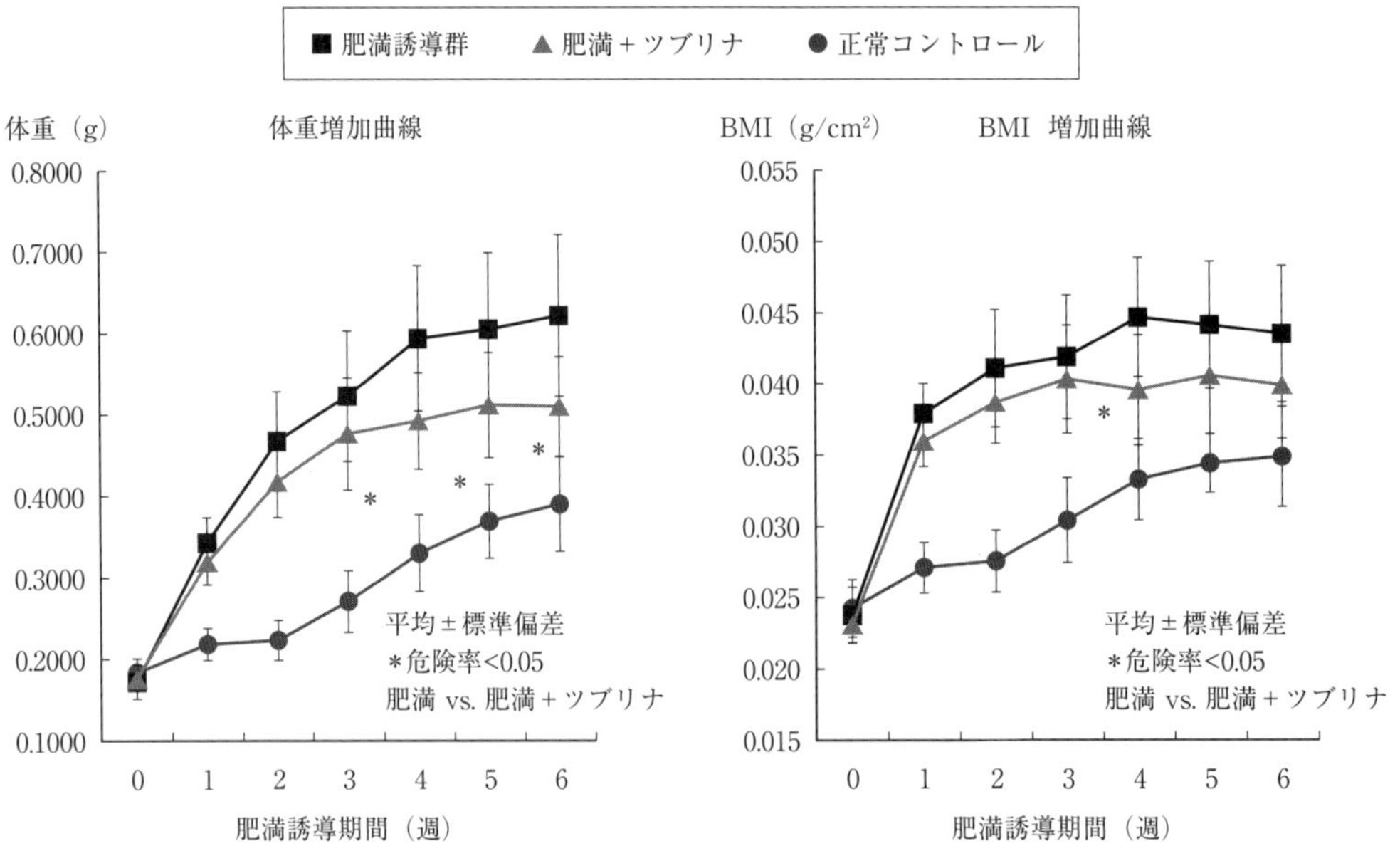

図３　ゼブラフィッシュの体重増加，BMI 増加曲線結果

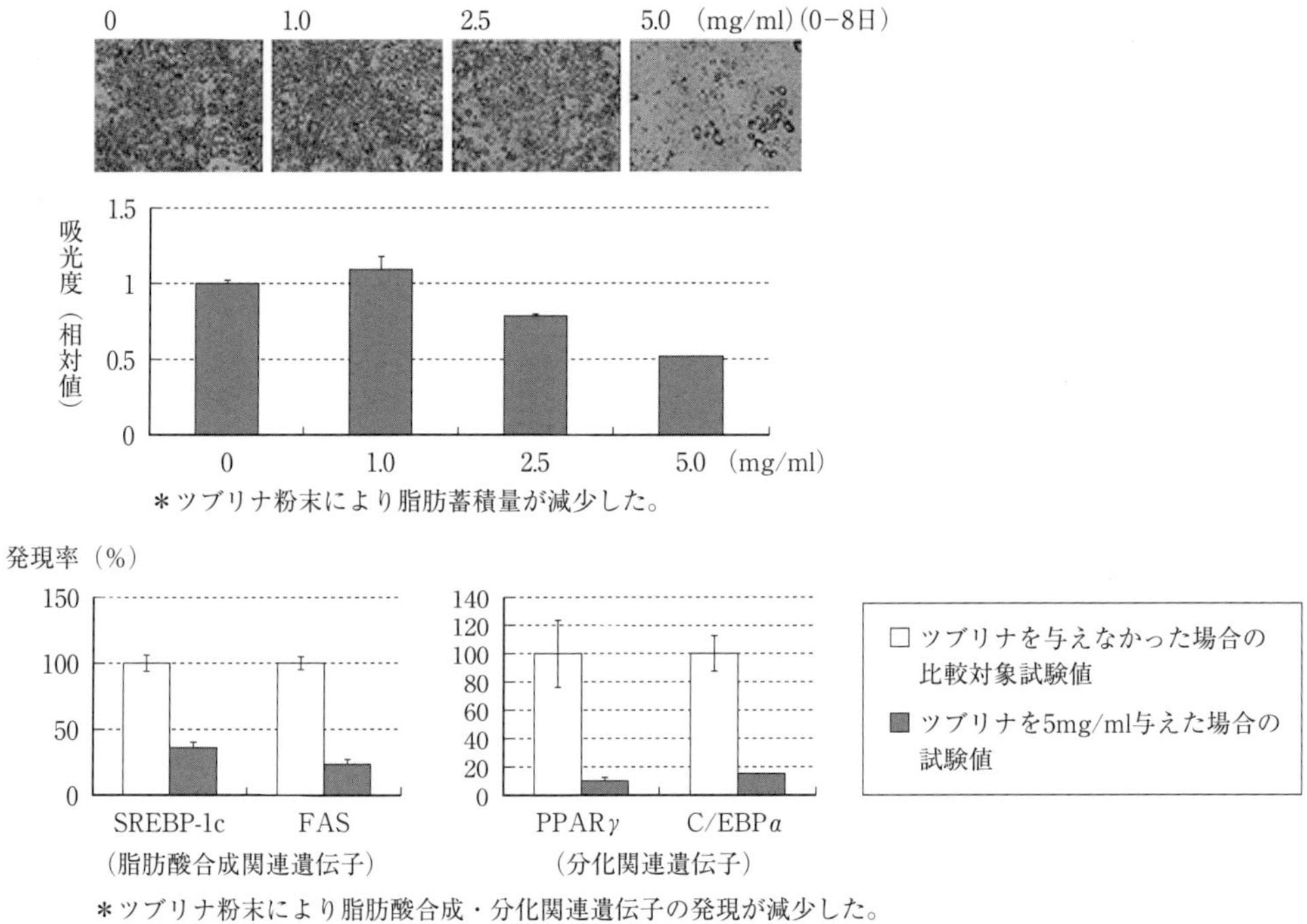

＊ツブリナ粉末により脂肪蓄積量が減少した。

＊ツブリナ粉末により脂肪酸合成・分化関連遺伝子の発現が減少した。

図４　3T3L1脂肪細胞を用いた遺伝子発現結果

イノシトール類が、求愛活動リズムの振幅を回復させると示唆されている。(6)

このように、「ツブリナ」の機能性成分であるイノシトール類などの複合的な有効成分が、生活習慣病（メタボリックシンドローム）、血糖値調整機能や老化によるパーキンソン病やアルツハイマー病などの神経変性疾患の予防に効果があるという医学的評価から、健康食品事業化が可能であると考えた。

3　健康食品事業へ

ストレス負荷型栽培環境技術

従来の植物工場は、植物が育ちやすい好適環境制御を行っているが、ストレス負荷型栽培技術は、植物の成長過程での特徴を理解し、①植物の成長のための好適環境、②植物が持つ本来の栄養成分を高めるストレス環境、の二つを自動的に制御できるアルゴリズム（効率的手順）が必要となる。

どのようなストレスをどの成長過程で加えると、どのような栄養成分が増加するかは、実験により得ることが重要で、実験結果から自動的に環境制御できるアルゴリズムを組み込んだソフトウェアが必要となる。

そのためには空気制御（温度、湿度、気流、二酸化炭素濃度など）、光環境制御（光強度、周期、光質など）、養液環境制御（ｐＨ、ＥＣ〈電気伝導度〉、溶存酸素など）に関わる必要なセンサーをあらかじめ栽培室に組み込むことが重要となる。高度なハード制御と栽培ノウハウの管理制御技術をアルゴリズム化し、組み込みソフト化することにより制御装置の全自動化が可能になる。弊社では、アイスプラント（ツブリナ）のストレス栽培の中で、ピニトールの含有量を高める環境技術を見出し、ストレス負荷型栽培装置に組み込んでいる。[7]

アイスプラント（ツブリナ）の健康食品事業化

アイスプラントにとって、塩ストレスがイノシトール類（ピニトール）を左右する主要な因子であることはすでに報告されているが、[8] 浸透圧ストレスを引き起こす塩以外のストレス因子によっても、アイスプラントのピニトールなど機能性成分の蓄積量に有意な変化が認められることが、自社実験によりわかってきた。[9]
このピニトールは、一九九七年にアメリカ食品医薬品局（ＦＤＡ）が認めた安全なサプリメント原料である。生活習慣病予防、血糖値調整（糖尿病予防）、多嚢胞性卵巣症候群（Ｐ

表1　一般成分および機能性成分（栄養成分）結果

一般成分			
成分項目	含有量（/100g）	成分項目	含有量（/100g）
水　分	3,7g	糖　質	23,5g
たんぱく質	23,8g	食物繊維	16,5g
脂　質	7,4g	エネルギー	289kcal
灰　分	25,1g	ナトリウム	520mg

重金属・一般菌・放射能検査			
検査項目	測定結果	検査項目	測定結果
カドミウム	不検出	一般細菌数	740CFU/g
鉛	不検出	大腸菌群	陰性
ヒ　素	不検出	O・157	陰性
総クロム	不検出	ヨウ素131	不検出
総水銀	不検出	セシウム134	不検出
		セシウム137	不検出

有益な機能成分					
	成分項目	含有量		成分項目	含有量
ミネラル	亜　鉛	2,50mg	ファイトケミカル	総ポリフェノール	560mg
	銅	0,62mg		ルティン	56,9mg
	鉄	8,02mg		ゼアキサンチン	3,0mg
	マンガン	14,8mg		βカロテン	38,3mg
	マグネシウム	230mg		コエンザイムQ10	3,5mg
	カルシウム	641mg	AHAフルーツ酸	リンゴ酸	3,24g
ビタミン類	ビタミンC	154mg		クエン酸	5,55g
	ビタミンB6	1,93mg	アミノ酸	プロリン	2,90g
	ビタミンK1	3,43mg	その他	総フェルラ酸	95mg
	ビタミンE	28,7mg		総ORAC値（活性酸素吸収能）	140μmolTE/g
	ピニトール（イノシトール酸）	3,82g		SOD値（活性酸素消去能）	720SOD単位/g

ＣＯＳ）治療、肝機能向上、アルツハイマー病、皮膚炎症治療などに効果がみられ、韓国でも二〇〇七年に健康強調表示（ヘルスクレーム）が認められている。

アメリカ・韓国ではⅡ型糖尿病患者の血糖値調整の臨床試験がすでに終わっており、医家向けサプリメントとしても高い付加価値成分として論文が多く発表されている。また、最近話題の「抗糖化」成分でもあり、抗酸化・抗糖化物質として肌の老化（肌の黄ぐすみ、弾力低下によるたるみ、しわ、しみ）防止にも役立つと考えている。

弊社では、人工栽培で環境制御ストレスを加えた「ツブリナ」乾物中の機能性成分（栄養成分）の分析を実施したので、その一部を表1に報告する。ピニトール、プロリン、種々のミネラル、ビタミン、ファイトケミカル、ＡＨＡフルーツ酸が認められている。また、室内人工栽培のために、農薬、重金属、放射性物質の検出は一切ないことが確認されている。

またアイスプラント（ツブリナ）をホールフード（自

図５　グラシトール資料

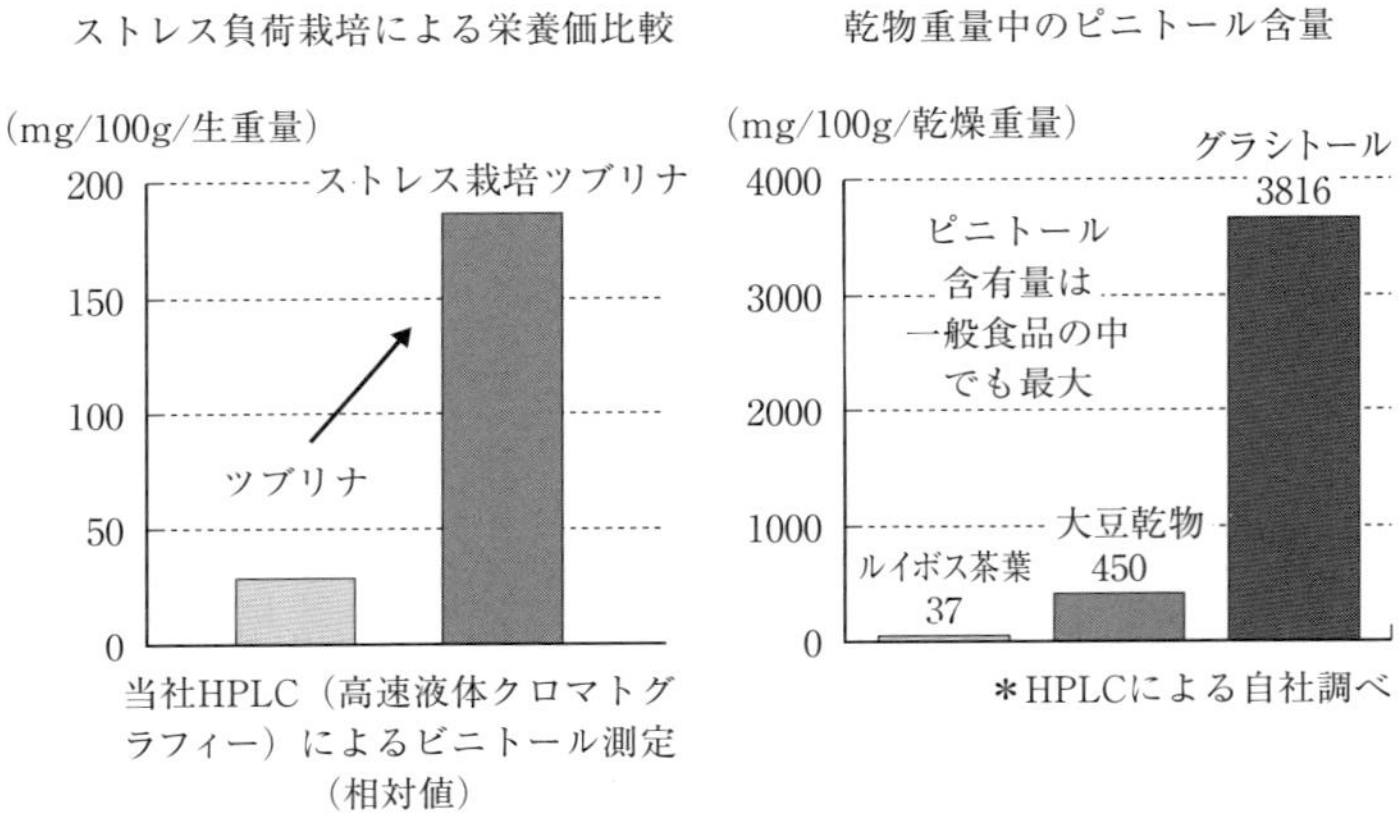

図６　ツブリナとグラシトールのピニトール含有量

然の食物をまるごと摂り入れること）の健康食品素材として実用化することを目指し、アイスプラントのストレス動態と機能性成分の相関性評価を行い、ピニトールを増加させた栄養補助食品（サプリメント）「グラシトール」を開発、二〇一三年四月から出荷を開始した。このグラシトールは、モンドセレクション「ダイエット並び健康製品部門」にて、二〇一三、二〇一四、二〇一五年と三年連続の金賞を受賞している。

また、グラシトールの素材となるストレスを加えた「ツブリナ」は、生食用「ツブリナ」の六倍のピニトールを含有し、さらに乾燥粉末では、ダイズ乾物の八・五倍の含有量となっており、相当な量のピニトールが含まれていることがわかってきた（図６）。

ピニトールには科学的な根拠を備えた抗糖尿病成分が含まれており、すでに述べたように、安全なサプリメント素材としてアメリカや韓国において認められている。

日本国内では現在、アベノミクス第三の矢として規制改革会議が進められ、健康食品の規制緩和として、健康強調表示のあり方が審議されており、「血糖値調整に効果がみられるピニトールが含まれています」といった、表示による訴求力のある通信販売・店舗販売が可能となる。

国内にはトクホ（特定保健用食品）関連の血糖値を下げる健康食品市場が約二〇〇〇億円あり、さらに糖尿病予備軍が二〇〇〇万人程度と推測されている。グラシトールの健康強調表示が可能になれば、大きな販路拡大が期待される。

これからのアドバンストアグリ

アグリ事業では、機能性評価と予防医学的評価をふまえ、「美容と健康」のアンチエイジング機能性野菜「ツブリナ」の日産日消（日本で生産し、日本で消費）を基本に、全国展開に向けて知名度を上げ、さらには、健康食品素材（グラシトール）としての世界に向

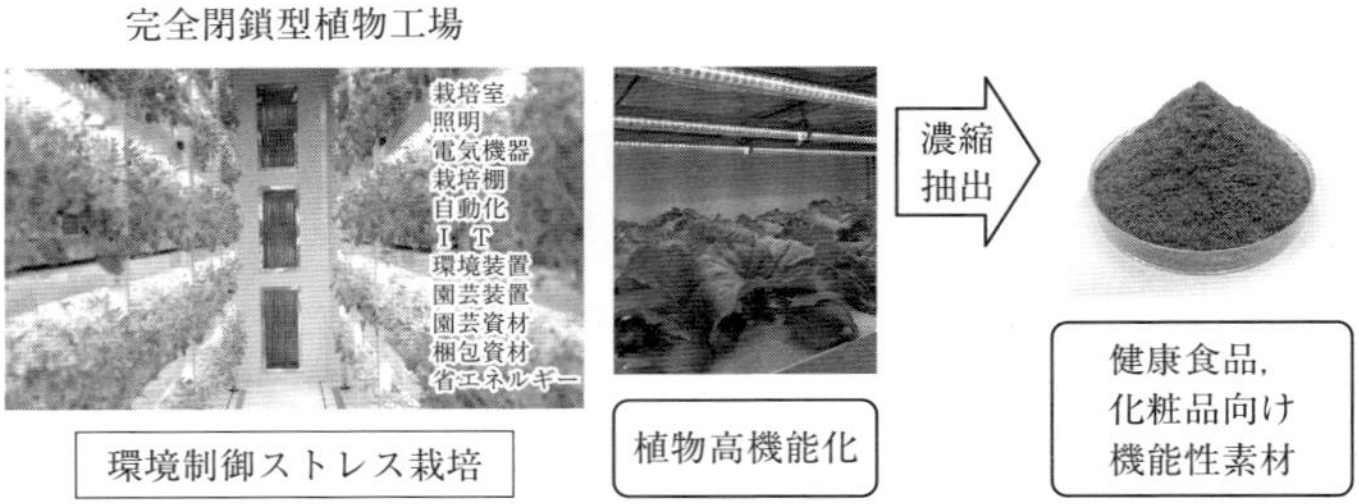

図７　日本アドバンストアグリの事業モデル

けての展開も視野に入れている。図7は弊社の事業モデルであるが、植物工場は、たんなる野菜生産（アグリ）ではなく、植物の天然成分高含有生成、濃縮、抽出から健康食品製造という「ライフサイエンス事業」としても期待されると考えている。植物工場産の植物粉末は天然の素材であり、無農薬が保証され、トレーサビリティも確保されており、消費者への訴求ポイントとして「安心安全」を前面に打ち出すことができる。

　すでに次の機能性植物のストレス負荷型栽培実験にも取りかかっており、「植物工場のアグリからライフサイエンスに向けての事業化」を着々と進めている。二〇一四年五月には、ヨーロッパで人気の野菜プルピエに含まれるα－リノレン酸に注目し、花粉症やアトピーなどのアレルギー緩和を目的としたサプリメント「アレルバリア」の出荷も始めた。図8に今後の健康食品のロードマップを示すが、

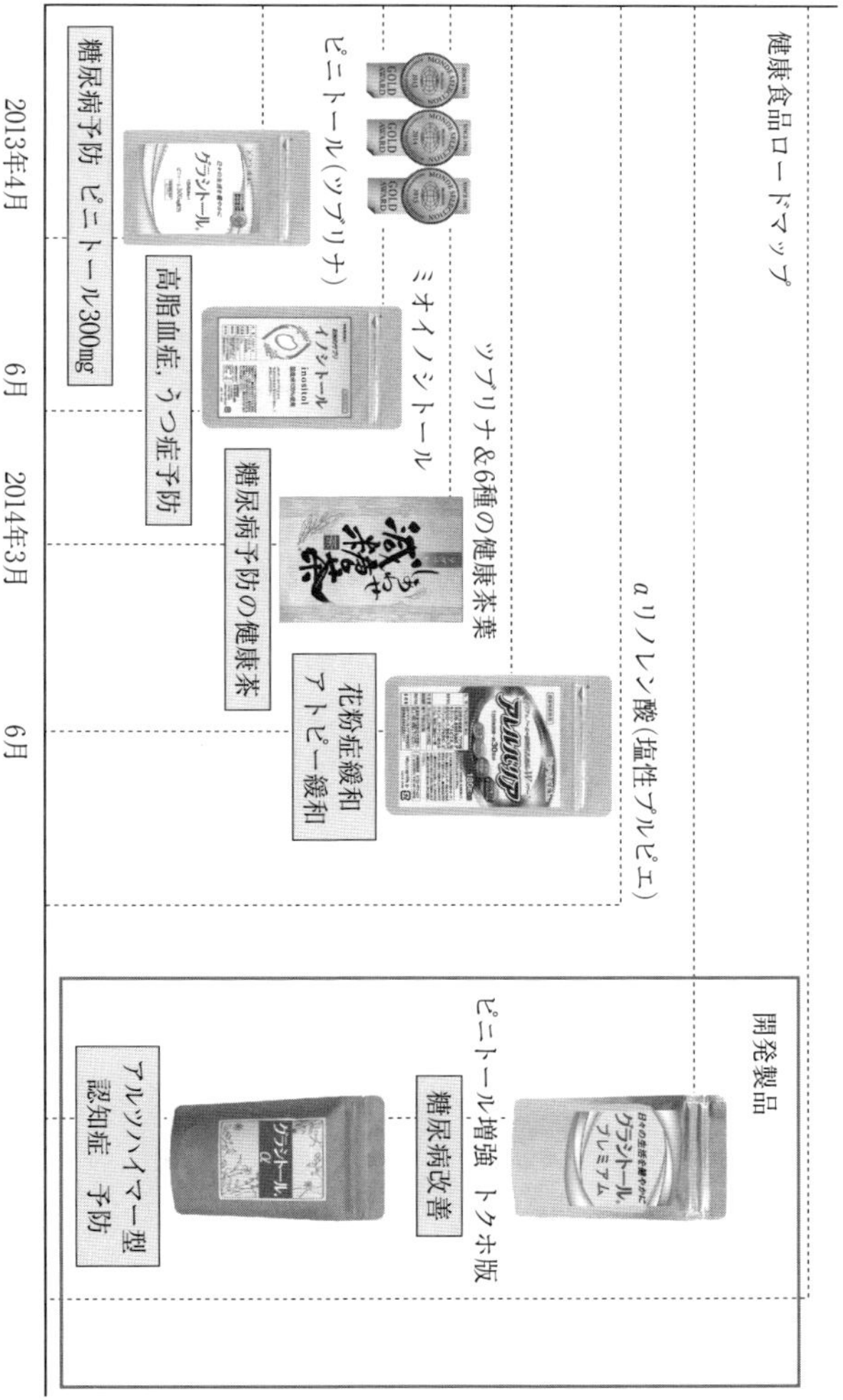

図８　健康食品のロードマップ

健康食品の規制緩和に合わせて、販路拡大に力を入れていきたい。また、アドバンストアグリの植物ストレス負荷型栽培技術は「二〇一四関西ものづくり新撰」にも選定されており、これからもさらに技術を高めていきたいと考えている。

【注】

（1）P. Adams and D. E. Nelson et al. (1998) "Growth and development of Mesembryanthemum crystalliunm," *New Phytologist* 138 (2), 171-190.

（2）早川真・辻昭久・蔡晃植「HEFL照明を用いた植物工場におけるアイスプラントの生育と高機能化」日本生物環境工学会発表、二〇一〇年。

（3）山本良子「植物性食品中のミオイノシトール含有量」『ビタミン』五〇巻五・六号、二二五頁、一九七六年。

（4）西村訓弘・臧黎清・大村佳之・丸山篤芳「ゼブラフィッシュを用いた食品成分が有する肥満抑制効果の測定とその応用展開」『日本未病システム学会雑誌』一七巻一号、八〇〜八三頁、二〇一一年。

（5）K. Sakamoto et al. (2011) "Mesembryanthemum crystallinum extract suppressed the early differentiation of Mouse 3T3-L1 preadipocytes," *Journal of Pharmaceuticals* 2 (4), 184.

（6）鈴木孝洋・伊藤薫平・辻昭久・石田真理雄「ショウジョウバエの求愛活動リズムの振幅を上げる物質、アイスプラント抽出物」日本時間生物学会学術大会発表、二〇一一年。

（7）山本将嗣・林田孝弘・辻侑資・辻昭久・岡本陽介「植物工場産機能性野菜ツブリナ（アイスプラント）のストレス負荷栽培技術」日本生物環境工学会発表、二〇一三年。

（8）S. Agarie and A. Kawaguchi et al. (2009) "Potential of the Common Ice Plant, Mesembryanthemum crystallinum as a New High-functional Food as Evaluated by Polyol Accumulation," *Plant Production Science* 12 (1), 37-46.

（9）辻侑資・早川真・辻昭久・山本将嗣「植物工場産アイスプラント粉末（グラシトール）の機能性素材成分に関する研究」日本生物環境工学会発表、二〇一二年。

索　引

あ　行

か　行

さ　行

た　行

な　行

は　行

ま　行

や　行

ら・わ 行

《著者紹介》
各章扉裏参照。

シリーズ・いま日本の「農」を問う⑨
農業への企業参入 新たな挑戦
——農業ビジネスの先進事例と技術革新——

2015年12月31日　初版第1刷発行　〈検印省略〉

定価はカバーに
表示しています

著　者　石田一喜・吉田　誠
松尾雅彦・吉原佐也香
高辻正基・中村謙治
辻　昭久

発行者　杉　田　啓　三
印刷者　坂　本　喜　杏

発行所　株式会社　ミネルヴァ書房
607-8494　京都市山科区日ノ岡堤谷町1
電話代表　(075)581-5191
振替口座　01020-0-8076

冨山房インターナショナル・兼文堂

ISBN 978-4-623-07307-8
Printed in Japan